마르코니의 매직박스

Originally Published in English by HaperCollins Publishers Ltd
under the title *SIGNOR MARCONI'S MAGIC BOX:*
How an amateur inventor defied scientists
and began the radio revolution ⓒ Gavin Weightman 2003 All rights reserved.

Korean translation copyright ⓒ 2005 by Yangmoon Publishing Co., Ltd.
This Korean edition published by arrangement with HarperCollins Publishers Ltd through
Korea Copyright Center Inc., Seoul.

이 책의 한국어판 저작권은 한국저작권센터(KCC)를 통한 저작권자와의 독점계약으로 (주)양문에 있습니다.
저작권법에 의해 한국 내에서 보호를 받는 저작물이므로 무단전재와 복제를 금합니다.

마르코니 의 매직박스

SIGNOR MARCONI'S Magic Box

무선혁명을 이룩한 한 아마추어 발명가 이야기

개빈 웨이트먼 지음 | 강창헌 옮김

YANG 밝은 MOON

1896년 런던에 도착한 지 얼마 지나지 않았을 때의 마르코니. 조용하고 진지한 태도와 나이에 비해 성숙한 모습을 보여주는 스물두 살의 그는 자신을 '열렬한 아마추어 전기학도'라고 소개했다.

감사의 글

마르코니 회사의 문서보관인 루이스 제미슨에게 큰 빚을 졌다. 그는 많은 시간을 할애해 신문자료와 일기, 그리고 사진들을 발굴해주었고, 1896년부터의 기록들이 보관된 첼름스퍼드에서 나를 환영해주었다. 회사의 역사고문 고든 버시는 전문적인 조언을 해주었는데, 특히 1901년 첫번째 대서양 횡단 신호에 대해 상세히 설명해주었다. 바바라 발로티는 빌라 그리포네에서 나를 기꺼이 맞아주었으며, 마우리치오 비가찌는 마르코니의 초기 장비를 시연해주었고 그 지역을 보여주었다.

볼로냐대학의 줄리아노 판칼디 교수는 내게 가치 있는 참고자료와 훌륭한 책을 주었는데, 마리루이사 아킬레가 이들 자료 중 일부를 번역해주었다. 마르코니의 생애를 참으로 가깝게 그려낸 유일한 해설은, 그의 딸 데냐의 회고록 《나의 아버지, 마르코니 My Father, Marconi》에 담겨 있다.

내가 만난 적이 없는 미국인 토마스 화이트에게 특별히 감사드린다. 그가 개인적으로 만든 홈페이지 '미국의 초기 무선 역사(United States Early Radio History)'는 19세기 후반의 신문과 잡지 기사들까지 놀라운 분량의 자료를 원본 형태로 담고 있는데, 이들 중 많은 자료들이 영국에서는 구하기 쉽지 않은 것이었다.

언제나 그렇지만 영국국립도서관과 런던 도서관도 적잖은 도움을 주었다. 콜린데일에 있는 신문도서관에서 열심히 자료를 찾아준 케이트 심슨과 패트릭 맥도넬에게도 감사를 드린다.

수잔 더글러스의 뛰어난 학술서 《미국 방송의 발명 Inventing American Broadcasting》은 초기 내 연구에 영감을 주었고, 메리 맥클로드의 《캐나다 시절의 마르코니 Marconi : The Canada Years》는 노바스코샤의 첫번째 무선기지국에 대해 중요한 자료를 제공해주었다. 토론토의 브라이언 스튜어트와 런던의 클레어 비튼은 이 책의 초고를 읽고 매우 적절한 논평을 해주었다. 하퍼콜린스사 리처드 존슨의 기획 열정은 고귀한 것이었고, 로버트 레이시는 세심하고 빈틈없는 편집 작업을 해주었다. 이 책이 나오는 데 많은 도움을 준 나의 에이전트 찰스 워커에게도 진심으로 감사드린다.

초기 무선통신의 역사는 실제로 누가 무엇을 발명했는가에 대한 많은 주장과 반론으로 점철되어 있다. 가능한 한 객관적인 관점을 취하려고 최선을 다했으나 혹시라도 오류가 있다면 그것은 전적으로 내 책임이다.

개빈 웨이트먼

차례

감사의 글	006
머리말 과학자들조차도 이해하지 못했던 기적 같은 발명	010

런던의 암흑지대에서 ··· 015
빌라 그리포네에서 과학자의 꿈을 키우다 ················ 027
다락방의 불꽃 ··· 035
제국의 중심에서 ·· 043
에테르에서 춤을 ·· 049
호텔에 설치한 최초의 무선전신국 ························ 061
빅토리아 여왕에게 메시지를 보내다 ······················ 065
한 미국인이 심사하다 ······································· 073
모스부호의 낭만 ·· 079
전기의 땅 뉴욕에서의 환영 ································ 091
대서양의 로맨스 ·· 101
멀리언 협곡에서의 모험 ···································· 107
미국의 경쟁자 페선던 ······································· 119
뉴펀들랜드에서 연을 날리다 ······························ 127
에테르의 혼령 ··· 133
무선신호가 대서양을 건너다 ······························ 141
성공 그리고 이별 ·· 149
비둘기 우편배달부에게 작별을 고하다 ··················· 157
어둠의 힘 ·· 163
페인턴의 은둔자 ·· 171
담배상자에 장착된 자기검파기 ···························· 177
우렛소리를 내는 교수 ······································· 189
꼭두각시가 된 디 포리스트 ································ 199
황해에서의 패배 ·· 211

무선 쥐 ····· 219
대중 현혹하기 ····· 225
거절당한 청혼 ····· 233
페선던과 디 포리스트 ····· 243
마르코니 결혼하다 ····· 249
무선전신을 이용한 최초의 교전 ····· 259
미국의 속삭이는 회랑 ····· 265
방송중인 목소리 ····· 271
부다페스트의 종 ····· 279
4000명의 생명을 구한 무선전신 ····· 289
마르코니를 위한 다이너마이트 ····· 297
무선전신에 의한 범죄자 체포 ····· 303
파탄을 가져온 결혼생활 ····· 311
대형 여객선에 설치된 무선통신실 ····· 319
침몰하는 타이타닉호 ····· 325
타이타닉호로 절정에 달한 명성 ····· 333
자동차 사고와 또 한번의 행운 ····· 343
의심쩍은 이탈리아 사람 ····· 353
에펠탑과 쇠퇴하는 마르코니의 명성 ····· 365
무솔리니와의 동침 ····· 371

맺음말 자신의 마술에 매료되었던 마르코니 ····· 383
옮긴이의 글 젊은 열망에서 비롯된 세기의 발명, 무선통신 ····· 387
찾아보기 ····· 391

머리말
과학자들조차도 이해하지 못했던 기적 같은 발명

그것은 19세기의 가장 흥미로운 발명이었다. 대중매체는 이 발명을 하나의 기적으로 여겼으나 당시 유럽과 미국의 뛰어난 과학자들은 그것이 어떻게 작동하는지 이해할 수 없었다. 개척기의 무선통신은 가정의 오락과 아무런 상관이 없었다. 음성이나 음악이 전송되지 않았던 것이다. 그러나 '에테르(ether)'를 통해 신비롭게 전해진 전신 메시지의 소리는 대다수 사람들이 마차와 석탄연료를 사용하던 세계, 영화관이나 자동차가 없던 세상에 흥분을 주기에 충분했다. 그때만 해도 전화는 최고 사치품이었고, 런던이나 뉴욕 같은 대도시들도 전깃불의 밝음에 익숙하지 않던 시대였다.

무선전신의 가능성이 처음 알려진 것은 1897년이었다. 그해 11월 최초의 무선전신국이 로열 니들스 호텔에 세워졌다. 경관이 빼어난 절벽 위에 위치한 이 빅토리아시대 건축물은 근처의 침식된 바위기둥에서 그 이름을 따왔다. 기묘한 모양의 전선이 달려 있는 기둥은 맹렬한 바닷바람의 공격으로부터 보호하기 위해 땅에 굳게 세워져 있었다.

그 장소에는 강풍만 잦았던 게 아니라 휴가중인 사람들이 법석이는 기선으로 보내는 불가사의한 신호들도 있었다. 호텔의 손님들은 통신원이 모스부호를 누름으로써 작동되는 전기불꽃을 볼 수 있었고, 불꽃이 내는 날카로운 소리를 간간이 들을 수 있었기 때문에 송신기가 언제 작동하는지 알 수 있었다. 이 신호들의 소통 범위는 겨우 몇 마일에 불과했지만, 무선으로 이루어지는 그 일이 배가 시야에서 사라졌을 때도 가능하다는 사실은 참으로 놀라웠다. 그것은 정녕 결코 사라지지 않을 과학의 경이처럼 보였다.

불과 1년 전에 모든 신문들은 고체를 통과해서 '볼 수 있는' X선이라는 '새로운 사진술'에 대해 뜨거운 반응을 보였다. 이제 대중은 '새로운 전신기술'이 제공한 놀라운 가능성과 마주쳤다. 대부분의 새로운 발명들과 마찬가지로, 무선전신도 세상에 좋은 것과 나쁜 것을 동시에 가져올 수 있는 잠재력을 지니고 있었다. 사람들은 그 기술이 무기로 쓰여 전자파가 마치 포탄처럼 전함의 연료실을 폭발시켜버릴지도 모른다는 의구심을 갖기도 했다.

이 '새로운 전신기술'은 외견상 당대의 과학적 이해에 대한 왜곡을 보여주었지만, 지난 반세기 동안 막대한 비용을 들여 땅과 바다를 가로지른 전선을 완전히 대치할 수 있으리라는 매우 현실적인 전망도 나타났다. 그것은 당시 수백만의 유럽 이민자를 미국으로 실어나르던 정기선을 포함한 선박들 상호간에, 그리고 뉴욕과 리버풀과 런던과 교신할 필요가 있다는 것을 의미했다. 문제는 이 '에테르'를 통해 전달되는 보이지 않는 파동이 해독할 수 있는 상태로 과연 얼마나 멀리까지 갈 수 있는가 하는 것이었다.

1897년에는 누구도 이런 질문에 답할 수 없었다. '헤르츠 파동' 연구에 관여했던 대부분의 물리학자들은 그 파동이 1마일이나 2마일 이상 떨어진 거리에서 교신을 하는 데 이용될 수 있을 것이라고는 거의 생각하지 못했다. 이 범위에서 교신이 이미 성공했음에도 몇 가지 난점이 제기됐는데, 그것은 무선송신기의 파동이 실제로 어떤 매체를 통해 전달되는지 알려지지 않았기 때문이다. 이 파동들은 구릉지대를 통과하는가, 아니면 넘어가는가? 지표면의 굴곡 주위를 돌아서 가는가? 빛과 유사한 이 파동들이 빛과 똑같은 속도로 이동했을 때 왜 대기 속에 흩어져버리지 않는가? 하는 의문점들이 남아 있었다.

무선파가 어떻게 장거리를 이동하는지에 대한 독창적인 연구들이 있었지만, 라디오가 정교한 산업이 되고 방송채널을 불협화음으로 채우던 1920년대 전까지는 정확한 해답이 없는 상태였다. 이런 와중에 무선전신술은 1897년부터 제1차 세계대전의 대격변까지 지극히 복잡하게 급변하는 사회의 사회경제적 구조 안에 들어왔다.

이 책은 과학사에서 가장 놀랄 만한 발명 가운데 하나가 어떻게 출현하게 되었는가를 다룬 이야기이다. 굴리엘모 마르코니(Guglielmo Marconi)는 뛰어난 학자들 중에서도 선도적 역할을 했는데, 그는 집에서 만든 마술상자를 통해 '새로운 전신기술' 을 처음으로 일반대중 앞에 선보였다. 소년 시절 품었던 전기에 대한 열정은 완전히 새로운 통신형태를 낳았고 거대한 산업으로 바뀌었으며, 이를 이룸으로써 그는 세계적인 명성을 누렸다. 마르코니는 모든 시대를 통틀어 가장 위대한 아마추어 발명가 중 한 사람이다. 생전에 그러한 존중을 받을 수 있었던 사람이 지금은 많은 이에게서 잊혀졌다는 것과, 라디오 작업을 성취한 많은 사람들의 이름이 가장 현대적인 무선전신 형태인 휴대전화 문자 메시지에 중독된 세대에게 전혀 알려지지 않은 현실은 명성의 취약함을 적나라하게 보여주는 것이라고 하겠다. 빅토리아 여왕이

1세기 전에 요트에서 무선으로 보낸 문자 메시지를 자기 집에서 받았다는 사실은 휴대전화 기술이 아주 새로운 것이라고 상상하는 이들에게 놀라운 일이 될 것이다. 이 이야기는 거리가 어둡던 시절, 마차가 다니고 살인마 잭(Jack the Ripper)*이 공포를 일으키던 시절에서 시작한다.

---

* 런던 뒷골목에서 매춘 여성들만 골라 살해한 연쇄살인범으로 영국 전역을 공포로 몰아넣었다. 피해자들의 시체에서 장기 일부를 떼어내고 말려서 '지옥으로부터'라는 문구를 써넣어 사람들에게 보내기도 했다−옮긴이.

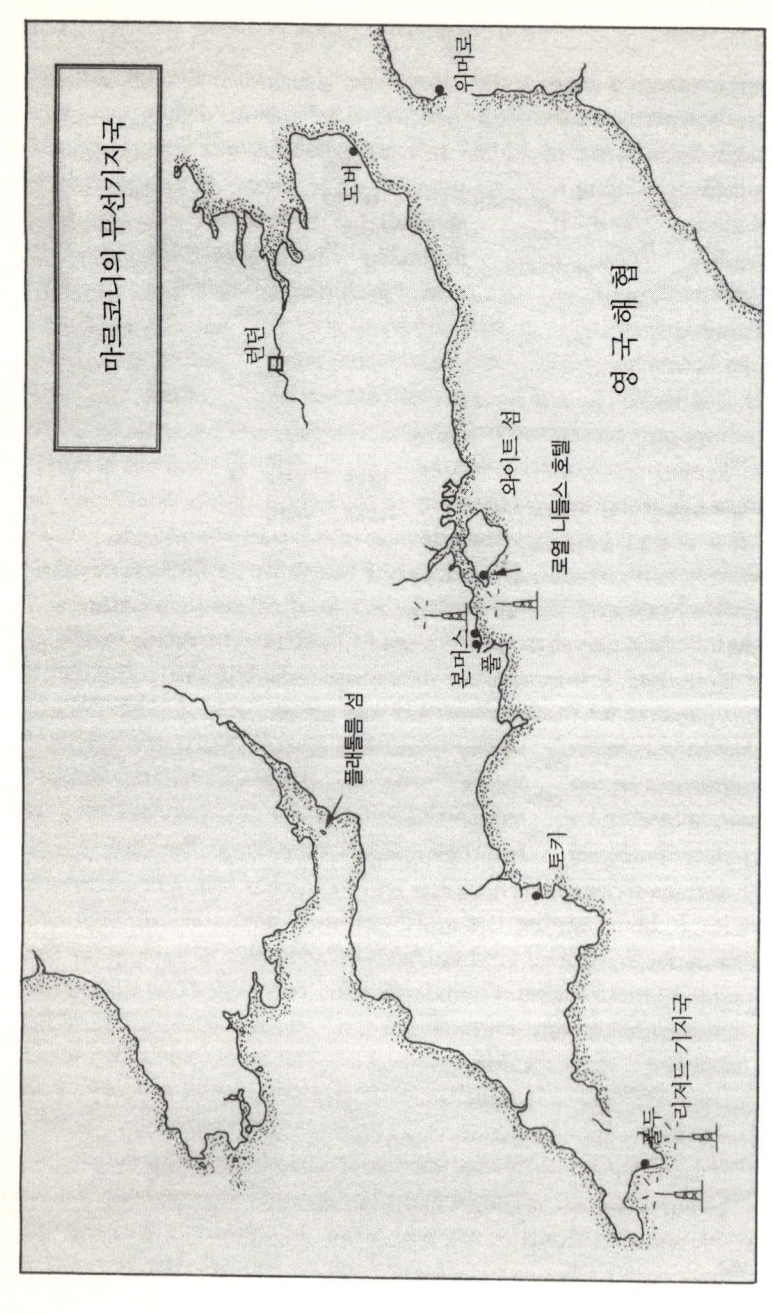

런던의 암흑지대에서

1896년 어느 겨울 저녁, 말 한 필이 끄는 마차가 런던 서부의 화려한 주택가를 떠나 빗속에서 가스등이 반짝이는 도로를 따라 동쪽으로 향하고 있었다. 크고 검은 상자 두 개를 지닌 젊은이와 긴 회색 수염에 가운데 가르마를 탄 60대 신사가 마차에 탄 승객 모두였다. 습한 공기 속에서 도심을 소리 내며 지날 때 말 옆구리에서는 증기가 피어올랐고, 마차는 스퀘어 마일을 떠나 간간이 불이 켜진 화이트채플 거리에 이르렀다. 이곳은 몇 해 전 살인마 잭이 희생자의 시신을 절단하고 그대로 방치한 것으로 악명 높은 이스트엔드의 경계구역이었다.

마차는 커머셜가(街)로 향했고 젊은이는 안개로 채워진 공간을 통해 도착지를 응시하고 있었다. 마침내 그들은 주 도로를 벗어나 수백 년 동안 그곳에 있었던 듯한 우아한 건물 안뜰로 들어섰다. 그러나 그들이 도착한 토인비홀은 겨우 15년 전에 지어진 건물이었다. 그것은 화이트채플의 가난에 찌든 세인트유다 성당 참사위원 캐넌 바넷(Canon S. A. Barnett) 신부의 착상이었다. 그는 아프리카가 아니라 구세군 창설자 윌리엄 부스(William Booth)가 '런던의 암흑지대(Darkest London)'라고 불렀던 이 지역에서 선교 직무를 수행하기로 했다.

옥스퍼드대학과 케임브리지대학을 모델로 삼은 토인비홀은 대학들이 기부한 돈으로 지은 하나의 '정착지'였다. 때로 차세대 지도급 정치인들과 공무원들이 가난에 대해 배우고 가난한 사람들에게 문화와 교육을 제공할 수 있도록 이곳에서 몇 개월 동안 머물러달라는 초대를 받았다. 건물 안에는 큰 극장식 강당이 있었고, 많은 뛰어난 사람들이 그곳에서 당대의 도덕과 정치와 과학에 대해 의견을 나누었다. 몇 년 후에는 러시아의 혁명가 블라디미르 레닌도 토인비홀 강연에 참석했다.

1896년 12월 12일 토요일, 마차에서 검은 상자 두 개를 내려놓은 젊은이가 그날 저녁 강연자는 아니었다. 다만 그와 그가 가져온 장치는 나이 든 그의 동료가 하게 될 강연에서 중요한 역할을 맡을 것이다. 두 사람은 지난 4월 처음 만났는데, 이후 회색 수염의 빅토리아시대 신사는 젊은이의 발명에 깊은 감명을 받아 그의 후견인이 되었다. 그들은 검은 상자들이 무엇을 할 수 있는지에 대해 런던의 옥상과 솔즈베리 평원 등지에서 몇 차례 비공식적인 실험을 벌인 바 있었다. 그러나 대중 앞에서의 실험은 바로 그날 저녁이 처음이었다. '전선 없는 전신술'이라는 제목으로 행해진 그날 강연의 주제는 외부에는 거의 알려지지 않았던 것이다.

토인비홀은 만원이었다. 강연자 윌리엄 프리스(William Preece)는 최근의 흥미로운 과학적 발견에 대한 명료하고 재미있는 강연으로 이미 명성을 얻고 있었다. 그날 저녁 그는 처음부터 자기 동료를 밝히지 않은 채 전선을 연결하지 않고 전신 메시지를 보내는 방법들의 역사에 대해 간략히 언급했다. 전동전신술을 발명했다고 주장한 사람들 가운데서 독일인 슈타인젤(Steinbjel) 교수는 1838년 전선이 사라지는 날이 올지 모른다는 것을 예견한 바 있었다.

프리스는 사실 자신이 이것을 이미 성취했다고 말했다. 2년 전 그는 영국 체신부 소유의 지하 전신 케이블을 통해 보낸 메시지를, 지상에 전선을 가진 런던의 한 전화회사 교환기에서 알아들을 수 있다는 사실에 무척 놀랐었다. 여하튼 어떤 전선의 자극이 다른 것으로 건너뛰어 사실상 '무선' 통신의 형태를 생성한 것이다. 그는 이것이 새로운 통신체계를 세우는 근거가 될 수 있는지 알아보기 위해 몇 차례 실험을 수행했고, 제한적이나마 성공적인 성과를 올렸다. 그러나 그날 저녁 프리스는 조만간 다가올 완전히 새로운 형태의 무선전신술에 대해 중요한 발표를 했다.

월요일인 12월 14일자 신문기사들에 따르면, 이때 프리스가 연단에 같이 있던 젊은이를 청중에게 소개했다. 그는 굴리엘모 마르코니라는 이탈리아의 전기학자로, 최근 집에서 만든 장치를 가지고 자기에게 왔다고 프리스는 설명했다. 그날은 프리스와 마르코니가 대중에게 그 시스템의 작동을 처음 선보인 날이었다.

《데일리 크로니클Daily Chronicle》은 그날의 광경을 이렇게 전했다. "그리고 장치를 선보였다. 평범하게 보이는 상자 두 개가 각기 그 방의 끝에 놓였다. 한쪽에서 전류를 보내자 다른 쪽에서 즉시 종이 울렸다. 속임수가 아니라는 것을 보여주기 위해 마르코니는 수신기를 잡고 옮겨 다녔고, 다른 상자가 전파를 보낼 때마다 종이 울렸다." 프리스가 송신상자에 신호를 주면 거기에는 전기불꽃이 일었고, 마르코니가 잡고 있던 수신기에서는 즉시 종소리가 들렸다. 청중은 송신상자에서 나온 빛과 같은 '정전기파(electrostatic waves)'가 전송되는 것을 들은 것이다. 정전기파를 수신하는 상자에는 작동할 때마다 종이 울리는 장치가 들어 있었기 때문에 눈으로는 강연장 주변의 신호를 볼 수 없었지만 그것은 전선을 통해 보내는 신호와 똑같은 효과를 발휘했다. 그 소리는 강연장 안에서 마르코니가 가는 곳이면 어디든 따라다녔다.

그러나 처음 이 장치를 본 사람들은 이것을 신기술의 최첨단에 있는 발명품으로 생각하기보다는 기분전환용 장난감으로 여겼을 것이다. 왜냐하면 이 장치는 언어나 음악 등 지금의 라디오가 보내는 어떤 것도 송신하지 않았기 때문이다. 즉 어떤 메시지도 보내지 못하는 그저 보이지 않는 전기신호였을 뿐이었다. 그럼에도 1896년의 그 신호는 세상을 놀라게 하기에 충분했다. 그것은 마치 음악홀에서의 환상적인 공연 같았다. 그 젊은이는 똑똑한 런던 사람처럼 보였고 또 그렇게 말하였다. 하지만 수상쩍은 이국적 이름을 지니고 있었기 때문에 사실 그 장소에 있던 사람들은 한 마술사와 그의 동료가 한 작업을 쉽게 잊어버릴 수도 있었다. 그러나 강연자였던 예순둘의 프리스에 대한 신임은 의심의 여지가 없었다. 얼마 후 윌리엄 경이 된 그는 세상에서 가장 강력한 단일 통신기관인 영국 체신부의 최고위급 전기엔지니어였다.

런던에 있던 소수의 사람들만이 스물둘의 청년 마르코니를 접했다. 시범을 보인 그는 느리고 또박또박한 영어로 청중에게 몇 마디를 남겼다. 아마도 프리스의 권위가 없었다면 그날의 강연은 거의 영향을 줄 수 없었을 것이고, 청중은 자기들의 마차로 돌아가서 외국인의 교활한 술책에 대해 투덜거렸을 것이다. 그러나 프리스는 마르코니의 신호 전송실험을 몇 차례 보았는데, 거기에 약간의 수정을 가하면 수마일 떨어진 곳에서도 에테르를 통해 메시지를 보낼 수 있을 것이라고 장담했다. 마르코니의 무선파는 당시 전신망을 통해 보내지던 모스부호의 메시지와 똑같은 것을 즉석에서 보이지 않는 방식으로 전달할 수 있다는 것이었다.

그날 밤 청중 가운데 자신이 역사적 순간을 목격하고 있다는 것을 깨달은 사람이 얼마나 되는지는 알 수 없다. 그러나 프리스는 확신에 차 있었다. 그는 체신부에서 마르코니를 지원할 것이라고 약속했고, 무선전신의 진짜 발견자가 인도인 자그디쉬 찬드라 보스(Jagdish Chandra Bose)* 교수라는 주장을 당치도 않은 것이라고 일축했다. 그날 저녁 보여준 시범이 영국 선원들에게 '하나의 새로운 의미와 새로운 벗'이 될 것이며, 지금보다 훨씬 쉽고 안전한 항해를 하게 될 것이라고 프리스가 말했을 때 청중은 환호했다.

프리스는 자신의 금빛 회중시계를 보면서 강의를 마무리했다. 그의 집은 런던에서 8마일 떨어진 윔블던에 있었지만, 강연이 끝난 후 그는 웨스트본 파크에 빌린 멋진 집으로 젊은 마르코니를 데려갔다.

나이차도 있었고 배경도 많이 달랐으나 그들은 확실히 서로에게 호감을 가지고 있었다. 그들은 각기 다른 이유에서 정규교육을 싫어했지만 관심 있는 주제에 대해서는 열광적으로 공부했다. 물리학과 전기학에 대해 최고의 지식을 가지고 있다고 주장하면서도 실용성 있는 물건을 아무것도 생산하지 못하는 학자들을 프리스는 싫어했다. 자신의 유년기를 쓰면서 그는 소년들이 언제나 아버지에게는 반항하며 어머니로부터 배울 뿐이라고 말했다. 자신의 모든 성공을 웨일스 출신 어머니 덕분이라고 한 것으로 보아 그에게는 이 말이 최소한 사실이었

---

* 캘커타의 프레지던시대학 보스 교수는 1895년 전자기파로 종을 울리고 지뢰를 폭발시키는 데 성공했다.

을 것이다.

마르코니가 마술상자를 성공적으로 대중에게 선보인 그날 밤 그의 어머니는 집에서 그를 반겨주었다. 아일랜드 출신인 어머니 애니 제임슨(Annie Jameson)은 어렸을 때부터 마르코니에게 용기를 주었고 정서적 지원을 아끼지 않았다. 부유하고 영향력 있던 자기 가문을 통해 마르코니를 영국 체신부의 기사장 프리스와 연결시켰던 사람도 바로 어머니였다.

프리스는 고향 웨일스에서 난로에 안전하게 불을 붙이는 안전성냥의 발명을 회상할 만큼 나이가 들었고, 새로운 전기기술들이 세상에 드러날 때 그것들을 사용하며 고쳐 쓰기도 하면서 여생을 보냈다. 20년 전 미국을 여행할 때 그는 미국의 가장 유명한 발명가 토마스 에디슨(Thomas Edison)을 만났다. 그때 에디슨은 그에게 날 돼지고기와 홍차, 그리고 여름철인데도 놀랍게 얼음물을 제공했다. 프리스는 에디슨이 제공한 차가운 음료를 즐겼을 뿐만 아니라 알렉산더 그레이엄 벨(Alexander Graham Bell)의 전화를 처음으로 시험해본 이들 중 한 사람이었다.

프리스가 영국으로 가지고 온 그 장치는 믿을 수 없을 만큼 큰 매력을 발산했다. 사람들은 전화선의 끝에서 다른 사람의 목소리를 생생하게 들을 수 있다는 사실에 놀라움을 금치 못했다. 당시는 전화가 여전히 발전하는 단계에 있었기 때문에 통화 목소리가 마치 인형극의 대화처럼 가락이 높았다. 처음에 프리스는 벨의 발명을 '과학적 장난감' 이상으로 여기지 않았다. 더욱이 체신부에 자신의 전화번호까지 가지게 된 그에게 전화는 더 이상 진기한 것이 아니었다.

그러나 또다시 대중을 놀라게 할 만한 발명품이 소개되었다. 젊은 마르코니가 1896년 런던에 도착한 그 주에 프리스는 신문에서 놀라운 발견에 대한 기사를 읽었다. 독일 물리학자 빌헬름 콘라트 뢴트겐 (Wilhelm Conrad Roentgen)이 진공을 통과하는 전기로 만들어낸 신비로운 선으로 '보이지 않는 것을 사진으로 찍을 수 있는' 방법을 우연히 발견했다는 것이다. 고체를 통과해서 볼 수 있는 능력은 공상과학에서나 있을 법한 일이었는데 뢴트겐은 사람 뼈 구조의 사진 이미지를 만들어낸 것이다. 그는 전자파가 무엇인지 몰랐기 때문에 그 선을 'X선'이라고 불렀다.

1896년 1월 5일 빈의 한 신문에 처음 발표된 뢴트겐의 놀라운 발견은 빠른 속도로 전세계에 전송됐다. 그러나 과학적 발견은 흥미로운 동시에 두려운 것이기도 했다. 당시에는 방사능의 위험에 대해서 아는 사람이 아무도 없었지만, X선의 침투능력은 근심스런 논쟁의 대상이 되었다. X선이 여성의 정숙함을 해칠 위험이 있다는 말도 많이 나왔다. 짓궂은 발명가들이 X선으로 여성의 몸을 볼 수 있을지도 모른다고 생각했기 때문이었다. 이처럼 사생활 침해에 대한 우려가 주요 논쟁거리였다.

프리스의 권위는 마르코니가 빠른 시간에 신문과 대중매체의 조명을 받도록 했다. 그러나 '마르코니파(Marconi waves)'에 관한 뉴스가 대중에게 퍼지기 시작했을 때 사람들은 또다시 그것이 영국 여성들의 사생활과 품위를 위협하지는 아닐까 하는 의심을 품었다. 어쨌든 마르코니의 마술상자는 보이지 않는 신호를 주고받았으며, 그것은 뢴트겐의 X선보다 훨씬 먼 거리를 이동하는 것으로 나타났다. 젊은 마르코니는 회견에 참석해달라는 많은 요청을 받았다.

토인비홀에서 강연한 지 3개월이 지난 1897년 3월 《스트랜드 매거진 *Strand Magazine*》에 댐(H. J. W. Dam)의 '새로운 전신술'이라는 글이 실렸다. 이 글은 미국잡지 《맥클루어스 *McClure's*》에도 실리면서 전세계로 퍼져나갔다. 이 글에서 댐은 뢴트겐의 '새로운 사진술' 보다 '더욱 훌륭하고 더욱 중요하며, 더욱 혁명적인' 발견을 한 젊은이에 대한 정보를 얻을 수 있으리라는 희망으로 웨스트본 파크에 있는 마르코니의 집에 갔다고 밝혔다. 그는 '무척 겸손하고' 스스로를 전혀 과학자라고 주장하지 않으며, 최소한 서른 살쯤 되어 보이고, '조용하고 진지한 태도를 지니고 매우 정확한 표현'을 하며, 나이보다 훨씬 더 들어 보이는 독특한 인물에게서 깊은 인상을 받았다. '완벽한' 영어를 구사하던 마르코니는 댐에게 10년 동안 '열렬한 아마추어 전기학도'로 지내왔다고 말했다.

마르코니는 자신의 발견을 대중에게 설명할 때 언제나 신중한 태도를 보였다. 하지만 아버지의 시골농장에서 전자파 실험을 하던 중 자기가 보낸 신호가 작은 언덕들을 통과하거나 넘어섰다는 것을 알았을 때는 무척 놀랐다. 그는 이 실험으로 신호들이 어떻게 도달했는지 정확히 알지는 못했지만, 4분의 3마일 안에서는 이 전기신호를 전송하거나 수신하는 데 장애가 될 만한 것이 없다는 것을 다시 확인했다.

마르코니는 독일 물리학자 하인리히 헤르츠(Heinrich Hertz)의 실험실 장비를 모방하는 것으로 시작했고, 모스부호를 보낼 수 있도록 그 장비를 고쳤다고 설명했다. 헤르츠가 보낸 전자기파는 단지 몇 야드에 불과했던 반면, 마르코니는 훨씬 먼 거리에서도 성공했다. 그러나 그는 이때까지도 자기가 우연히 성공했는지, 아니면 그때까지 알려지지 않았던 현상, 즉 새로운 종류의 '전파'를 발견했는지 확신할 수 없었다.

마르코니가 연구하던 과학은 쉽게 이해되지 않았다. 1865년 스코틀랜드의 물리학자 제임스 클러크 맥스웰(James Clerk Maxwell)은 전자기력이 파동의 형태로 움직인다고 주장했다. 전자기력은 음파나

광파와 유사했지만 인간의 귀나 육안으로는 탐지할 수 없었다. 그것은 빛의 속도로 움직이지만 눈에 보이지는 않았는데, 인간의 눈은 특정한 파장만 볼 수 있기 때문이었다. 맥스웰의 모델은 완전히 수학적인 것이었고, 이 파장을 발생시키거나 측정하는 방법에 대한 것은 다른 사람들의 몫이었다. 이를 처음으로 이룬 사람이 1888년 자신의 발견을 출판한 헤르츠였다. 그는 실험실에서 앞뒤로 움직이는 파장을 발생시키기 위해 불꽃을 사용했는데, 간단히 이야기하면 불꽃 '간격'의 크기가 파장의 길이를 결정했고, 헤르츠는 매우 짧은 파장으로 연구했다고 볼 수 있다.

마르코니는 다양한 불꽃 전도체의 전 범위를 실험했고, 헤르츠의 파동과는 아주 다른 것으로 보이는 결과를 낳았다. 그는 자기가 만든 장치는 헤르츠파가 도달할 수 없는 부분에 이르는 파장을 생산할 수 있다고 믿었기 때문에, 뜻밖에 새로운 종류의 전자기 신호를 발견할 수도 있다고 생각했다. 댐은 "헤르츠파와 다른 점은 무엇인가요?"라고 물었다. 마르코니는 이렇게 대답했다. "저도 잘 모릅니다. 저는 전문적인 과학자가 아닙니다. 그러나 이에 대해 말해줄 수 있는 과학자가 있을지 모르겠군요." 그는 이것이 파동의 형태와 관계있지 않을까 생각했다.

자기가 만든 장치의 작동부에 대해서 마르코니는 특허를 얻는 과정에 있는 일급비밀이기 때문에 더 이상 말해줄 수 없다며 미안해했다. 놀라워하는 기자에게 그가 말해줄 수 있었던 것은 자기의 파동이 '딱딱한 돌이나 금속일지라도 모든 것을 통과하고, 반사되거나 굴절되지 않는다'는 것뿐이었다. 그는 이 신호가 전함의 철판도 통과할 수 있다고 했다.

그의 이 마지막 주장에 댐은 무척 놀랐다. 그것은 숙녀들의 정숙함을 손상시킬지 모르는 X선의 가능성보다 훨씬 심각한 문제를 암시했기 때문이다. 그는 "길 건너편 집에 있는 화약상자를 폭발시킬 수 있습니까?"라고 물어보았다.

마르코니는 확신에 차서 "예"라고 대답했다.

"만일 화약에 두 개의 전선이나 금속판을 놓을 수 있다면 불꽃을 일으킬 수 있는 전류를 끌어내서 폭발시킬 수 있습니다."

"전자파를 이용해서 어느 정도 거리에서 폭발시킬 수 있나요?"

"1.5마일 정도요."

이미 영국 해군은 만일 전함에 무선전신 장비를 실을 경우 자체의 화약고가 신호를 받아 폭발하지는 않을까 하는 걱정을 하고 있었다. 마르코니는 이것이 문제가 될 수 있음을 시인했다. 전기 등대에서 나온 광선은 경솔한 함대를 수초 안에 폭발시킬지 모른다. 이러한 생각에 흥분한 댐은 이렇게 썼다. "모든 해안 요새가 꿈꿨던 것 중에서도, 현대의 대포처럼 먼 거리에서도 전자파로 철갑함을 폭발시킨다는 생각은 확실히 가장 끔찍한 가능성이다."

그러나 마르코니는 배를 폭발시킨다는 생각을 해본 적이 없었다. 오히려 그 반대였다. 어린 시절부터 그는 바다를 무척 사랑했다. 자신의 무선파가 실제로 어떻게 사용될지는 확실히 몰랐지만, 그는 배와 해안 사이에서, 그리고 전신이 없는 바다 위의 배들 사이에서 의사소통을 가능하게 할 수 있다고 상상했다.

마르코니와 그의 어머니는 런던에서 야간 무도회와 디너파티, 오페라, 경마 등 매혹적인 사회생활을 즐길 수도 있었다. 애니는 시내에 많은 친척이 있었고 항상 영국 여행을 즐겼다. 그러나 마르코니는 가벼운 사교모임을 위해서 시간을 낼 수 없었다. 그는 상상을 초월하는 성공을 이루었고, 새로운 전신술의 탐험에서 다른 누군가가 그를 추월하지 않을까 두려워했다. 어쨌든 그는 이탈리아에 있는 시골집의 다락방에서 오랜 시간 혼자 일한 후에 발명품을 내놓은 평범한 아마추어였을 뿐이다.

빌라 그리포네에서 과학자의 꿈을 키우다

빌라 그리포네는 볼로냐 근처 폰테치오 마을 밖 완만한 기복이 있는 과수원과 포도밭들 사이에 세워져 있다. 볼로냐에는 18세기 후반 산업혁명이 영국의 산업을 변화시키기 훨씬 전부터 수력을 이용해 견직물을 생산하던 공장이 있었다. 과학적 발견에서 유명한 역사를 가지고 있는 이 도시는 18세기 전자기력의 개척자 루이지 갈바니(Luigi Galvani)의 고향이기도 했다.

일반적으로 전자기학 연구의 거의 모든 진전들은 유용한 이론 없이 실험이나 실수에 의해 이루어져 왔다. 실제로 이론이라는 것은 많은 경우에 이해 방법의 하나였다. 유서 깊은 볼로냐대학의 해부학 교수였던 갈바니는 해부하던 표본 개구리들이 전류에 반응한다는 우연한 발견을 통해 개구리들이 전기를 생산할 수 있다는 결론을 내렸다. 또한 나중에 그를 반대하고 나선 그의 제자 알레산드로 볼타(Alessandro Volta)는 동물전기설을 비판하고 지속적으로 전류를 얻을 수 있는 첫 계기를 제공했다. 이들의 업적은 동전기(galvanised)와 전압(voltage)

이라는 이름으로 남아 있다.

마르코니는 어린 시절부터 볼로냐의 과학 유산과 친숙해 있었다. 그는 빌라 그리포네에서 긴 여름 동안 처음으로 신비로운 전자기력의 실험을 시작했다. 마르코니의 유산은 (그리고 개척기의 무선전신도) 결코 관계가 없을 것 같은 아일랜드 위스키와 이탈리아 누에들의 결합에서 시작되었다. 그의 양친의 만남은 놀라운 일이었고, 그들은 사랑에 빠져 어머니 집안의 반대에도 불구하고 결혼했다. 그들의 이야기는 매우 낭만적이지만 이와 관련된 기록은 손녀 데냐가 남긴 어머니의 회고담을 제외하고는 거의 남아 있지 않다.

애니 제임슨은 1843년 아일랜드 웩스퍼드의 유명한 위스키 제조업자 앤드류 제임슨의 네 딸 중 하나로 태어났다. 제임슨 가족은 정원과 호수가 딸린 다프네 캐슬이라는 옛 영지에서 살았다. 노래에 뛰어난 재능이 있었던 애니는 십대 때 오페라 공연을 하길 원했는데, 가족에 따르면 왕립 오페라 하우스에서 노래할 수 있도록 초대를 받기도 하였다. 하지만 그녀의 아버지가 양가집 규수로서 무대에 서는 것을 용납하지 않았기 때문에 그녀는 그 대신 볼로냐로 노래공부를 하러 갈 수 있었다. 그곳에서 그녀는 제임슨가의 사업 중개인 이탈리아의 유력 가문 데 레놀리스(de Renolis) 가족과 함께 지낼 수 있었고, 자기 가문의 명성을 해치지 않으면서 마음껏 노래 부를 수 있었다.

애니가 도착하기 몇 년 전 데 레놀리스가는 비극을 겪었다. 1855년 부유한 지주 주세페 마르코니(Giuseppe Marconi)와 결혼한 그들의 딸 줄리아가 같은 해 아들 루이지를 낳은 지 몇 개월 만에 세상을 떠나고 만 것이다. 그러나 혼자가 된 주세페는 데 레놀리스가와 계속 가깝게 지냈다. 그는 이탈리아 북부의 중심을 관통하는 아펜니노 산맥의 구릉지에서 볼로냐로 이사했다. 아내가 죽었을 때 그는 고향에 있던 자기 아버지에게 볼로냐에 와서 함께 살자고 요청했고, 아버지 도메니코는 시골농장을 팔고 도시로 이주했다. 그러나 그는 볼로냐가 너무 바쁘게 움직이고 제한당한다고 느꼈기 때문에 11마일 떨어진 폰테치오에 농장을 구입했다. 넓은 평원에 있는 빌라 그리포네에서 그는 누에를 길렀으며 일에서도 어느 정도 성공했다. 당시 아들 주세페는 구릉지에서 과수원을 경작하고 있었다.

애니가 데 레놀리스가에 왔을 때 그녀는 아내와 사별한 주세페와 루이지를 소개받았다. 주세페는 볼로냐보다 빌라 그리포네에 더 자주 머물렀고, 애니도 빌라 그리포네와 주세페를 사랑했기 때문에 그곳에서 많은 시간을 보냈다. 그러나 그녀가 아일랜드로 돌아와 이탈리아인 애인과 결혼하겠다고 했을 때 그녀의 가족은 단호하게 반대했다. 데냐에 따르면 주세페가 애니보다 열일곱 살이나 많았고 이미 아들이 있었으며, 무엇보다 그가 외국인이었기 때문에 반대했다고 한다.

아버지의 권위에 복종해야 했던 애니는 가족의 의견을 수용하는 듯했다. 하지만 그녀는 가족들 몰래 계속 주세페와 편지로 접촉했고 성년이 되는 스물하나에 그와 결혼하기 위해 도망가겠다고 약속했다. 실제로 그녀는 프랑스 북부해안 불로뉴에서 그를 만나 1864년 4월 16일 결혼했다. 부부가 된 그들은 승합차를 구해 프랑스를 지나 알프스를 넘었고 볼로냐와 빌라 그리포네로 돌아왔다. 그리고 1년 후 첫아들 알폰소가, 9년 후인 1874년 4월에는 볼로냐에서 둘째아들 굴리엘모가 태어났다. 애니는 개신교도였지만 두 아들은 로마 가톨릭 교회에서 세례를 받았다.

주세페는 외가를 제외하고는 가족이 없었다. 그의 아버지는 일찍 돌아가셨고 사제였던 형은 강도에게 살해당했다. 이에 비해 애니에게는 결혼한 세 자매가 있었고 그들 모두 자녀를 두고 있었다. 비록 가

네 살쯤의 마르코니, 어머니 애니 제임슨, 형 알폰소. 이탈리아 볼로냐 근교 빌라 그리포네에서.

출을 했지만 애니는 자매들과 연락을 하고 있었다. 그중의 한 자매는 영국군인 프리스콧 장군과 결혼했는데, 그는 이탈리아 북서쪽 해안 리보르노에 파견되어 있었다. 애니는 알폰소와 굴리엘모를 데리고 자주 이곳을 방문했고 그들은 프리스콧의 네 딸과 즐거운 시간을 보냈다. 또한 그녀들도 빌라 그리포네를 방문하여 굴리엘모와 자주 어울렸고 많은 시간을 함께 보냈다.

애니는 영어를 가르칠 목적으로 아들들에게 성서를 읽어주었지만, 과학에는 별로 관심이 없었던 것으로 보인다. 굴리엘모는 종교적 가르침보다 빌라 그리포네의 서재에 더 큰 흥미를 보였다. 서재에는 투키

디데스의 《펠로폰네소스 전쟁사History of the Peloponnesian War》에서 걸출한 영국의 화학자 마이클 패러데이(Michael Faraday)의 강의록까지 다양한 저술이 있었는데, 이를 수집한 사람이 굴리엘모의 아버지였는지 할아버지였는지는 확실하지 않다. 아마도 굴리엘모 자신이 많은 과학서적들을 수집했겠지만, 어쨌든 그는 열 살쯤부터 이 지식의 저장고에서 자기 방식대로 연구를 시작했다. 특히 그는 전기학과 자기학의 관계에 대해 매우 중요한 발견을 했고, 처음으로 전기발전기를 발명한 패러데이의 명료한 강의에 매력을 느꼈다.

1791년 대장장이의 아들로 태어난 패러데이는 정규교육을 받은 적이 없었다. 그는 제본업자로 사회생활을 시작했는데, 런던 왕립학회의 유명한 과학자 험프리 데이비(Humphry Davy)의 일련의 강의에 참석한 후 강의에 대한 주석을 만들어 데이비에게 보내면서 자신을 실험실 조교로 써달라고 부탁했다. 데이비는 그를 채용했고 결국 패러데이는 데이비의 뒤를 이어 영국의 가장 훌륭한 과학자가 되었다. 패러데이는 평생 다양한 분야의 실험을 하였는데, 특히 전기의 특성과 적용에 대한 부분에서 무척 중요한 성과를 남겼다. 그는 마르코니가 태어나기 7년 전인 1867년 세상을 떠났다.

전선과 화학재료를 가지고 자신의 이론을 혼자 고통스럽게 실험한 과학자 패러데이가 마르코니에게 영웅적 모델이 되었다는 것은 의심의 여지가 없다. 그러나 마르코니가 빌라 그리포네의 서재에서 계승한 가장 위대한 영웅은 미국인 벤저민 프랭클린(Benjamin Franklin)이었다. 1706년 태어난 그는 인쇄업자이자 외교관이었고, 일흔의 나이로 미국독립선언서에 서명했으며, 아마추어 과학자로서 피뢰침을 발명하기도 했다.

유명한 한 실험에서 프랭클린은 번개의 전기가 전선을 따라 흐른다는 것을 보여주기 위해 폭풍우 속에서 연을 날렸다. 굴리엘모의 딸이 아버지와 한 친구가 번개를 치게 하는 장치를 만들고 폭풍이 오기를 기도했다고 전하는 것으로 보아, 프랭클린의 실험은 어린 굴리엘모에게 확실히 깊은 인상을 주었을 것이다. 폭풍이 몰려오고 자신들이 만든 장난감이 작동한다는 것을 알았을 때 그들은 감격했다. 번개가 칠 때마다 집안의 종을 울리도록 만들었던 작은 전기장치가 작동했던 것이다. 어린 굴리엘모가 만든 번개 실험장치의 복제품은, 지금은 박물관이 된 빌라 그리포네에 전시되어 있다. 굴리엘모의 창조성을 기리기 위해 조성된 이 박물관에는 어린 시절 그가 만든 초기 장치들도 전시되어 있다.

마르코니가 번개 실험을 하던 열세 살 즈음, 1887년에 헤르츠는 전자기파의 발견을 세상에 알렸다. 이를 두고 아일랜드 수학자 조지 피츠제럴드(George Fitzgerald)는 "인류는 구세대의 거인들이 패했던 전투에서 승리했고 …주피터에게서 천둥과 번개를 강탈했다"고 선언했다. 불과 몇 년 전만 해도 인간이 전자기파를 만든다는 것은 불가능한 일이라고 공언함으로써 헤르츠와 같은 과학자들의 야망에 찬물을 끼얹었던 피츠제럴드였기에, 그의 이런 선언은 사실 과장된 표현이 아니었다.

굴리엘모는 리보르노의 연구소와 플로렌스의 한 대학에서 얼마간 수업을 받았다. 그러나 대부분 중요한 연구는 빌라 그리포네에서 혼자 수행했다. 아버지가 서재를 제공했을 뿐만 아니라 당시 주요한 모든 과학잡지들을 구하여 탐독할 수 있었다는 점에서 그는 특권을 누렸다. 로마에서 발견된 소년 시절 그의 노트들은 전기와 당시 최신 이론 및 발명품들에 대해 그가 지녔던 광적인 관심을 보여준다.

헤르츠의 연구가 나왔을 때 과학계는 극도의 흥분에 휩싸였다. 물리학자 맥스웰이 상상했던 전자기파의 존재를 증명하고 전자기파의 '길이'를 측정하기 위해 헤르츠가 만든 장치는 사실 투박한 것이었다. 그는 라이덴병(Leyden jar)으로 충전한 금속구 두 개 사이를 가로지르는 전기로 불꽃을 만들었다. 이 불꽃은 눈에 보이지 않는 전자파를 발생시켜서 전선으로 만들어진 '수신기'를 작동했고, 수신기는 그 응답 신호로 불꽃을 방전했다. 그의 실험은 후에 헤르츠파 특성을 연구하는 많은 과학자들에게 영감을 주었다.

1894년 헤르츠는 패혈증에 걸려 서른여섯의 나이에 비극적인 죽음을 맞이했다. 과학잡지들은 그의 선구적 실험을 설명하면서 애도기사를 실었다. 마르코니는 이 기사들을 읽으면서 헤르츠가 전신 메시지를 보내기 위해 만들었던 장치를 사용해보려고 생각했다. 영국과 미국, 러시아의 과학자와 발명가 가운데도 그와 같은 생각을 한 사람들이 있었지만 마르코니는 이를 알지 못했다.

헤르츠파에 대해 연구하고 소중한 성과를 남긴 이탈리아 물리학자 아우구스토 리기(Augusto Righi)가 마르코니의 이웃이었던 까닭에 굴리엘모는 자신의 생각을 이 탁월한 과학자와 토론할 수 있었다. 비록 많은 격려를 받지는 못했으나, 마르코니는 헤르츠가 자기 실험실에서 사용했던 것과 비슷한 송신기와 수신기를 만들어낼 수 있었다. 그는 어머니의 도움으로 할아버지가 누에를 기르던 2층 마루방을 깨끗하게 치우고 사용할 수 있었다. 현대의 박물관 직원들은 이 가정 실험실을 충실하게 복원하였다. 아름답게 재현된 마르코니의 초기 장비 모형들은 그의 뛰어난 기술과 깨어 있는 거의 모든 시간을 연구에 바쳤던 열망을 잘 보여준다.

마르코니가 십대였을 때 전기에 대한 관심은 폭넓게 퍼져 있었고 이러한 경향은 다양한 잡지에 반영되어 있었다. 열성적인 아마추어들은 출판물을 통해 유럽과 미국의 최신 이론과 발견들을 배울 수 있었다. 출판물들은 대부분 영어로 되어 있었지만 유창한 언어 실력을 지녔던 마르코니는 어려움 없이 최신 이론들의 발전과정을 인지할 수 있었다.

다락방의 불꽃

1895년 뜨거운 여름 내내 굴리엘모는 빌라 그리포네의 다락방 작업실로 매일 올라갔다. 그는 문을 닫은 채 그 안에서 무엇을 하는지 가족들에게도 거의 말하지 않았다. 어렸을 때부터 그는 어떤 예측도 신중해야 한다는 것을 배웠고, 모든 것이 시간 낭비가 될 수도 있다는 아버지의 견해를 늘 염두에 두고 있었다. 주세페에 따르면, 이웃 리기처럼 교수가 되지 않는 한 과학자나 발명가는 하나의 '직업'이 될 수 없었다.

굴리엘모는 때때로 영국인 사촌들이 다락방을 방문할 수 있도록 허락했고, 그곳에서 불꽃을 튀기며 신비로운 힘으로 종을 울리는 마술을 보여주곤 했다. 하지만 이런 묘기가 어떻게 가능한 것인지는 그 자신도 설명할 수 없었다. 다만 그는 가능한 한 모든 전기 장비와 책의 정보를 이용해 실험과 실패를 거듭하다가 이런 묘기를 부릴 수 있었다. 전기 공급을 위해서 그는 전지도 구입했다. 전신산업을 위해 다양한 모델이 대량생산되던 모스부호 입력기와 프린터를 구입하는 데

빌라 그리포네. 마르코니는 소년 시절 다락방을 실험실로 사용했다. 과학자들이 생각했던 것보다 먼 거리로 무선신호를 처음 보낸 곳이 바로 이곳이었다.

도 별 문제가 없었다.

    모스부호는 점과 선으로 알파벳을 표현하는데, 짧은 시간 동안 단자를 누르면 점이 되고 길게 누르면 선이 된다. 송신자가 입력기의 단자를 누르면 전기에 연결된 프린터에 점이나 선이 기록되는 것이다. 백열전구를 껐다켰다하면서 모스부호를 이용해 가시적인 신호를 보낼 수도 있고, 선박들은 강한 빛을 번쩍이며 모스 통신을 주고받을 수 있지만 이것은 서로 볼 수 있을 때만 가능하다. 어떤 점에서 이런 소통은 일종의 '무선' 통신이었다. 아메리카 원주민들이 사용했던 봉화나 밀림 속에서 치는 북소리, 또는 막대기로 빈 고둥을 쳐서 한 섬에서 다른 섬으로 단순한 메시지를 전달했던 방식도 이와 유사한 것으로 볼 수 있다.

그러나 이런 메시지를 받기 위해서는 반드시 신호를 보거나 들을 수 있어야만 했다. 결국 먼 거리로 메시지를 전달하기 위해서는 중계가 필요했고, 유럽은 언덕들 위에 세운 '전신국'을 통해 19세기 초반에 이런 체계를 보유했다. 한 언덕에서 다음 언덕으로 신호를 중계하기 위해 큰 나무들이 옮겨졌다. 그러나 1840년대 전선으로 연결된 모스부호 송수신기를 사용하는 전신의 발명으로 원거리 통신에 혁명이 일어났고, 언덕 꼭대기에 세웠던 이전의 전신국은 쓸모없게 되었다.

마르코니가 사용하기를 원했던 '헤르츠파'의 위대한 잠재력은 귀로 듣거나 눈으로 보아야 할 필요가 없으며 신호를 보내는 데 전선이 필요없다는 사실에 있었다. 헤르츠파가 얼마나 먼 거리를 이동할 수 있을지 마르코니는 알지 못했으나, 그것이 가장 큰 문제는 아니었다. 만일 들을 수 없고 볼 수도 없다면 어떻게 탐지할 수 있을 것인가? 마르코니는 전기학 잡지들을 읽으면서 독창적인 해결책들이 이미 발견되었다는 것을 알고 있었다. 1890년 프랑스의 물리학자 에두아르 브랑리(Edouard Branly)는 시험관 속에서 흩어진 금속분말은 전류를 전도하지 않는다는 것을 보여준 바 있었다. 그러나 금속분말을 함께 묶었던 전하가 그것들을 '때렸을 때'는 전류가 흘렀다.

영국의 물리학자 올리버 로지(Oliver Lodge)는 1893년 '브랑리 관(Branly tube)'으로 헤르츠파를 탐지할 수 있다는 것을 보여주었다. 불꽃이 발생할 때 전자기력은 금속분말이 함께 붙어 있게 만들었다. 로지는 자신이 개조한 브랑리 관을 '코히러(cohere)'라고 불렀으며 전자 밸브처럼 작용할 수 있다는 것을 입증했다. 금속분말이 회로판 위 각 끝에 놓여졌을 때 코히러는 전류를 보내거나 중지할 수 있었다. 그러나 관 속에 흩어져 있었을 때는 전류를 흐르게 할 수 없었다. 헤르츠파가 관을 치자 금속분말은 즉시 함께 들러붙었고 전류가 흘렀으며 회로판은 닫혔다. 그것은 마치 멀리서도 켜고 끌 수 있는 스위치 같았다. 로지는 몇 미터 떨어진 곳에서도 헤르츠파를 발생시킨 '송신기'에서 헤르츠파에 반응하는 '수신기'로 신호를 보내 전구를 밝히거나 종을 울릴 수 있었다.

    마르코니가 본격적으로 실험을 시작했을 때 그것은 다소 예술과 같았다. 그가 시도한 것은 조금 떨어진 거리에서 송신키를 누를 때마다 신호가 테이프 위에 점과 선으로 나타날 수 있도록 모스 인쇄기를 작동시키는 것이었다. 전지가 인쇄기에 동력을 공급하면 코히러를 통하여 전류가 흘러나왔는데, 분말이 함께 들러붙었을 때는 켜진 상태가 되었고 흩어졌을 때는 꺼진 상태가 되었다. 그러나 이 장치로 벨을 한

무선혁명을 시작한 작은 '코히러'. 마르코니는 과학자들의 발견에 의존하여 이 작은 무선신호 수신기를 만들었고 모스부호의 점과 선을 내보냈다.

번 울리는 일은 비교적 쉬웠지만 코히러 안의 금속분말은 계속 들러붙어 있었고, 마르코니가 작동 스위치를 멈췄는데도 벨이 계속 울려 헤르츠파는 더 이상 송신되지 않았다. 전류를 끊고 벨소리를 멈추기 위해서는 유리로 된 코히러를 흔들어서 금속분말을 다시 흩어놓아야만 했다.

이 문제를 해결하기 위해 마르코니가 고안한 장치는 기술자로서의 탁월한 능력을 보여주었다. 처음에 그는 코히러에 넣을 가장 좋고 예민한 금속분말을 발견하기 위해 여러 시간 실험했다. 그런 다음 유리관을 점점 작게 만들었는데, 이를 위해 손풀무를 이용해 개조한 온도계를 사용했다. 그는 작게 만든 코히러의 효율성을 높이기 위하여 진공상태가 되도록 했고 각 끝에 은으로 된 자그마한 마개를 달았다. 마르코니는 작은 코히러 하나를 만드는 데 많은 시간이 걸릴 것으로 내다보았다.

일단 매우 예민한 미니 코히러가 작동하자 그는 작은 망치 장치를 고안해서, 조절기를 올리면 모스 키가 켜지고 헤르츠파를 차단시킬 수 있게 했다. 망치가 작은 코히러를 두드리면 금속분말의 밀집은 느슨해졌고 전류가 끊기면서 벨소리도 멈추었다. 이와 똑같은 방식으로 모스부호 인쇄기도 켜고 끌 수 있었는데, 짧은 시간 동안 조절기를 내리면 점을 그렸고, 조절기를 올리면 인쇄기는 멈추었다. 또한 조금 긴 시간 동안 조절기를 내렸을 때는 인쇄기가 선을 그려냈다. 이 일은 믿을 수 없을 정도로 천천히 일어났지만 어쨌든 제대로 작동했다.

송신기를 만드는 것은 비교적 쉬운 일이었다. 이를 위해서는 전류를 공급할 전지와 충전시킬 코일, 그리고 둘 사이에 작은 공간이 생기도록 고정시킨 놋쇠로 된 공 두 개가 필요했다. 모스 키를 누르면 전류가 흘렀고, 전기는 두 놋쇠공 사이에서 청황색 불꽃을 만들어내 전자기파를 발생시켰다. 전자기파는 빛과 같은 속도로 움직였지만(사실 빛의 한 형태였다), 파동의 높이가 무척 길어서 눈에 보이지 않았다. 심한 폭풍우 속에서 번개는 헤르츠파를 발산하는데, 번개가 칠 때마다 무전기가 딱딱 소리를 내는 것은 바로 이 때문이었다.

헤르츠가 죽은 지 채 1년이 안 되었을 때 마르코니는 작동되는 무선 시스템을 갖추고 있었다. 그러나 이 시스템이 실제로 쓰이려면 더욱 먼 거리에서도 송수신이 가능해야 했다. 1895년 여름, 그는 깨끗이 정돈된 빌라 그리포네의 뜰에 처음으로 상자들을 내놓고 그 한계를 알아보고자 했다.

도움을 기대하고 읽었던 전기에 관한 잡지들은 전혀 보탬이 되지 못했다. 송신기와 수신기의 배치를 다르게 하는 것만이 그가 할 수 있는 일의 전부였다. 어쩌면 프랭클린이 폭풍우 속에서 연을 띄워 한 실험을 회상했을 수도 있었다. 마르코니는 공중에 전선을 하나 올리고 다른 전선을 땅에 놓으면 여분의 전력이 생길지 모른다고 생각했다. 그는 이러한 배치로 시스템이 작동하는 것에 감격했으며 전선을 더 높이 올릴수록 불꽃은 더욱 강력해지고 신호가 더욱 멀리까지 간다는 사실을 알았다. 알폰소는 수신기와 송신기를 더욱 멀리 떨어지게 움직였다. 1마일 정도 떨어졌을 때 알폰소는 시야를 벗어났고, 그나 농장 일꾼 중 한 사람은 신호가 전달되었다는 것을 알리기 위해 총을 쏘아야 했다. 아들의 충동적 실험을 불만스러워하면서도 자금을 댔던 마르코니의 아버지는 이 흥미로운 발명품을 어떻게 상업화시킬 수 있는가에 대해 토론할 정도로 깊은 인상을 받았다.

원시적인 자가 제작 무선전신 시스템을 개발한 순간부터 마르코니는 자신이 시간과 경쟁을 한다고 느꼈다. 빌라 그리포네의 다락방과 뜰에서 이룰 수 있는 것이라면, 대학이나 전신회사의 누군가도 확실히 똑같거나 어쩌면 더 나은 결과를 얻을 수도 있을 것이다. 이름도 알리지 못한 채 재산만을 날린다면 마르코니는 더 이상 의지할 데가 없었다. 아버지는 마르코니의 해군 입대를 바랐으나 그는 이미 실험에 빠져 있었고 해군대학 입학시험에서도 실패했다.

나이든 주세페는 막내아들에게 미래가 있다면 그것은 다락방에 흩어진 기묘한 전선과 전지들, 그리고 농장 마당에 세워진 이상하게 보이는 안테나와 관계가 있다는 사실은 인정했다. 그러나 누가 굴리엘모의 마술상자에 관심을 가질 것인가? 그리고 과연 투자를 해서 가족의 재산이 줄어들지 않도록 해줄 사람이 있을 것인가? 마르코니의 가족사에 따르면 정부 측에서 투자 제안을 했으나 이를 정중하게 거절했다고 한다. 정부와 접촉을 했다는 기록이 남아 있지는 않지만 전혀 가능성이 없는 일은 아니다. 물론 이는 이탈리아 애국자라는 마르코니의 명성을 보호하기 위해 후대에 만들어진 이야기일 수도 있다. 어쨌든 마르코니와 그의 어머니는 얼마 후 런던으로 향한다. 런던은 부유하고 영향력 있는 친척들의 후원을 받을 수 있는 기회가 훨씬 많은 곳이었다.

제국의 중심에서

대영제국의 심장부 런던은 19세기 말 인구 600만의 거대도시였다. 수많은 공장 굴뚝은 잿빛 연기를 내뿜었고, 템스 강변과 거대한 기차역, 국회의사당에 흐르는 기묘한 빛은 클로드 모네 같은 인상파 화가들을 매혹했다. 런던에는 1860년대부터 증기기관 지하철이 개통되었고, 1890년에는 스톡웰에 첫 전기 지하철이 들어섰다. 그러나 여전히 말들이 지붕 없는 버스와 마차를 끌고 다녔고, 교외의 새로운 노동계급은 상대적으로 비용이 적게 드는 전차를 이용했다. 가스 엔진과 가솔린 엔진이 개발되었고, 1894년에는 수입 자동차가 거리에 모습을 드러냈지만 시민의 유일한 운송수단은 증기기관차였다. 둔중한 이 수송수단은 시골에서는 시속 4마일, 도심에서는 시속 2마일로 속도가 제한되어 있었고, 차가 오기 전에 20야드 정도 앞서서 빨간 깃발을 들고 걸어가는 사람이 필요했다. 1865년 처음 제정된 이 규정은 1878년에 폐지되었다.

서로 다른 형태의 전깃불이 있었지만 도시 대부분의 지역에서는 여전히 가스등을 사용했다. 실험적인 첫 전기가로등은 다양한 탄소 아크를 사용한 것으로 분리된 두 탄소봉 사이에 전류를 보냄으로써 맹렬한 백열광을 발산했다. 1878년 초 셰필드의 북쪽 마을에서 축구경기의 조명으로 이 불빛을 사용했지만 선수들이 눈부셔 공을 볼 수 없다고 불평하자 곧 폐기되었다. 1881년에는 세계에서 처음으로 서리의 작은 마을 고달밍에 공중 전기가로등을 설치했지만 비경제적이어서 다시 가스등으로 교체했다. 게이어티극장 같은 곳에서 사용한 아크등은 너무 밝아서 '스트랜드가를 즉시 밝히는 보름달 여섯 개'로 묘사되기도 했다.

 1870년대 미국의 에디슨과 영국의 조지프 스완(Joseph Swan)은 거의 동시에 전기 백열등을 발명했고, 1879년에는 서로 협력하여 '에디스원(Ediswan)'이라는 이름으로 백열등을 대량생산했다. 그러나 대형 기관들과 부자들만 발전기를 설비할 수 있었는데, 에디슨은 1880년 영국의 실업가 윌리엄 암스트롱(William Armstrong)의 거대한 집에 첫번째 수력전기 시스템을 만들었다. 당시 영국에는 큰 발전소가 없었고, 더욱이 나이아가라 폭포가 움직이는 엄청난 터빈 같은 것은 없었다. 따라서 런던에서는 소수 사람들만이 집안에서 스위치를 이용한 백열등을 사용할 수 있었다. 사실 백열등 스위치도 너무 낯설어서 그 옆에는 점등하기 위해 성냥을 사용하지 말라는 경고문이 붙여질 정도였다.

 마르코니와 어머니 애니가 볼로냐를 떠나 증기기관차로 유럽을 횡단한 후 배를 타고 영국에 도착한 것은 1896년 2월이었다. 마르코니의 외사촌형 헨리 제임슨-데이비스(Henry Jameson-Davis)가 그들이 머물 곳을 알아봐주겠다고 했는데 그는 사촌동생의 무선장비에 많은 관심을 보였다.

풍차 디자인을 전문으로 하던 엔지니어 제임슨-데이비스는 마르코니의 발명품을 보여주기 위해 친구들을 초대했고, 거기 참석했던 캠벨 스윈튼(A. Campbell Swinton)은 체신부의 기사장 프리스에게 소개 편지를 써주겠다고 했다. 다음은 1896년 3월 30일자 편지의 일부다.

실례를 무릅쓰고 편지를 보냅니다. 마르코니라는 젊은 이탈리아인이 그동안 연구해온 새로운 무선전신 체계를 시작하려고 얼마 전 이 나라로 왔습니다. 외견상 그것은 헤르츠파를 사용하고 로지의 코히러에 기초한 것으로 보이지만, 그가 말하는 내용은 이 계통에서 다른 사람들이 이룬 업적을 훨씬 뛰어넘는 것입니다. 선생님께서 그를 만나 직접 그의 말을 들어보면 어떨까 하는 생각이 듭니다. 제가 보기에 그의 연구는 틀림없이 선생님의 관심을 끌 것이라고 생각합니다. 선생님께 실례가 되지 않길 바라며….

마르코니는 4월에 아버지에게 보낸 편지에서 무선전신에 관심을 가진 프라이스(그는 이름을 Mr Price라고 잘못 알고 있었다)와 만났다고 적었다. 마르코니가 정확히 언제 무선으로 작동되는 모형을 프리스에게 보여주었는지는 정확하지 않다. 프리스의 조수였던 멀리스(P. R. Mullis)는 수년 후에 마르코니가 체신부 건물에 도착하던 광경을 묘사했다. 프리스의 차에서 짐을 내리던 멀리스는 마르코니가 가방에 든 정교한 장치로 실험하고 있는 것을 보았다. 그것은 기차를 멈추지 않은 채 우편물을 싣기 위해 체신부에서 사용하던 장치와 비슷한 것으로 그보다는 크기가 작은 가방 두 개였다.

프리스는 마르코니와 악수를 하고 마르코니가 놋쇠 손잡이와 코일과 관을 탁자 위에 내려놓고 정리하는 동안 금테 안경을 닦았다. 멀리

영국 체신부의 기사장 윌리엄 프리스. 마르코니가 영국에 왔을 때 후원했던 프리스는 그가 가족의 도움으로 회사를 차리자 후원을 그만두었고, 나중에는 자기가 무선을 발명했다고 주장했다.

스가 모스부호기와 전지, 전선을 가지고 오자 프리스는 금빛 회중시계를 보며, 정오가 지났으니 마르코니를 체신부 건물 식당으로 데려가서 '내 이름으로 좋은 식사를 할 수 있도록' 하라고 했다. 그들은 점심을 먹고 오후 2시에 돌아왔다.

    프리스는 마르코니가 모스부호기를 누르자 수신기에서 종이 울리는 것을 보았다. 전자파가 이런 방식으로 사용되는 것을 전혀 보지 못했던 체신부 기사장은 굉장한 관심을 보였다. 그날 저녁 마르코니는 다시 초대받았고 그와 프리스는 체신부 작업실의 도움으로 장치를 조금 조정했다. 7월 말이 되자 프리스는 마르코니의 무선전신을 체신부의 고위 관리들에게 선보여도 되겠다는 확신을 얻었다. 1마일 이상 떨어진 거리에서 돌로 된 장벽을 관통하여 신호를 보낼 수 있다는 것은 모든 이에게 깊은 인상을 주었다.

당시 프리스는 12월에 토인비홀에서 무선전신에 대한 강연을 하기로 예약한 상태였고, 그곳에서 스코틀랜드 서부해안을 가로질러 메시지를 보내는 연구를 설명할 생각이었다. 그러나 그는 짧은 거리를 소통하기 위해 양쪽에 긴 전선이 요구되는 자신의 시스템보다 마르코니의 것이 더 유망하리라고 판단했다. 만일 똑같은 효과를 낸다면 마르코니의 장치를 세우는 게 훨씬 빠르고 쌀 것이다. 그래서 프리스는 토인비홀 강연에서 많은 청중에게 마르코니를 소개하고, 둘이 어떻게 함께 오게 되었는지를 밝히기로 결심했다.

마르코니가 헤르츠파를 전신술에 사용하겠다고 처음 생각한 것은 1894년 여름이었다. 2년 후에 그는 영국 체신부 기사장의 환대를 받았고, 1897년 봄이 되자 특허권에 관심을 보인 투자자가 나타났다.

에테르에서 춤을

봄이 되면 노랑할미새와 송골매는 잉글랜드 데번과 도싯 북쪽 해안과 웨일스 글래모건 남부해안 사이의 브리스틀해협을 건너 보금자리를 옮긴다. 철새들은 해협 중간에 있는 스티폴름 섬과 플래톨름 섬을 지나 웨일스 남부해안을 마주한 낮은 절벽 레버녹 포인트로 오른다. 화려한 꽃들이 해변의 산들바람 속에서 춤추는 나비들을 유혹하는 이곳에는 세번 강 유역을 방어했던 옛 군대 유적지가 있다.

1892년 프리스는 부선전신술을 실험하면서 3마일 정도 떨어진 레버녹 포인트와 플래톨름 섬을 선택했고 두 지점을 연결할 수 있다는 것을 알아냈다. 그러나 레버녹에서 5마일 이상 떨어진 곳에 있는 스티폴름 섬과의 연결을 시도했을 때는 그다지 성공적이지 않았다.

프리스는 마르코니의 무선전신 시스템을 실험하는 데 플래톨름에서 레버녹으로 연결하는 것이 이상적이라 여겼고, 1897년 5월 마르코니 장비의 잠재력을 보여줄 수 있도록 실험을 주선했다. 그는 마르코니의 발명품에 공적으로 깊은 신뢰를 표명했지만, 그 마술상자들이

마르코니가 처음으로 무선시범을 보였던 '마술상자' 중 하나. 집에서 만든 이 '코히러' 수신기는 1897년 당시에는 빼어난 '예술의 경지'였다.

원거리에서도 신호를 주고받을 수 있을지는 전혀 확신하지 못했다. 그는 천성적으로 위험을 감수하는 사람이었으나, 몇 차례의 곤혹스런 체험으로 인해 다소 주의를 기울이게 되었다. 1877년에는 이런 일이 있었다. 당시 채 서른도 되지 않았던 벨이 빅토리아 여왕의 여름별장인 와이트 섬의 오스본 하우스에서 그의 새로운 발명품인 전화를 시험해보라는 초대를 받았다.

벨은 프리스의 도움을 받아 여왕이 다른 두 귀족과 통화할 수 있도록 본채와 따로 떨어진 독채 사이를 연결했는데 이 작업은 밤 9시 30분에 시작되었다. 여왕은 홍보용 기사를 쓰도록 고용된 미국인 기자

케이트 필드(Kate Field)가 부른 '호밀밭에서' 라는 노래를 들었다. 여왕은 무엇보다도 카우스와 사우샘프턴, 그리고 런던에서 걸려오는 전화에 깊은 인상을 받았다. 그날 시험의 마무리는 프리스의 애국심으로 사우샘프턴의 한 악단이 영국국가를 연주하기로 되어 있었다. 하지만 여왕이 아무리 기다려도 음악은 들리지 않았다. 튜바 주자와 트럼펫 주자들이 이미 짐을 싸서 집으로 돌아가고 없었기 때문이다. 프리스는 사람들의 성공적인 하루를 실망시키고 싶지 않아 손수 마이크를 들고 최선을 다해 콧노래로 국가를 반주했다. 그때 음악을 듣던 여왕이 "애국가인데 연주를 잘하지 못하는군요"라고 말했다고 한다.

또 한번은 프리스가 마르코니에게 플래톨름에서 레버녹으로 신호를 보내라고 요청했을 때의 일이다. 무선전신 분야의 오랜 경험으로 나름대로 자부심이 있던 프리스는 젊은 이탈리아인의 장치보다 자신의 것이 더 낫다는 것을 보여주고 싶어했다. 그는 마르코니의 발명품에 깊은 관심을 가졌지만 그런 사실을 숨기려는 것처럼 보였고, 체신부를 위해서도 약간의 쓸모 외에 얼마나 가치가 있을지 확신하지 못했다. 그것이 여전히 신기한 장치이기는 했지만 신기함으로 끝날지도 모를 일이었다.

마르코니가 플래볼름 섬에서 송신기를 조립하고 레버녹에 수신국을 설치하는 동안, 프리스는 브리스틀해협 양쪽에 이미 긴 전선을 준비해두고 있었다. 어느 한쪽에서 전선을 통해 전하를 보내면 다른 쪽에서는 이를 받아서 신호를 방출했고, 둘 사이의 공간을 '넘어서' 전하가 만들어졌다. 전류를 흐르게 하거나 멈춤으로써 모스부호의 점과 선을 보내는 것이 가능했다. 프리스는 스코틀랜드 서부해안에 있는 스카이 섬과 본토 사이의 임시 연결망으로 이 유도장치를 이용했고, 전신선이 소리를 냈을 때 브리스틀해협 건너에서 작동한다는 것을 알 수 있었다.

어쩌면 프리스는 마르코니의 신호가 레버녹에 도달하기를 기다리면서도 자신이 역사적 순간을 목격하리라는 것을 상상하지 않았을지도 모른다. 실제로 그는 전세계의 유선전신을 선도하는 영국정부 부서장이었으므로 아마추어 과학자가 만든 장치에는 거의 위협을 느끼지 않았을 수도 있다. 프리스는 마르코니의 실험을 함께 참관하자고 베를린 샤를로텐부르크의 고등기술학교 아돌프 슬라비(Adolf Slaby) 교수를 초대했다. 슬라비는 마르코니가 제법 먼 거리에서 신호를 보냈다는 것을 이미 알고 있었다.

레버녹 포인트는 해발 60피트 정도였다. 마르코니는 60피트가 넘는 안테나를 세웠는데, 꼭대기에는 아연 실린더를 부착하여 모스부호를 기록하기 위해 세운 수신기와 연결시켰다. 그리고 수신기에서 절벽 아래의 바닷가로 또 다른 전선을 연결시켰다. 불꽃을 일으키는 송신기는 플래톨름 섬에서 3마일 정도 떨어진 곳에 있었다. 긴장감이 돌던 이틀 동안 레버녹의 수신기는 아무런 신호도 감지하지 못했다. 절망한 마르코니가 수신기를 절벽 아래로 가져가서 어떤 차이를 알아보려는 순간 비로소 수신기가 작동하기 시작했다.

프리스가 그 순간의 중요성을 제대로 포착하지 못한 반면, 깜짝 놀란 슬라비 교수는 그 중요성을 분명히 알고 있었다. 훗날 그는 그 순간을 '잊혀지지 않는 추억'이라고 표현했다. "우리 다섯 명은 폭풍을 피하기 위해 만든 나무로 된 쉼터의 장치 주변에 섰다. 우리의 눈과 귀는 오로지 그 장치를 향해 있었고, 신호의 준비를 알려주는 깃발이 올라가기를 기다리고 있었다. 순간 우리는 첫 반응소리를 들었고 섬의 바위에서 눈에 보이지 않게 보낸 신호를 모스부호기가 인쇄하는 것을 보았다. 알 수 없고 신비로운 매개체인 에테르 위에서 그 신호가

1897년 브리스틀해협 양쪽에서 무선신호를 주고받는 실험 도중에 영국 체신부의 엔지니어들이 마르코니의 불꽃 송신기를 시험하고 있다. 실험은 성공적이었으나 체신부는 독일 아돌프 슬라비 교수처럼 감동받지는 않았다. 그는 마르코니가 아주 새로운 것을 발견했다는 것을 깨달았고 고국으로 달려가서 마르코니의 장비를 모방했다.

춤을 추며 우리에게 왔다."

그는 1898년 4월에 출간된 미국잡지 《센추리 매거진 Century Magazine》에서 자신이 본 것을 이렇게 설명했다.

1897년 1월 마르코니의 첫번째 성공 소식이 신문지상에 퍼졌을 때, 나는 거의 비슷한 문제로 고민하고 있었다. 나는 100미터 이상의 거리로 전송할 수 없었다. 마르코니가 이미 알려진 것에 어떤 새로운 것을 덧붙였다는 것은 확실했다. 그렇게 함으로써 그는 수마일 떨어진 거리에서 송수신을 할 수 있었던 것이다. 나는 재빨리 영국으로 가겠다고 결정했는데 영국 전신국은 이와 관련해 광범위한 실험을 하고 있었다. 체신부의 기사장 프리스는 가장 정중하고 친절한 방식으로 내가 이 일을 목격할 수 있게 허락했다. 그리고 나는 그곳에서 아주 새로운 것을 보았다. 마르코니는 위대한 발견을 했다. 그는 선배들이 전혀 알아내지 못했던 방식으로 일하고 있었다. 우리는 오직 이러한 방식으로만 그의 성공의 비밀을 설명할 수 있다.

슬라비는 마르코니의 비밀을 가지고 급히 독일로 돌아갔고 가능한 한 브리스틀해협의 실험을 되풀이해보려고 했다.

집으로 돌아온 즉시 나는 마르코니의 전선을 이용하여 내가 만든 장치로 그 실험을 반복해보았다. 실험은 성공적이었다. …당시 독일 황제는 새로운 형태의 전신술에 흠뻑 빠져 있었기에… 나는 포츠담 근처의 하벨 강과 왕립공원 주변을 마음대로 사용하면서 실험을 확대시킬 수 있었다. 상쾌한 하늘 아래 있는 그곳은 마치 천국 같은 자연 실험실이었다. 왕실 가족은 하벨 강변의 호수에서 항해하는 것을 즐겼다. 그래서 여름 동안에는 일단의 선원들이 그곳에 정박했고, 나는 승무원들을 조력자로 고용해도 좋다는 허가를 받았다.

마르코니의 첫번째 은인이었던 프리스는 뜻하지 않게 여러 해 동안 무선전신 분야에서 영국과 경쟁해온 국가에 중요한 정보를 제공한 셈이 되고 말았다. 슬라비는 모든 기술 분야에서 독일이 앞서기를 원했고, 국가적으로 과학자들을 지원코자 했던 빌헬름 2세의 후원에 힘입어 새롭고 매혹적인 독일판 통신수단을 개발하고자 했다. 한편 프리스는 브리스틀해협을 가로지르는 무선 유도장치를 세웠는데, 마르코니가 헤르츠파를 사용하는 것에 대해서는 여전히 회의적이었다.

그러나 런던의 반응은 뜨거웠다. 투자자의 입장에서 볼 때 마르코니가 솔즈베리 평원과 토인비홀, 그리고 브리스틀해협에서 보인 시범은 특허권의 가치를 지닌 것이었다. 만일 마술상자의 기술에 대해 독점권이 설정된다면, 이 특허는 전세계적으로 팔릴 수 있을 것이고 즉시 부를 가져다줄 것이다.

런던에 도착한 지 한 달쯤 지난 1896년 3월 마르코니는 외가와 연결된 다양한 사람들이 그에게 제시한 것에 대해 빌라 그리포네의 아버지에게 상세히 편지했다. 와인(Wynne)은 2400파운드와 마르코니가 회사 설립을 허락하면 주식의 반을 주겠다고 했다. 영국 해군장교였던 사촌 에네스토 번(Ernesto Burn)은 '군대에 유용한 발견'을 하도록 정부에서 2000파운드의 급료와 함께 1만 파운드를 지급받은 친구가 있다고 말했다.

어머니와 함께 베이스워터에 머무는 동안 마르코니는 후원자를 물색하면서 필사적으로 모임을 이끌었다. 그러나 아버지는 마르코니가 가능한 한 빨리 돌아와서 빌라 그리포네 근처에 목장을 구입하면 좋겠다는 희망을 전했다. 집에서 보내준 그리포네 포도주 2배럴은 그를 즐겁게 했다. 그러나 그는 답장에서 영국뿐 아니라 러시아, 프랑스, 이탈리아, 오스트리아, 헝가리, 스페인, 미국 등에서노 효력이 있는 특허권을 얻을 수 있도록 포도주가 아닌 자금지원을 요청했다. 1897년 1월 아버지에게 보낸 편지에는 이렇게 적혀 있다.

미국 특허권을 획득하고자 하는 미국인 신사 두 분을 만났습니다. 그분들은 1만 파운드를 제시했는데 4000파운드는 미리 주고 나머지는 특허를 얻은 다음에 주겠다고 했습니다. …초기 제안들 중 하나를 받아들이는 것이 저에게는 더 나을 수 있겠다는 생각이 듭니다. …다른 출원들이 잘못되더라도 상당한 이익을 얻을 수 있을 것입니다.

아버지에게 보낸 편지에는 국제적 명성과 부를 얻기 직전의 맹렬한 긴박감이 드러나 있다. 사실 런던에 도착한 이후 마르코니의 삶은 이러한 긴박감의 연속이었다. 자신들을 모두 풍요롭게 해주리라는 확신을 가졌던 외가 친척들은 다른 사람들이 마르코니의 발명으로부터 이득을 취하는 것을 방지하려는 마음에서 마르코니에게 작은 재산 정도는 기꺼이 투자했다. 그러나 한편으로는 참으로 독특한 기술을 고안했다고 주장하는 젊은이를 어디까지 믿어야 할 것인지에 대한 걱정도 있었다. 그가 독창적이고 정교하게 만든 장비의 대부분이 사실은 다른 사람들의 실험 작업에서 유래한 것이었기 때문이다. 마르코니는 이를 민감하게 알아차리고 있었다. 마르코니가 독일, 프랑스, 영국, 이탈리아 등의 실험실에서 고안된 다양한 장치들을 조합하는 가운데 독특한 배열을 이루어냈다는 확증을 찾기까지는 런던의 아주 우수한 특허 변호사들의 몇 개월에 걸친 노력이 있었다.

사교적인 젊은 영국 해군 헨리 잭슨(Henry Jackson) 함장은 1896년 솔즈베리 평원에서 마르코니를 만났을 때 자기도 헤르츠파로 실험했으며 무선전신 시스템을 만들어 전함에서 시험한 결과 어느 정도 성공했다고 말했다. 잭슨 함장에 따르면, 그 말을 듣는 순간 마르코니는 무척 실망했으나 그 작업이 일급비밀이며 자신이 특허를 딸 계획이 없다는 말을 듣고서야 생기를 찾았다.

프리스는 마르코니를 도와주던 짧은 기간 동안 이탈리아 발명가를 발굴했다는 영광을 강조했고, 새로운 종류의 무선전신이 등대선이나 등대에 가져올 엄청난 가치에 대해 전국 각지의 청중에게 강연했다. 그러나 프리스의 이러한 마르코니 홍보활동은 당대 영국의 탁월한 과학자 중 한 사람이었던 리버풀대학의 로지 교수를 격노케 했다. 프리스와 로지는 피뢰침을 세우는 가장 훌륭한 방법을 놓고 오랫동안 반목하고 있었다. 체신부는 전신 시스템을 폭풍우에서 보호하기 위해 수백 개의 피뢰침을 보유하고 있었는데, 로지는 기적적인 마르코니의 발명에 대해 프리스가 잘못된 정보를 제공하고 있다고 생각해서 참을 수 없었다. 1897년 6월 로지가 《타임》에 편지를 보내면서 품위 없는 말다툼이 벌어졌다.

"많은 사람들이 브랑리 관에서 헤르츠파를 받아 신호를 보내는 방식을 마치 마르코니의 발견으로 이해하는 것처럼 보입니다. 하지만 물리학자들은 이미 1894년 본질적으로 똑같은 신호방식을 제가 보여주었다는 사실을 잘 알고 있으며, 어쩌면 대중들도 이 정보를 알고 싶어할 것입니다. 제가 만든 장치는 60야드 정도 떨어진 곳에서도 활발히 작동했고, 반마일 정도까지는 응답이 가능할 것이라고 예측했습니다."

당시 마르코니가 보여준 무선파의 범위는 로지의 주장처럼 제한된 것이 아니었다. 그럼에도 로지는 반마일이 절대적 한계를 뜻하는 것은 아니라고 항변했고, '상업적으로 성공할 수 있는 방법을 개발하기 위해' 열심히 노력하는 마르코니를 추켜세웠다. 또한 이어서 이렇게 썼다. "이 모든 것은 온전한 영예를 받아 마땅하지만, (저는 마르코니가 이 이상 주장한다고 생각하지 않습니다) 지난 몇 개월 동안 '마르코니파'와 '중요한 발견'과 '훌륭한 신제품' 등의 주제에 대해 대중적인 글을 쓴 작가들은 매우 비합리적이었습니다."

수염을 기른 마르코니의 은인과 화가 난 교수 사이에 이런 소동이 벌어지는 동안, 제임슨가는 마르코니를 프리스에게서 해방시켜주었다. 먼저 아버지는 특허를 획득하기 위해 필요한 비용 300파운드를 지원하기로 했다. 그리고 사촌 제임슨-데이비스는 제임슨 위스키 사업과 연결된 옥수수 상인들로부터 10만 파운드를 모금했다. 그는 이 자금으로 무선전신회사(Wireless Telegraph and Signal Company)를 차렸는데, 오늘날 화폐로 환산하면 그 돈은 500만 파운드가 넘는 액수였다. 이 회사는 하나의 상업적 모험이었는데 특허권을 사고 마르코니가 필요한 실험을 지속할 수 있도록 자금을 대는 것이 그 목적이었다. 마르코니는 1파운드 주식 6만 주와 특허를 위한 자금 1만 5000파운드, 그리고 연구비로 2만 5000파운드를 받았다. 이것은 외가 친척과 사업 동료들이 지원해준 결과였다.

제임슨-데이비스가 사촌을 위해 엄청난 자금을 댄 것은 감상적 유행에 따른 행동이 아니었다. 그는 빅토리아시대의 전형적인 신사였고, 겨울 사냥철에는 사냥개를 데리고 여우사냥을 즐기는 사냥꾼이었다. 따라서 흥미를 자아내는 일이더라도 타당한 이유가 없었다면, 충분히 검증되지 않은 장치를 가진 스물세 살 청년에게 가족의 돈을 걸지는 않았을 것이다. 1897년 7월 무선전신회사가 문을 열었을 때 그와 다른 투자자들은 행운을 잡을 수 있기 바랐다. 회사는 특허가 인정되자마자 특허권을 구입함으로써 프리스와 영국 체신부를 궁지로 몰아넣었고, 마르코니에게는 회사를 위해 가치 있는 발명품을 내어놓도록 작업을 진척시켰다.

마르코니는 프리스가 가족의 개입을 달가워하지 않는다는 것을 알고, 1897년 7월 21일 빌라 그리포네에서 자신의 입장을 설명하는 편지를 그에게 보냈다. 그는 유럽의 모든 정부가 자신의 장비를 전시하기를 원하고, 자기가 낸 특허는 영국의 로지 교수 및 미국의 다른 사람들 때문에 논쟁중이며, 장비를 정교하게 하고 새로운 특허를 얻고 대규모 실험을 위해서는 자금이 필요하다고 말했다. 그의 편지는 이렇게 끝난다.

"저를 계속 지원해주시기 바라며, 저에게 베풀어주신 선생님의 친절함을 평생 잊지 않겠습니다. 또한 회사가 영국정부와 우호적인 관계를 갖도록 최선을 다하겠습니다. 토요일에는 런던에 도착할 것입니다. 존경하는 선생님, 저를 믿어주십시오."

자연스런 일이지만, 프리스는 영국 체신부가 더 이상 후원할 수 없다고 응답했다. 그는 자신이 새로운 발명품에 대한 통제력을 상실한 것에 대해 거의 아무런 관심도 보이지 않았다. 그리고 그는 그 물건이 실제로 별 쓸모가 없을 것이라고 보았다.

그리하여 프리스는 개인적으로 체신부와 정부에 보낸 비밀 메모에서, 마르코니의 송신기는 사실상 미래가 없고, 로지의 주장처럼 어떤 경우든 특허가 안전하지 않다고 암시하며 흠을 잡고 있었다. 그런데도 토인비홀 강연에서 프리스는 청중의 갈채에 응하면서 체신부가 마르코니에게 자금을 댈 것이라고 말했다. 그러나 약속했던 1만 파운드는 지원되지 않았다. 마르코니는 이제 가족 회사의 도움으로 자금과 함께 원하는 실험을 할 수 있는 자유를 얻었다. 배에서 해변으로 메시지를 보낼 때 무선을 가장 유망하고 실용적으로 사용할 수 있다는 확신을 얻자 그는 무신진신의 범위와 융통성을 시험하기 위해 해변으로 향했다.

호텔에 설치한 최초의 무선전신국

부자들이 일광욕을 하기 위해 지중해로 떠나는 새로운 유행이 있기 전에는 영국의 해변 휴양지가 전성기를 누렸다. 호화스런 푸른 기차들은 오직 겨울에만 리비에라로 향했고, 온화한 기후는 영국 귀족들을 유혹했다. 빅토리아 여왕은 툴롱 근처의 이에르에 머물기를 좋아했으나 5월을 넘기지는 않았다. 5월이 지나면 더위가 심해 사람들은 모두 북쪽으로 귀환했다. 프랑스인들은 노르망디 해안가의 옹플뢰르와 도빌로, 영국인들은 사기들이 좋아하는 이스트본과 본머스의 멋진 호텔이나 해변가의 다른 휴양도시로 돌아갔다.

철도 덕분에 런던에서 오는 당일치기 여행자들을 위한 유흥지가 많이 생겼는데, 영국 남부해안은 그들을 피해 브라이턴처럼 좀더 고급스런 휴양지를 찾는 상류층들로 말미암아 사회적으로 분리되고 있었다. 전유럽의 귀족 가문과 왕실 가족은 와이트 섬의 카우스에서 배를 타며 시간을 보내곤 했다. 8월에는 부유한 상류층들이 요트 경주를 하면서 화려한 사교모임을 즐기는 카우스 레가타가 열렸다. 빅토리아 여왕이 좋아하던 휴양지는 카우스 근처의 오스본 하우스였다. 그는 신선한 바닷바람을 즐기면서 말년 대부분의 여름을 이곳에서 보냈다. 섬의 하얀 절벽 꼭대기에는 남부해안의 멋진 경관을 보유한 웅장한 호텔들이 있었으며, 그 서쪽 끝에 로열 니들스 호텔이 자리하고 있었다.

1897년 11월, 마르코니가 세계에서 처음으로 장비를 갖추고 작동하는 무선전신국을 설치한 곳은 로열 니들스의 한 객실이었다. 정원에 세워진 120피트 높이의 안테나는 다른 투숙객들로부터 불평을 들을 것처럼 보였다. 호텔의 여러 방에는 송수신장비들이 있었고, 작업장에는 전선이 감긴 코일과 절연을 위해 녹인 밀랍, 수신기나 코히러의 실험을 위해 쌓아둔 금속들도 보였다.

마르코니는 바다에서 자기 장비를 시험하고 선박과 해변 사이의 통

작동되는 세계 최초의 무선기지국이 있던 장소. 1897년 마르코니는 절벽 꼭대기의 로열 니들스 호텔에 방을 빌리고 휴가객들을 태운 배에 메시지를 송신했다.

신을 위해 이 장소를 선택했다. 관광객들로 북적거리는 여름 동안에는 앨럼 만 서쪽 본머스와 스와니지로 정기선들이 다녔다. 마르코니는 자기가 세운 기지국의 범위와 효과를 시험하기 위해 메이플라워호와 솔렌트호에 무선전신 장비를 설치하기로 협의했다. 그와 기술자들이 송신할 때 손님들은 신기한 비가시적 광선을 움직여 이상한 소리를 내는 불꽃 때문에 당황했는데, 이 광선이 배 위에 있는 모스부호 수신 테이프를 작동시켰다.

영국 호텔들은 이 젊은 발명가에게 안락함과 좋은 음식을 주었고, 어머니와 형 알폰소, 기술자들이 묵을 장소를 제공했다. 마르코니와 어머니는 비록 런던의 매력적인 사교생활을 즐길 시간은 없었지만, 한가로운 영국 남부해변에서 약간의 휴식을 취할 수 있었다. 마르코니는 앨럼 만에 이어 본머스에 있는 마데이라 호텔에 또 다른 기지국을 열었다. 19세기 말 본머스에는 유명한 방문객들과 거주자들이 있었다. 1860년대에는 찰스 다윈이 이곳에 머물렀고, 릴리 랭트리(Lillie Langtry)는 1880년대에 그의 연인 웨일스의 왕자가 본머스에 마련해준 집에서 살았다. 로버트 스티븐슨(Robert Stevenson)은 병환에서 회복되면서 《지킬 박사와 하이드》를 집필했고, 화가 오브리 비어슬리(Aubrey Beardsley)는 마르코니가 도착했을 때 요양을 끝내고 막 본머스를 떠났다.

1898년 1월, 본머스 기지국은 강한 눈보라가 남부해안을 덮치기 직전에 처음으로 가동되었다. 전 영국수상 윌리엄 글래드스턴(William Gladstone)이 중병으로 본머스에 체류하고 있었기 때문에 이미 많은 신문기자들이 모여 있었다. 눈의 무게로 전신줄이 끊겼고 런던과의 통신은 두절된 상태였다. 최근 문을 연 마데이라 호텔 기지국에서 런던과 소통이 가능한 로열 니들스 호텔로 무선 메시지를 보내도록 배치한 일은 마르코니의 시의성과 대중적 직관을 잘 보여준 것이었다.

　마르코니와 마데이라 호텔 경영진의 관계 악화로(이들의 갈등이 돈 때문인지 아니면 무선기지국이 다른 투숙객들의 불편을 초래한 것인지는 확실하지 않다), 마르코니는 기지국을 본머스의 한 집으로 옮겼다가 최종적으로 헤이븐 호텔로 옮겼다. 헤이븐 호텔은 로열 니들스 호텔 기지국이 문을 닫은 이후에도 여러 해 동안 마르코니에게는 가정과 같은 곳이 되었다. 그는 낮에는 안테나를 딸각거리면서 헤이븐 호텔의 투숙객들을 즐겁게 해주었고, 저녁식사를 마친 다음에는 자주 피아노 앞에 앉곤 했다. 마르코니는 바이올린을 연주하는 알폰소와 첼로를 연주하는 어스킨 머레이(Erskine Murray) 박사와 함께 대중적인 클래식들을 연주했다.

　애니는 아들을 돌보기 위해 자주 머물렀는데, 이때 보냈던 저녁 시간들은 그의 일생에서 가장 달콤하면서도 가슴 아픈 시간들이었다. 아들을 만나는 횟수는 갈수록 적어졌고, 아들은 바다 건너 더욱 멀리 무선신호를 보내려는 야망을 좇고 있었다. 마르코니가 이미 얻은 명성은 그를 믿었던 것이 옳은 판단이었음을 보여주었으나, 아들에 대한 신뢰는 실제로 자신의 삶에서 큰 위험을 감수한 일이었다.

빅토리아 여왕에게 메시지를 보내다

1898년 8월 8일 문자 메시지들 중 하나가 최초로 전파를 탔다.

"크레슨트와 왕실 요트 선원들 사이에 크리켓 경기를 하는 게 무척 염려됨. 오스본에서 이 경기를 해도 되는지 여왕폐하께 여쭈어보시오. 크레슨트는 월요일 포츠머스로 감."

이 메시지는 왕실 요트 오스본호에서 오스본 하우스 마당 별채에 세워진 작은 수신국으로 보낸 것이었다. 빅토리아 여왕의 응답이 다시 바다를 건너왔다.

"여왕폐하께서 크레슨트와 왕실 요트 선원들의 경기를 오스본에서 열도록 승인하였음."

여름의 많은 시간을 오스본에서 보내던 일흔아홉의 여왕이 남쪽으로 몇 마일 떨어진 로열 니들스 호텔에서 재미있는 일이 벌어지고 있다는 것을 모를 리 없었다. 마르코니가 단지 유명한 지역인사로만 머문 것은 아니었다. 《데일리 익스프레스 *Daily Express*》는 그해 7월 더블린 만에서 열리는 킹스턴 레가타를 보도할 수 있을 것인지 그에게

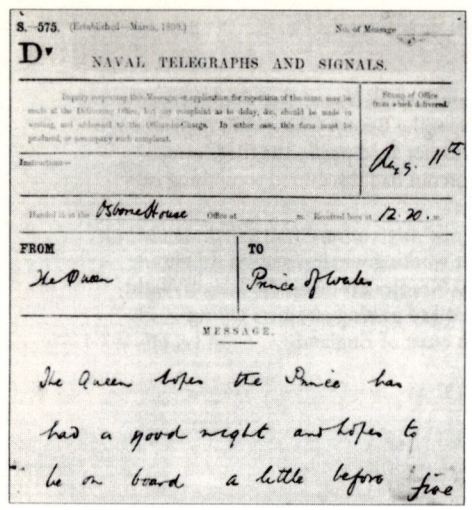

사상 최초의 무선전신 '문자 메시지' 중 하나. 빅토리아 여왕의 명으로 오스본 하우스 마당에 있던 별채에서 마르코니의 엔지니어가 송신했다. 마르코니는 왕실요트 오스본호에 있는 에드워드 왕자에게 메시지를 해독해주었다.

요청했는데, 그는 이미 무선전신의 첫 상업적 실험으로 언론의 찬사를 받고 있었다. 이 신문은 마르코니의 기사들 중 한 사람이 런던 로이드 보험사의 해상보험업자들을 태우기 위하여 불안정한 아일랜드 해변에서 보여준 몇 가지 실험 때문에 깊은 인상을 받았다.

마르코니는 킹스턴 레가타를 보도하기 위해 장비를 갖추고, '급송 사냥꾼(Flying Huntress)'이라고 이름붙인 예인선을 준비하여 바다에서 열리는 요트 경주를 따라가면서 최신 소식과 위치를 해변의 수신기 지국에 보냈다. 그러면 수신국은 최신 소식을 《익스프레스》의 자매지인 《이브닝 메일 Evening Mail》에 보냈다.

'급송 사냥꾼'은 낡은 것이었고, 임시로 만든 안테나 돛대와 해변 기지국과 신호를 교환하기 위해 장착한 토끼 철망 같은 전선다발 등으로 익살스럽게 보였다. '즉시 만든 돛대에 매달린 마르코니의 마술 철망'이 보여주는 기괴한 광경과는 대조적으로 더블린의 《데일리 익스프레스》 기자는 발명가를 매혹적으로 그렸다.

젊은 이탈리아 발명가는 키가 크고 체구가 건장하며, 검은 머리에 안정된 청회색 눈, 단호한 입에 넓은 이마를 가졌다. 그의 모습은 겸손하지만 확신에 차 있다. 그는 자유롭고 온전하게 말하며, 전기와 에테르의 신비로운 힘에 대해 자기 자신과 모든 과학자들이 지닌 지식의 한계에 대해 솔직하게 밝힌다. 자기 장비와 관련해서 보여주는 절제된 열정은 성격을 잘 드러낸다. 문자 그대로 광대한 심연에서 요정들을 불러내고, 그것들을 바람의 날개로 급파할 수 있는 스물셋의 젊은이라면 자연스레 자기가 자연의 비밀을 풀었다는 느낌을 가질 것이다. 마르코니는, 마치 알라딘이 지니의 목소리를 처음으로 들었을 때 느꼈을 법한 놀라움과 경이로운 관심을 가지고 자기 장비가 내는 소리를 듣는다.

마르코니의 수석 보좌관 조지 켐프(George Kemp)가 있던 해변 기지국에도 똑같은 흥분이 감돌고 있었다. 작은 체구에 콧수염을 단 켐프는 해군에 근무할 때부터 사신의 일을 알고 열심이던 지칠 줄 모르는 일꾼이었다. 그는 체신부에서 프리스를 통해 마르코니를 만났는데, 《데일리 익스프레스》의 다른 기자가 그를 취재했다. 이 '나이 든 해군'은 현재의 기술발달 상태에 대해 아주 다른 설명을 했다.

"만일 당신이 당신을 위해 작동하는 전기에 관해 무엇이든 찾아내길 바란다면, 이론만으로는 아무것도 할 수 없습니다. 마르코니의 발견은 교수들이 모두 틀렸다는 것을 증명하며, 이제 그들은 가서 자기들이 쓴 책을 불태워야 할 것입니다. 그런 다음에 그들은 새로운 책들을 쓸 것이고, 아마도 언젠가는 다시 불태워야 할 것입니다." 켐프는 마르코니에 대해 이렇게 말했다. "그는 어떤 상황에서도 일합니다. 나는 그가 성공하기 전에 강풍 속에서 세 차례나 시도했던 일을 기억하고 있습니다. 그는 폭풍이나 비에 아랑곳하지 않으며 매우 끈질기게 연구합니다."

'급송 사냥꾼'에 있던 또 다른 기자는 장비들 옆에 서 있는 마르코니에 대해 "그가 갖춘 위엄과 강력한 힘을 조절할 수 있다는 것에 대한 숨겨진 자부심은 마치 자기가 작곡한 작품을 지휘하는 위대한 음악가를 연상시켰다"고 묘사했다. 기자는 이 놀라운 발명품에 위압당하

정력적으로 충실히 일했던 조지 켐프와 훨씬 젊은 그의 상관 마르코니. 1898년 영국해협 너머로 신호를 보낸 프랑스 북부해안의 위머로 임시기지국에서.

지 않겠다고 결심했지만, 해변으로 메시지를 보내기 위해 마르코니와 함께 작은 선실로 들어갈 때 전율을 느꼈다고 고백했다. 그는 이 훌륭한 장비를 목격한 후 무선으로 통신을 해보려는 굉장한 충동에 사로잡혔다.

인류에게 엄청난 이득이 되는 강력한 힘을 조절할 수 있는 자리에 있을 때, 그것을 가지고 장난을 쳐봤으면 좋겠다는 열망이 생기는 것은 아일랜드인의 기질인가, 아니면 인간 본성이 공통적으로 지닌 충동인가? 전선의 연결 없이 멀리 떨어져 있는 기지국과 소통하는 것이 가능하다는 놀라운 사실을 감지하자마자, 우리는 킹스턴 기지국을 담당하는 사람에게 위스키소다를 너무 많이 마시지 말고 맑은 정신을 유지하라는 것과 같은 우스운 메시지들을 보내기 시작했다.

영국의 모든 신문은 킹스턴 레가타에서 마르코니의 성공을 보고하며 점잖은 젊은 발명가에게 열렬한 찬사를 보냈고, 빅토리아 여왕과 버티라는 애칭으로 알려진 웨일스의 왕자 에드워드에게 깊은 인상을 남긴 그의 마술적인 능력을 칭송했다.

웨일스의 왕자는 많은 시간을 부자 친구들과 보냈고, 파리의 백만장자 로스차일드 가문의 손님으로 지내기도 했다. 파리에 있을 때 다리에 심한 부상을 입은 왕자는 8월에 왕실 요트를 타고 카우스 레가타에 참석했는데, 마르코니에게 오스본에 있는 여왕과 소통할 수 있는 무선 연락망을 세워달라고 요청했다. 마르코니는 무척 행복했다. 그것은 대중에게 알릴 절호의 기회였고, 혹시 무선전신이 시시한 것으로 보일지라도 걱정할 일이 아니었다. 뒷날 그가 전문기술자들에게 말했던 것처럼, 그 요청은 '무선통신에서 구릉지대가 미치는 영향과 관련된 새롭고 흥미로운 요인들을 연구하고 시도하는' 기회를 제공했던 것이다.

왕실 요트의 돛대에 안테나를 달고 오스본 하우스 마당 별채에 기지국을 세워 여왕과 아들 사이에 시도했던 문자 메시지 교신은 성공적으로 이루어졌다. 많은 손님들과 요트와 오스본 하우스에 머물던 왕실 가족들은 완전히 새로운 통신수단을 사용해볼 수 있었다. 수신 메시지는 모스부호로 출력되어 해독된 다음 '해군 전신신호'라는 표제를 달고 공식 형태로 작성되었다. 오스본에 있던 에밀리 앰틸이라는 여성은 이 방법으로 왕실 요트에 있던 놀리스 양과 교신했다. "언제 가벼운 식사라도 같이할 수 있을까요?(끝)" 답신: "초대에 응하지 못해서 미안합니다. 저는 오늘밤 카우스를 떠납니다.(끝)" 100개 이상의 메시지가 오고갔는데, 이들 중 빅토리아 여왕이 보낸 많은 메시지는 대부분 버티의 아픈 다리에 대한 걱정이었다.

이 일은 마르코니에게 또 다른 성공이었다. 그는 세계에서 가장 유명한 왕실 가족과 보낸 2주간에 대해 흥분된 상태에서 아버지에게 편지를 보냈다. 에드워드 왕자는 빅토리아 여왕과 청중이 함께 있는 자리에서 굉장히 멋진 넥타이핀을 그에게 선물하기도 했다. 그러나 그를 가장 고무시킨 것은 14마일 떨어진 곳에서 움직이는 배와 교신한 일이었다. 외견상 그가 보낸 신호들은 와이트 섬의 절벽들을 관통하는 것처럼 보였다. 신문들은 이 소식을 좋아했는데, 특히 1896년 창간된《데일리 메일 *Daily Mail*》은 그 어느 신문들보다 이를 비중 있게 다루었다. 이 신문은 전면 삽화로 무선장비 옆에 있는 마르코니와 그의 장비에 사로잡힌 두 여성의 모습, 그리고 굽이치는 점선을 따라서 왕실 요트의 안테나로 보내진 그의 신호들을 보여주었다.

마르코니는 발명가로서 이례적으로 운이 좋은 편이었다. 다른 발

1898년 8월 19일자 런던 《데일리 메일》의 삽화. 와이트 섬 오스본에 머물던 바텐버그 가문의 숙녀가 왕실요트 오스본호에 있는 친구들에게 보낸 메시지를 마르코니의 엔지니어가 전달하고 있다.

빅토리아 여왕에게 메시지를 보내다

명가들이 자금 후원자를 찾고자 분투하는 동안, 그의 외가친척들은 최소한 1~2년 동안의 안전과 장비 구입 및 보조자에게 지급할 돈을 보장해주었다. 프리스가 후원하던 짧은 기간 동안에는 뒷날 가장 든든한 참모가 된 베테랑 선원 켐프를 '빌려' 올 수 있었다. 켐프는 이제 마르코니 무선전신회사(Marconi Wireless Company)*에 고용되었고, 바람이 아닌 전자기파를 잡는 돛대를 세우면서 마치 세상의 모든 사람을 위해 새 생명을 되찾은 선원처럼 필요한 곳이라면 어디든지 안테나를 세웠다. 마르코니는 젊었으나, '미친 발명가'라는 대중적인 이미지와는 달리 헌신과 집중력, 신사다운 행동과 지속적인 성공으로 함께 일하던 기술진들에게 신뢰심을 불러일으켰다.

와이트 섬과 풀에 있는 연구소들에서 '은밀한' 실험들이 많이 이루어졌지만, 마르코니는 대중적인 무선전신 시범을 보임으로써 행운과 명성을 잡을 수 있기를 바랐다. 그의 이런 희망은 흥미롭고 고상한 발견들을 목말라하던 당시의 매체들, 특히 현대문명의 놀라운 발견에 굶주리던 새로운 대중잡지들의 주목을 받았다. 언제나 산뜻하게 차려입고 완벽한 영어를 구사하는 정숙한 이탈리아인, 몇 개의 전지와 기묘한 전선 배열로 기적을 일으킬 수 있는 사람처럼 드러난 마르코니의 모습은 확실히 매혹적이었다.

---

* 마르코니의 이름이 회사 이름에 덧붙여진 것은 1900년 2월이었다. 마르코니 국제해양회사(Marconi International Marine Company)와 미국 마르코니 회사(American Marconi Company)를 포함해 다른 마르코니 회사들이 매우 빨리 형성되었는데, 이 두 회사도 1900년에 설립되었다.

한 미국인이 심사하다

명성이 알려지기 시작하던 초기에 마르코니는 어디를 가든지 미국잡지 《맥클루어스》에서 파견한 작가를 동반하려고 했다. 아일랜드 이민자 새뮤얼 맥클루어(Samuel McClure)가 1894년 창간한 이 잡지는 구형 목판 조각사들을 파산시킨 새로운 사진 동판술로 출판되었는데, 이 신기술은 손으로 새긴 삽화에 비해 훨씬 적은 비용을 들이고도 사진을 재현할 수 있었다. 가판대에서 15센트에 팔렸던 《맥클루어스》는 러디어느 키플링(Rudyard Kipling)이나 아서 코난 도일(Arthur Conan Doyle) 같은 저명한 작가들을 끌어당기고 있었다. 소설가들을 초빙하여 뉴스를 다루는 것이 이 잡지의 정책이었지만, 마르코니에 푹 빠진 이 잡지는 그를 훌륭하고 화려하게 묘사하는 기사를 연재물로 실었다.

마르코니는 이미 킹스턴 레가타를 보도하고 빅토리아 여왕과 웨일스 왕자 사이의 교신 성공으로 표지를 장식했다. 또한 그의 발명에 대해서도 한두 차례 훌륭한 홍보가 이루어진 터였다. 1899년 봄, 프랑스 정부는 마르코니에게 당시로서는 최장거리가 될 영국해협을 건너서 무선신호를 보낼 수 있겠느냐고 물었고, 《맥클루어스》는 이를 취재하기로 결정했다. 이 역사적 사건을 보도하기 위해 추리소설 작가 클리블랜드 모페트(Cleveland Moffett)와 잡지 발간인의 동생이자 동료 기자인 로버트 맥클루어(Robert McClure)가 파견되었다. 그들은 독자들에게 어떤 속임수도 없을 것이라고 장담했다. 모페트는 프랑스의 작은 마을 불로뉴쉬르메르에서 마르코니와 합류했는데, 이곳은 35년 전 애니 제임슨이 주세페 마르코니와 은밀히 결혼한 장소였다. 그는 다음과 같이 썼다.

3월 27일 월요일 오후 5시, 모든 것이 준비되었을 때 마르코니는 처음으로 해협을 횡단하는 메시지를 송신했다. 몇 개월 동안 앨럼 만이나 풀의 기지국에서 사용함으로써 이미 친숙해져 있던 송신방법과 다른 점이라곤 아무것도 없었다. 송신기와 수신기는 매우 비슷했는데, 150피트 정도 돛대의 사형(斜桁)에 매달린, 일곱 가닥으로 된 구리 전선이 사용되었다. 돛대는 기댈 만한 절벽이나 둑이 없는 해발 높이의 모래사장에 세워졌다.

마르코니가 송신기를 작동시키자 송신기는 '삐-삐-삐-삐-삐리리리' 소리를 냈다. 불꽃이 번쩍이며 전방에 버려진 나폴레옹의 옛 요새를 힘차게 지나갔을 때, 사람들은 걱정스럽게 바다를 바라보았다. 과연 메시지가 영국까지 도달했을까? 32마일은 너무 멀게 느껴졌다. '삐-삐-삐리리리-삐-삐리리리-삐-삐.' 그는 2센티미터 불꽃을 사용하고 있으며, 브이(V)자 셋을 끝마치는 신호로 사용한다고 메시지를 보냈다.

이윽고 그가 멈추자 방안은 수신기에서 들려줄 소리를 기다리느라 조용했다. 잠시 침묵이 흐른 후, 테이프가 점과 선의 메시지를 인쇄하는 소리가 상쾌하게 들려왔다. 그것은 짧고 평범했지만, 영국에서 대륙으로 보낸 첫 무선 메시지라는 중요한 의미를 가진 소리였다. 첫번째 '브이(V)'는 호출을, '엠(M)'은 '당신의 메시지는 완벽하다'는 의미(meaning)를, '이곳도 마찬가지 2cms. VVV,' 끝의 두 약자는 2센티미터와 일반적인 종료신호를 뜻했다.

별 어려움 없이 일은 완료되었고, 이를 본 프랑스인들도 만족했다. 바로 이곳에서 세상에 중요한 무엇인가가 탄생하고 있었다. 그것은 확실히 명백한 성공이었고, 모든 이가 그렇게 말했다. 메시지가 오가고 뒤따른 실험도 모두 정확했다.

얼마 동안 위머로의 임시 기지국에는 이 놀라운 발명품을 보려는 다양한 인사들이 모여들었다. 그중에는 뒷날 마페킹(Mafeking : 보어전쟁 당시 포위구출 작전으로 유명한 남아프리카의 도시)의 영웅이자 보이스카우트를 창설한 로버트 배든-포얼(Robert Baden-Powell)의 동생인 영국군 장교 배든 배든-포얼도 있었다. 그는 전쟁 중에 정찰을 위해 연을 날리는 것에 특별한 관심이 있었는데, 이런 장치들을 고안해 솔즈베리 평원에서 실험을 하던 중이었다. 마르코니는 나무기둥을 세울 만한 시간이 없을 때 임시 안테나를 세우는 데 이 장치들이 쓸모 있다는 것을 발견했다. 배든-포얼이 개인적으로 시작한 이 상자들은 오래지 않아 무선전신의 발전에서 아주 중요한 역할을 하게 되었다.

마르코니가 사기꾼이 아니라는 것을 확신하고 있었지만, 모페트는 영국해협 횡단 시범에 어떤 속임수도 개입되어서는 안 된다는 말을 거듭해서 들었다. 사기를 치려면 그리 어려운 일도 아니었다. 해저에는 비밀스럽게 메시지를 주고받을 수 있는 케이블이 깔려 있었고, 메시지를 미리 협약해서 성공한 것처럼 보이게 만들 수도 있었다. 전기는 흥미진진한 것이었으나, 그 특성과 잠재력은 신비롭고 마술적인 것으로 남아 있었고, 일반인은 언제나 속아 넘어갈 수 있는 처지에 있었다. 모페트는 이어서 계속 설명했다.

수요일, 마르코니의 배려로 로버트 맥클루어와 나는 해협 횡단 대화를 지켜볼 수 있었다. 그리고 이 무선전신은 실제로 성공하여 우리를 만족시켰다. 내가 불로뉴 기지국(실제로는 불로뉴에서 3마일 정도 떨어진 위머로 기지국)에 도착했을 때는 세 시경이었다. 켐프는 다른 쪽으로 전화를 했다. "모페트가 도착했습니다. 메시지를 보내주기 바랍니다. 맥클루어 준비되었습니까?"

수신기는 즉시 응답했다. "예, 대기중입니다." 이는 우리가 프랑스 관리들이 이야기하는 것을 기다려야 한다는 의미였다. 그들은 두 시간 정도 충분히 이야기했고 그들의 메시지와 질문으로 분위기가 고조됐다. 결국 다섯 시쯤 나는 격려의 소리를 들었다. "만일 모페트가 그곳에 있다면 맥클루어가 준비되었다고 말해주시오." 나는 전송의 정확성을 시험하기 위해서 미리 준비해둔 암호 메시지를 켐프에게 즉시 건네주었다. 메시지의 내용은 단순한 인사말이었으나 각 단어의 알파벳을 거꾸로 작성한 것이었다.

도버의 맥클루어에게 Gniteerg morf Ecnarf ot Dnalgne hguorht eht rehte(프랑스에서 에테르를 통해 인사를 전합니다). 모페트.

메시지는 도버에서 수신을 담당하는 사람에게는 무의미한 문자들의 조합이었다. 불로뉴의 수신자가 내게 회신했을 때 나는 매우 기뻤다.

불로뉴의 모페트에게 메시지 잘 받았습니다. 읽는 데 지장이 없습니다. 마르코니 만세. 맥클루어.

나는 다시 아래의 메시지를 보냈다.

도버의 마르코니에게 영국해협을 횡단하여 메시지를 송신하는 첫 실험의 성공을 진심으로 축하합니다. 그리고 기사를 쓸 수 있도록 도와주신 데 대해 《맥클루어스》의 편집자들을 대신해서 감사드립니다. 모페트.

답신도 받았다.

불로뉴의 모페트에게 당신이 보낸 메시지는 정확히 전송되었습니다. 안녕히. 맥클루어.

실험은 끝났고 우리는 작별을 고했다. 우리는 만족스러웠고 기뻤다.

모스부호의 낭만

리보르노에서 사촌들과 함께 머물던 시절에 소년 마르코니는 은퇴한 노년의 장님 전신기사와 친하게 지냈다. 마르코니는 그에게 큰소리로 책을 읽어주었고, 그로부터 모스부호의 조작법을 배웠다. 19세기 후반 전신 분야에서 일하던 많은 젊은이들이 이 기술을 익혔는데 조작하는 데 특별한 전문기술을 요구하지 않았던 벨의 전화기는 아직 유선전신을 대치하지 않은 상태였다. 모든 언어의 문자와 구두점을 점과 선으로 표현했던 모스부호는 마르코니의 소년기에도, 그리고 그 이후로도 오랫동안 보편적으로 사용됐다. 모스 메시지는 어떤 전화통신보다도 원거리 소통을 가능하게 했고, 암호를 쉽게 제공했으며 비밀을 보장했다.

마르코니의 최초 불꽃 송신기는 오직 전자기파 형태로만 메시지를 보낼 수 있었다. 모스부호가 그의 송신기에 매우 적합하다고 확인된 것은 아주 우연한 일이었다. 사실 모스부호는 마르코니가 빌라 그리포네에서 무선전신 시스템을 만들기에 앞서 반세기 넘게 고안되지 않

있었다. 따라서 그는 모스부호와 아주 비슷한 것을 발명해야 했다. 아마도 십중팔구는 무선전신에 대한 생각을 하지 않았을 것이다.

이 부호에 이름을 부여한 새뮤얼 모스(Samuel F. B. Morse)는 1791년 매사추세츠 찰스타운에서 태어났으며 예일대학에서 공부했으며 그곳에서 과학에 대한 관심을 갖게 되었다. 그러나 그는 위대한 화가가 되기를 원했으므로 유럽에서 공부하여 풍경화와 인상적인 유화로 얼마간의 성공도 이루었다. 런던에서는 '죽어가는 헤라클레스'를 그려서 상을 받았고 조각으로 상을 받기도 하였다. 하지만 미국에서는 생활비를 벌기도 어려웠다. 뉴욕에서 보수가 없는 직책을 맡은 그는 15달러에 팔리는 초상화를 그려서 생활했다.

1837년 배를 타고 유럽에서 돌아오는 길에 모스는 전기의 사용에 대해 동승한 승객들과 대화를 나누면서 전기통신에 대한 생각을 가지게 되었다. 그러나 이것이 최초의 생각은 아니었고, 모스가 이를 사용할 수 있는 발명품으로 만들어놓은 것도 아니었다. 그에게는 마르코니의 가장 큰 재능인 세심한 공작 기술이 부족했다. 그럼에도 전신 부호의 발전은 그의 영감에서 비롯된 것이었고 이후 그의 이름은 영원히 남게 되었다.

모스의 원래 생각은 여러 단어들에 전용 숫자를 할당하고, 원거리의 기계를 활성화하기 위해 전류를 사용해서 종이 위에 일련의 숫자를 기록하도록 하는 것이었다. 1837년 모스는 뉴욕대학의 강의실에서 시범을 보인 적이 있었다. 그것은 실제로 작동되는 기계가 아니었으나, 약간의 상상력만 가미되면 상업적으로 쓰일 수도 있는 하나의 원형이었다. 모스와 그의 형 시드니는 《저널 오브 커머스 Journal of Commerce》도 출판했는데, 그 독자들 중에는 창의력이 풍부한 베일의 가족도 있었다. 아버지 스티븐 베일(Stephen Vail)은 지역 철공소를 제철공장으로 성장시켰고, 1819년 외륜 장치와 돛으로 대서양을 첫 횡단한 증기선 사바나호의 엔진을 만들기도 했다. 그의 아들 알프레드는 뉴욕대학에서 공부했는데 그곳에서 우연히 모스의 전신 시범을 보았다. 그는 자신을 소개하고 아버지의 동의를 얻어 모스의 전신 시스템 발전에 도움을 주겠다고 했다.

모스에게는 돈이 없었으나 베일 가문은 증기 엔진과 당시 미국 전역에 뻗어가기 시작하던 철도의 철로를 주조하면서 번영을 누리고 있었다. 알프레드 베일과 그의 형 조지는 상업적인 전신 시스템의 모든 권리와 보상금을 모스와 나누는 협정에 서명했다. 모스가 명성을 알리는 동안 베일 형제들은 기술을 발전시켜 나갔다. 그들은 모스가 미국정부와 산업계에 실행 가능한 시스템을 선보이기를 원했던 1838년 1월 1일까지 작업을 마무리하기로 결정했다. 그러나 이것은 터무니없는 주문이었다. 유일하게 입수 가능한 전선은 당시 유행하던 여성 모자의 머리 장식에 사용되던 구리선뿐이었다. 베일의 첫번째 장치는 밀랍을 전열체로 사용해 버찌나무로 만들어진 것이었다.

베일 가족이 거주하던 스피드웰의 지역 주민들은 알프레드와 조지가 모험이라 여겨지는 일에 긴 시간을 투자하며 연구하자 그들이 제정신이 아니라고 생각했다. 그동안 모스는 5000여 단어에 각각 고유번호를 할당하여 자신의 사전을 만들었다. 예를 들면, 영국(England)에 해당되는 숫자는 252였다. 그러나 '252'를 쓸 수 있는 기계를 고안하는 일이 베일 형제에게는 너무 어려운 일이었다. 알프레드가 상하운동으로 점과 선을 쉽게 표시할 수 있는 수단을 찾았을 때, 그들은 거의 포기한 상태였다. 이 장치는 문자와 숫자를 표현할 수 있었고, 알프레드와 조지는 비록 계약한 날짜를 지키지 못했지만 문제는 해결했다.

알프레드는 알파벳의 문자들을 열심히 연구했고 'E'가 다른 글자들보다 자주 쓰인다는 사실을 알아냈다. 그는 'E'에 점 하나를 배당했다. 그리고 다른 글자들에는 그들에 맞는 부호를 배정했다. 예를 들면 'S'는 점이 세 개였다. 1844년 '모스부호'는 미국에서 처음으로 상업적인 전신 체계로 사용될 수 있었다. 실제로 이 장치를 고안한 사람은 알프레드 베일이었으나 그는 모스가 모든 영예를 누릴 수 있도록 허락했다.

모스부호 조작기를 작동하는 것은 점과 선을 해석하는 것이었으므로 완전히 새로운 기술이었다. 전화 수신기의 발명으로 통신원은 모스부호의 메시지 소리를 들으면서 즉시 점과 선을 문자로 번역할 수 있었다. 따라서 테이프 인쇄기는 더 이상 필요하지 않았다. 얼마 지나지 않아 이를 체험한 사람들은 다른 모스부호 통신원들의 개별적인 방식을 알아볼 수 있었다. 어떤 사람들은 여성과 남성 통신원들의 차이점도 알 수 있다고 주장했다. 가장 능숙한 통신원을 가리는 대회들이 열렸고, 《맥클루어스》는 뉴욕에서 열린 대회에 기자를 보내기도 했다. 이른바 '빨리 보내기 시합'은 '화려한 통신장비'가 설치된 큰 강당에서 열렸다. 대부분의 청중은 통신원들이었고, 최고라고 여겨지는 10여 명의 남자들을 볼 수 있었다. 《맥클루어스》는 그 장면을 이렇게 묘사했다.

경기 참가자들은 하나둘씩 시험대로 모여들었고 키를 조작했다. 시작을 알리는 진동음과 함께 강당 안에 흐르던 정적은 깨졌다. 본문 내용은 긴 연설문에서 발췌한 것이나 시, 또는 단순한 전신 서식 항목들이었다. 이 순간에는 오직 속도와 정확성만이 중요했다. 1분에 40, 45, 50단어들이 빠르게 덜거덕거렸고, 손목을 750회나 움직이지만 그들은 한계에 이르지 않았다. 참가자들은 격렬한 육체적 시험을 치를 때 나타나는 특징들을 똑같이 보여주었다. 즉 콧구멍이 확장되고, 호흡은 빨라지거나 일시 정지되며, 눈은 크게 뜨고 있었다.

의장석에 자리한 금발의 젊은이는 모든 면에서 확신에 차 있었다. 그의 송신은 계곡의 물처럼 신속하고 깨끗했다. 매혹된 청중은 속도를 잊어버리고 다만 송신의 아름다움에 귀를 기울였다. 점과 선이 계속 날아다니고 청중은 자연스럽게 환호를 보냈다. 이것은 위대한 웅변이나 연극을 볼 때 보내는 찬사였다.

마르코니는 이 시기에 뉴욕의 대회 참가자들이 사용한 것과 똑같은 모스부호기를 사용하고 있었다. 그러나 그는 그들과 속도로 경쟁할 수 있다고 생각하지 않았고, 그가 송신하는 것을 들은 사람도 아무도 없었다. 무선으로 보낸 각각의 점과 선은 엄청난 소리를 내는 불꽃으로 만들어졌고, 통신원들은 귀마개를 써야만 했다. 수신할 때 통신원이 헤드폰을 사용하는 경우 방해음은 혼란스럽고 불쾌한 것이었다. 그것은 마치 주파수가 잘못 맞추어진 라디오 방송을 열심히 듣는 것 같았다. 송신자의 신호를 받기 위해 정확한 파장을 조율하는 방법은 없었나.

무선전신은 또한 고통스럽도록 느렸다. 1897년 병역의무를 위해 이탈리아로 돌아왔을 때 마르코니는 해군에게 자신의 발명품을 보여준 일이 있었다. 당시 모스부호의 점을 표현하기 위해서는 송신기를 5초 동안 눌러야 했고, 선을 표현하기 위해서는 15초가 필요했다. 'H'(점, 선, 점, 점, 점) 한 글자를 보내는 데 30초 이상이 걸렸다. 메시지를 중계하고 전하는 것도 똑같이 고된 일이었다.

그러나 속도가 느린 것이 마르코니의 가장 큰 걱정거리는 아니었

우측에서 네번째, 무릎에 팔을 올려놓은 이가 마르코니. 1897년 이탈리아 해군에게 무선 시스템을 선보이던 그는 완벽한 영어를 구사했고, 런던에서 자금을 모았지만 일생동안 이탈리아의 애국자로 남았다.

다. 그는 자기 장비가 작동되고 있다는 것과 당시 지도적인 과학자들이 불가능하다고 주장한 거리 이상 나아갈 수 있다는 것을 증명할 필요가 있었다. 수백 마일 떨어진 곳에서 메시지를 보내지 않는 한 그는 유선전신과 경쟁할 수 없었고, 무선은 단지 바다에 있는 배를 위한 제한적인 가치만을 지닐 수밖에 없었다. 지구는 둥글기 때문에 지평선 너머로 불꽃신호를 보내면 그것은 방향을 바꿀 것이고, 상층 대기권에 도달할 때까지 계속 나아가서 우주 공간으로 떠나갈 것이라는 게 당시 널리 퍼져있던 관점이었다. 전자기파가 지표면이나 바다표면을 '껴안을' 것이라고 믿을 근거는 없었다. 사람들은 송수신 안테나를 아무리 높이 올리더라도 먼 거리에서는 신호들이 수집될 수 없다고 믿었다. 마르코니와 그의 동료들은 당시 일반적으로 수용되던 상식에 반박할 이론을 갖고 있지 못했다. 그들이 할 수 있었던 것은 그때까지의 이론이 잘못되었다는 것을 증명하기 위해 맹목적으로 실험하는 것뿐이었다.

마르코니의 동료들은 대부분 그보다 훨씬 나이가 많았는데(1899년 그는 겨우 스물다섯이었다) 그가 동료들에게 불어넣은 확신은 놀라운 것이었다. 그는 조용하고 신중하게 매체와 접촉했으나 로열 니들스 호텔과 헤이븐 호텔의 작업장에서는 확실히 뛰어난 자질을 보여주었다. 그는 스스로 모범을 보였고 자주 밤을 새워 일했다.

《맥클루어스》의 모페트는 1899년 두 기지국을 방문하여 마르코니와 그의 기술자들과 대화를 나누었다. 그들 중 한 사람인 머레이 박사는 헤이븐 호텔에 기지를 두었는데, 그곳에서 마르코니와 알폰소와 함께 첼로를 연주했다. 모페트는 이렇게 썼다.

외륜선 '리밍턴'을 타고 흥겹게 해협을 건넌 후, 한 시간 철도여행을 하고 모래언덕을 넘어서 나는 풀의 기지국에 도착했다. 풀을 6마일 정도 지나서 바다로 뻗어 나온 메마른 지역에 기지국이 있었다. 설치된 것은 니들스 기지국과 동일하지만 규모가 더 큰 이곳에서는 통신원 두 사람이 마르코니와 머레이의 인도에 따라 바쁘게 실험하고 있었다. 나는 머레이와 두 시간 동안 유익한 대화를 나누었다.

그날은 햇빛이 비치는 온화한 날씨였다. 나는 먼저 말을 건넸다.

"일을 하기에는 좋은 날씨인 것 같군요?"

"꼭 그렇지는 않아요. 사실 우리 메시지는 안개가 끼거나 궂은 날씨에 가장 잘 전달되는 것 같습니다. 지난 겨울 우리는 온갖 강풍과 폭풍우 속에서도 단 한번의 고장도 없이 메시지를 보냈습니다."

"폭풍우가 방해가 되지는 않습니까?"

"전혀 그렇지 않습니다."

"땅의 굴곡은 어떻습니까? 굴곡이 별로 없기 때문에 니들스로 보내는데 별 지장이 없어 보이는데요."

"굴곡이 별로 없어 보인다고요? 직접 보고 판단하세요. 최소한 100피트는 됩니다. 여기에서는 단지 니들스에 있는 등대 꼭대기만 볼 수 있으며, 그것은 해발 150피트는 됩니다. 그리고 큰 증기선들은 돛대나 굴뚝만 보입니다."

"그렇다면 땅의 굴곡은 아무런 차이점을 만들지 않는다는 말인가요?"

몇 년 동안 마르코니의 집인 동시에 연구소였던 헤이븐 호텔. 1902년 8월 에드워드 7세의 대관식을 축하하기 위해 장식한 모습이 보인다.

"25마일까지는 문제없습니다. 이 거리에서 지구의 경사는 500피트 정도 됩니다. 만일 굴곡이 우리에게 불리한 것이었다면, 메시지들은 수신기 지국의 수백 피트 위를 통과해서 지나가버렸을 겁니다. 그러나 그런 일은 생기지 않았어요. 우리는 헤르츠파가 지구의 굴곡을 따라서 부드럽게 움직인다는 확신을 갖게 되었습니다."

"그렇다면 언덕을 통과해서 메시지를 보낼 수 있겠네요, 그렇죠?"

"아주 쉽습니다. 우리는 그 일을 반복적으로 했습니다."

"날씨에도 상관없구요?"

"그렇습니다."

나는 조금 생각한 후 이렇게 말했다.

"만일 땅이나 바다나 대기 조건이 아무런 방해가 안 된다면, 왜 거리에 관계없이 메시지를 보낼 수는 없는지 그 이유를 잘 모르겠군요."

"우리는 할 수 있습니다. 전선만 높이 세울 수 있다면 할 수 있어요. 그것은 얼마나 높이 돛대를 세우는가 하는 문제입니다. 만일 두 배 높이 세운다면 네 배나 멀리 메시지를 보낼 수 있어요. 세 배 높인다면 아홉 배 멀리 보낼 수 있습니다. 다른 말로, 우리가 실험을 통해서 밝힌 법칙은, 거리는 돛대높이의 제곱으로 증가한다는 것입니다. 80피트 높이 돛대에 전선을 매달면 메시지는 20마일을 길 것입니다. 우리는 여기에서 그런 작업을 하고 있습니다."

"그렇다면 160피트 높이 돛대는 80마일 되는 거리에 메시지를 보낼 수 있겠네요?"

"맞습니다."

"320피트의 돛대는 640마일, 640피트는 1280마일을, 1280피트 5120마일을?"

"그렇습니다. 만일 뉴욕에 또 다른 에펠탑이 있다면 대양의 케이블 없이도 파리로 메시지를 보낼 수 있을 거예요."

"정말로 그런 일이 가능하다고 보나요?"

"의심할 이유가 없습니다. 수백만 마일 밖에서 우리에게 매일 빛을 가져다주는 이 놀라운 에테르에게 수천 마일은 아무것도 아니죠."

빛의 파동이 진공 속에는 존재할 수 없으며 무엇인가를 통해서 움직인다는 것은 당시 과학자들이 지녔던 보편적 믿음이었다. 전자기파에 대한 생각도 마찬가지였다. 아무도 모르는 그 무엇인가에 '에테르'라는 이름이 붙여졌다. 사람들은 이것을 아주 얇고 색깔과 냄새가 없는 젤리처럼 여겼고, 그 안에 전체 우주가 배치되어 있다고 생각했다. 고요한 연못에 돌을 던지면 파문이 계속 커져가는 것과 같다는 것이 '무선파'를 설명하는 가장 일반적인 방식이었다.

이 용어는 초기 마취제 형태의 가스 이름이 '에테르'였기 때문에 대중적으로 혼란을 야기했다. 과학자들이 에테르를 언급할 때 그것은 가끔 하나의 기체로 상상되었다. 그러나 실제로는 아무런 차이가 없었다. 마르코니는 에테르의 존재를 믿었고, 전자기파를 더욱 멀리 보내는 특성을 가지고 있다고 생각했다.

해협 송신 시범이 성공한 이후 영국 해군은 1899년 여름 기동작전 때 마르코니의 장비를 시험했다. 당시는 장거리 통신수단으로 비둘기를 사용하던 시절이었다. 이미 마르코니는 매우 유명해져 있었고 그의 실험은 《뉴욕 헤럴드 New York Herald》의 주인 고든 베넷 주니어(Gordon Bennett Jr)의 주목을 끌었다. 같은 이름을 지녔던 그의 아버지는 뉴스로 명성을 쌓은 유명한 신문 소유주였다. 여전히 후원자들의 투자금과 아주 작은 수입으로 살아가던 마르코니는 《헤럴드》에 아메리카컵 요트 경주를 보도하기로 결정했다. 아메리카컵 요트 경주는 1851년 처음 열렸고, 1899년에는 10월에 열릴 예정이었다. 9월에 뉴욕으로 향하는 오라니아호에 승선했을 때 그는 대서양 정기선의 낭만을 처음으로 체험했다. 그리고 이후 그의 삶에서 대서양 정기선은 아주 중요한 역할을 하게 된다.

전기의 땅 뉴욕에서의 환영

1899년 거대한 정기선들이 정박지로 향할 때 뉴욕의 야경은 대단했다. 투광 조명이 자유의 여신상을 비추었고 브룩클린 다리도 밝게 빛났다. 많은 가정들은 여전히 가스등을 사용하고 있었지만, 공공건물과 가게들을 밝게 비추던 전기는 10년도 안 되어 뉴욕을 눈부신 세계로 바꾸어놓았다. 마르코니가 자신의 새로운 발명품을 개발하는 데 제대로 된 경쟁자를 찾고자 했다면, 그곳은 확실히 전기의 힘에 사로잡힌 땅 뉴욕이있을 것이나.

9월 21일 오라니아호가 뉴욕에 들어왔을 때 신문기자들은 그를 마치 영웅처럼 환대했다. 그들은 이 젊은이가 자기들이 상상했던 천재 발명가와 많이 달라서 무척 놀라며 그에 대해 알고 싶어했다. 마르코니는 무선전신회사에 보낸 한 보고서에서, 선내 통로로 내려가자마자 보도기자들과 사진기자들의 '심한 비평'을 받아야 했다고 썼다. "어느 신문의 표현처럼 내가 '런던 억양'의 영어로 유창하게 말했던 것이 기자들에게는 충격인 듯 보였다. 나는 아주 어려 보였고, 흐트러진 머리와 이상한 복장을 한 당시 미국의 발명가와는 아무런 공통점도 없었다." 그는 잠시 침착함을 잃어 그의 수화물 절반이 보스턴으로 가는 실수를 범했다. 1899년 9월 22일자 《뉴욕 트리뷴 New York Tribune》은 마르코니가 잃어버린 자기 수화물에 대하여 '훌륭한 영어'로 설명했다고 전하면서 이렇게 촌평했다. "그는 밝은 얼굴의 날씬한 젊은이로 다소 소심하고 멍해 보인다. 관습이나 복장보다는 과학 연구와 발명품에 더 관심을 갖고 있는 게 분명했다. 그의 눈은 맑고 푸르며 얼굴은 깨끗하지만 작은 콧수염이 있다." 《트리뷴》의 기자는 확실히 마르코니가 방심한 틈을 놓치지 않았다.

극동지역에서 미국의 정복 영웅이 귀환하면서 마르코니의 명성을 능가하자마자 마르코니와 그의 기술자들은 아메리카컵 중계를 위한 해변 기지국을 설치하기 시작했다. 1898년 미국은 스페인과 전쟁을 벌였다. 그 결과 스페인의 식민지였던 쿠바는 미국이 지원하는 민족주의자의 반란으로 분단되고 있었다. 또한 미국은 필리핀 군도에 있는 스페인 식민지들도 위협했다. 미국 전함 메인호가 아바나 항에서 폭파되자 미국은 스페인을 쿠바에서 몰아냈다. 미국 함대는 해군대장 조지 듀이(George Dewey)의 지휘 아래 필리핀에서 스페인군을 공격했고 마닐라 전투에서 단 한 명의 인명 피해도 내지 않고 승리했다. 1899년 9월 듀이는 뉴욕으로 돌아왔고 떠들썩한 환영을 받았다. 뉴욕주지사 테오도어 루스벨트(Theodore Roosevelt)가 사상 유례없는 웅장한 환영식을 하고자 했기 때문에 아메리카컵은 며칠 연기되었다.

듀이와 그의 함대가 뉴욕으로 돌아왔을 때 브룩클린 다리에는 가로 370피트 세로 36피트 크기로 '듀이 환영(WELCOME DEWEY)'이라는 백열등 글자가 붙여졌다. 'W' 한 자를 표시하는 데에만 1000개의 전구가 사용됐다. 맨해튼에서는 나무와 석고로 만든 상을 정렬한 승리 행진이 1.5마일에 이르렀다. 이틀 동안 공휴일이 선포되었고 밤에는 며칠 동안 폭죽이 터졌다.

《뉴욕 헤럴드》는 뉴스거리를 만들기 위해 마르코니에게 듀이가 도착하기 전에 나가서 그에게 인사하도록 요청했다. 이미 1830년대에 제임스 고든 베넷(James Gordon Bennett)은 배를 타고 대서양을 건너서 도착하는 유럽인들 이야기를 써서 경쟁자들을 물리치고 이름을 알린 적이 있었다. 그는 선박들이 스태이튼 섬으로 들어올 때 보트를 급파해서 뉴스를 수집하고 그것을 《뉴욕 헤럴드》 사무실에 보냈는데, 그렇게 함으로써 배들이 선착장에 도착하기 전에 뉴스를 보도할 수 있었다.

고든 베넷은 아프리카의 데이비드 리빙스턴(David Livingstone) 박사를 찾으라고 헨리 스탠리(Henry Stanley)를 보냈던 사람이었고, 그래서 "리빙스턴 박사님 맞습니까?"라는 스탠리의 유명한 인사말이 알려지게 되었다. 그는 또한 처음으로 대서양을 가로지르는 전신 케이블 사업을 하던 한 회사의 발기인이기도 했다. 비록 당시에는 그가 대부분의 시간을 지중해에 있는 사치스런 요트에서 보내고 있었지만, 《헤럴드》는 여전히 특유의 경쟁적인 칼날을 놓치지 않고 있었다.

듀이가 예상보다 이틀 먼저 뉴욕에 노착했기 때문에 마르코니는 바다에서 그를 만날 수 있는 기회를 놓쳤다. 그러나 《헤럴드》는 듀이를 위해 열린 선박 행진에 마르코니가 참여할 수 있도록 주선했다. 아메리카컵 중계를 위한 기지국들은 뉴저지 해변가 네이브싱크 고원과 뉴욕 34번가 건물 정상에 이미 설치되었고, 마르코니와 동료 기술자들은 두 척의 증기선 폰스호와 그랜드 더치스호에 장비를 준비했다. 그들이 해변 기지국들과 연락하기 위해 미친 듯이 일하는 동안에도, 《헤럴드》는 폰스호와 듀이의 기함이 만날 수 있도록 했고, 무선전신의 천재 마르코니가 배 위에 있다는 말을 들었을 때 두 배에 있던 군중이 큰 환호를 보냈다고 보도했다. 《헤럴드》에 따르면, 배 위의 한 젊은 여성은 마이크를 들고 "마르코니를 위해서 만세 삼창을!" 하고 외쳐서 엄청난 응답을 받았다. 그러나 마르코니는 그의 무선장비가 이상 없음을 확인할 때까지 대중에게 모습을 드러내지 않았다.

1899년 10월 1일 일요일 《헤럴드》는 마르코니의 무선전신을 대대적으로 다루었다. 거기에는 젊은 이탈리아인의 장비가 나온 사진과 과학자의 꿈을 현실로 이루었다는 기사가 있었다. 마르코니가 전설적인 영국 홍차의 거물 토마스 립턴(Thomas Lipton)의 요트 샴락호와 뉴욕 요트 클럽의 컬럼비아호의 경주를 뒤쫓으며 소식을 보내면, 그 소식은 네이브싱크 고원과 34번가의 기지국으로 전해졌고, 거기에서 케이블을 통해 유럽과 북미 전역으로 전달됐다.

《헤럴드》에 따르면 폰스호의 승객들은 처음에 경주 상황보다 작업하던 발명가에게 더 관심이 있었다. 《헤럴드》가 마르코니의 무선전신 시스템을 빌린 데는, 그 자체의 매력으로 신문이 잘 팔릴 것이라는 관심 외에도 다른 상업적 이유가 충분히 있었다. 신문사들은 다양한 지상 통신선을 사용하면서 케이블 사용료를 지출하는 것에 대해 항상 불만이 있었다. 만일 무선전신이 가능하다면, 그것은 진지하고 더욱 값싼 경쟁자가 될 것이다.

1899년 10월 3일 경주가 시작된 날부터 마르코니의 명성은 미국 전역에 퍼져갔고 놀라운 일이 벌어졌다. 《뉴욕 타임스》는 이렇게 보고했다. "19세기 끝에 사는 우리는 과학의 새로운 발명품에 관해서는 거만해졌다. 그러나 메시지를 전달하는 구리선 없이 공기와 나무와 돌을 통과하는 전신 체계가 등장하리라는 전망은 우리의 권태를 자극한다. 우리는 언어에 날개를 달아 내보내는 일을 배우는 중이다." 모든 신문과 대중잡지들이 무선전신의 미래를 다루었다. 멀리 떨어진 가족들이 함께 모이고, 국가와 국가가 모스부호 장치로 이야기할 때 다가올 수 있는 평화의 가능성에 대해 이야기했다. 더욱이 무선전신의 가격은 유선보다 훨씬 낮을 것이다.

마르코니는 뉴욕에서 미 해군에게 자기 장비를 선보였다. 당시 미 해군도 장거리 통신을 위해 비둘기를 사용하고 있었다. 마르코니의 시범은 성공적이었고, 폰스호에 탔던 관찰자가 열광적인 보고서를 올렸음에도 해군 당국은 무선전신이 마르코니 회사가 요구하는 값을 치를 만한 가치가 있는지 확신하지 못하였다. 그들은 얼마 지나지 않아 미국인 발명가들이 그들만의 무선전신을 내놓으리라고 생각했던 것이다.

10월 중순 아메리카컵이 끝날 즈음 뉴욕의 몇몇 신문에서는 마르코니가 터프츠대학 애모스 에머슨 돌베어(Amos Emerson Dolbear) 교수가 1882년 취득한 특허를 침해했다는 보도가 나왔다. 뉴저지의 돌베어 전신회사는 1886년 이 특허를 취득했고 이를 라이만 라나드(Lyman C. Larnard)에게 팔았는데, 그가 마르코니를 고소한 상태라는 것이었다. 라나드는 자기의 특허를 침해한 대가로 10만 달러를 요구했고 마르코니가 모든 시범을 멈추기를 원했다. 1899년 7월, 그는 아메리카컵 중계를 위하여 일부러 돌베어의 특허를 구입했고, 《헤럴드》와 마르코니 회사가 계속 중계를 진행한다면 고소할 것이라고 경고했다.

그러나 돌베어 교수가 얻은 특허는 프리스가 영국에서 사용한 것처럼 '유도(induction)' 효과를 내는 것임이 밝혀졌기 때문에 이 위협은 주목을 받지 못했다. 라나드는 이것과 헤르츠파 이용 사이의 차이점을 인식하지 못했다. 미 해군에서도 그 차이를 파악한 사람이 없었으므로, 결국 미 해군은 거의 10년 가까이 무선전신 기술에 대해 무지한 채 남게 되었다.

몇 년 동안은 두 가지 '무선' 전신 방법의 차이점에 대해 혼란이 있었다. 마르코니의 방식은 불꽃이 발생시킨 전자기파를 사용한 것이었고, 프리스와 다른 사람들이 채용한 것은 평행하는 전선 사이에서 '뛰어오르는' 전류를 택한 것이었다. 두 방법 모두 작동됐고 실제로 '무선' 형식이었으나, 여기에는 두 가지 중요한 차이점이 있었다. 프리스가 쓰라린 희생을 통해서 발견했듯이, 유도장치는 거리가 아주 제한되어 있었다. 1898년 어느 일요일, 그는 아일랜드해를 지나서 모스부호를 보내려고 영국 서부해안과 아일랜드 동부해안의 전체 전화망을 마음대로 사용했다. 잡음 이외에 아무것도 얻지 못한 그는 혹시 자기가 우주 공간에서 오는 분명치 않은 메시지를 채집한 것이 아닐까 생각했다.

미국에서도 에디슨이 유도장치 실험을 성공했지만 거리의 문제를 해결하지는 못했다. 에디슨은 빈곤한 소년기와 청년기를 거친 후 실용적인 재주를 통해 상당한 신망과 재정 지원을 얻었고, 뉴저지 먼로파크에 전기 실험을 위한 발전소를 세웠다. 마르코니가 빌라 그리포네에서 전지와 전선으로 놀이하던 시절, 에디슨은 움직이는 기차에서 신호를 주고받을 수 있는 아주 훌륭하고 간단한 방식을 선보이고 있었다. 모든 주요 철도는 전기전신을 갖추어 운영하고 있었고, 노선을 따라 역들 간에 소통을 할 수 있었다. 에디슨의 장치는 기존 전선들로부터 20피트 넘는 간격을 가로질러 '뛰어오른' 신호를 채집할 수 있도록 열차 위에 금속 접시를 단 것인데, 채집한 신호를 기차 안의 송신기에 전달했다. 1887년 10월 에디슨은 뉴욕에서 버펄로로 가는 리하이밸리 철도 구간에서 이 발명품을 선보였다.

기차에는 전기클럽 회원과 연합철도 전신회사의 손님 등 230여 명의 유명인사들이 타고 있었다. 기차가 출발하여 시속 60마일로 달릴 때 400개의 메시지가 발송됐다. 한 메시지는 대서양 횡단 케이블을 통해 런던으로 직접 연결됐다. 에디슨은 자신의 발명이 신문기자들과 사업가들에게 이익이 될 것이라고 생각했으나 이를 요청한 사람은 없었다. 왜냐하면 기자들과 사업가들은 '여행 중에는' 모든 종류의 전보로부터 자유로워지는 것을 더 좋아했기 때문이다. 그러나 마르코니의 마술상자들은 이런 느긋한 생활 태도를 곧 바꿔놓을 것이다.

에디슨의 유도장치는 움직이는 기차에서는 잘 작동되었다. 그러나 해저에는 깊이 가라앉은 선들 외에 고정된 전선이 없었기 때문에 바다 위에 있는 배에는 아무런 쓸모가 없었다. 반면에 마르코니의 무선장비는 배를 포함한 모든 움직이는 물체에 설치할 수 있었다. 헤르츠파는 무선통신을 자유롭게 만들었고, 송수신 메시지는 작은 상자 안에 깨끗하게 보존할 수 있었다. 이것이 마르코니가 만든 장비의 장점이었는데, 1890년대의 세계는 여러 면에서 그의 발명을 기다리고 있던 것처럼 보였다.

증기선들은 시작 단계의 어려움을 거친 후 대서양을 횡단했는데, 처음에는 외륜선으로 항해하다가 점차 굴뚝이 있는 기선으로 바뀌었다. 새롭고 더욱 효율적이 된 엔진은 빠른 경우 횡단 기간을 5~6일 정도나 줄여놓았고, 더욱이 대서양을 가장 빨리 횡단하는 배에 수여되는 블루리본 상을 받기 위해 여러 배들이 앞다투어 경쟁했다. 1838년 영국정부는 캐나다인 토마스 쿠나드(Thomas Cunard)에게 이 상을 수여했다. 그리고 그와 대서양을 오가는 우편물 수송 계약을 체결하였는데, 이후 그의 선박회사는 오랫동안 업계의 선두를 지켰다. 당시 거의 모든 선박들은 영국, 벨파스트 또는 클라이드만 어귀에서 건조되었다.

19세기의 마지막 20년 동안 선박업체들의 경쟁은 그 어느 때보다 치열했다. 새로운 삶을 찾아 미국으로 향하는 가난한 유럽인들과 유럽 여행을 시작하려는 부유한 미국인들의 호감을 사기 위해 선박회사들은 더욱 크고 화려한 배들을 만들라고 요구했다. 가장 크고 빠른 배를 소유하는 것은 경제적인 면에서 큰 성과가 없었지만 명성을 얻는 데는 아주 효과적이었다. 새로운 배가 1년도 안 되어 구식이 될 정도로 경쟁은 치열했다.

선박회사 광고에는 화려함이 강조되었는데, 특히 선상 로맨스를 모티브로 하여 예쁘고 젊은 아가씨가 잘생긴 고급 선원과 이야기하는 삽화가 자주 이용되었다. 안내책자들은 최저 객실요금 손님을 위한 선상 댄스나 1등 칸에서의 적절한 만남의 기회 등 온갖 종류의 재미있는 경험을 할 수 있다고 암시했다. 하지만 1등 객실 손님을 위한 특별실이 날이 갈수록 화려해졌기 때문에 항해를 오락이 아니라 진지한 일로 여겼던 사람들은 실내 디자이너들이 선박 건조기술을 점령했다고 불평했다.

19세기 초반 최고 속도의 선박들을 보유했던 미국은 결과적으로 조선 분야에서 뒤떨어지게 되었고, 미국정부는 오직 국내에서 만들어진 정기선에만 성조기를 달 수 있게 공포했다. 이러한 조치는 거의 효과가 없었으나 이로 인해 세인트폴호가 생산되었는데, 1895년 필라델피아 조선소에서 진수시킨 이 배는 마르코니의 인생에서 가장 쓰라린 두 사건의 배경으로 작용한다.

과학자들이 예견했던 것처럼 무선신호가 공간 속으로 사라져버리지 않고 지평선 너머의 먼 거리에서도 주고받을 수 있다는 것을 확인하자, 마르코니는 무선으로 대서양을 정복하겠다고 생각했다. 오라니아호를 타고 뉴욕을 향해 처음으로 항해한 일은 여러 날 동안 계속해서 육지와 떨어진 체험이었다. 만일 신호가 가능한 거리에서 다른 배가 항해를 했다면 그들은 바다 한가운데서 수기로 '대화'할 수 있었을 것이다. 그러나 만일 빙산을 들이박거나(당시 봄철 북대서양에서는 흔한 위험이었다), 엔진이 고장을 일으키거나, 화재가 난다면 구조를 요청할 수단이 없었다. 비록 쿠나드의 선박은 완벽한 안전 항해 기록을 가지고 있었지만, 여객선과 화물선은 해마다 사라졌고, 많은 배들은 생존자를 전혀 남기지 않았다. 따라서 배가 좌초된 이유를 모르는 경우도 많았다.

1899년 11월 9일 세인트폴호 일등실에 타고 뉴욕을 출발했을 때, 마르코니는 바다에서 배들이 고립되는 것을 끝장내려는 계획을 가지고 있었다.

대서양의 로맨스

세인트폴호 일등실에 있던 상류층 사람들 사이에서도 마르코니는 뉴욕의 모든 이가 이야기하는 젊은 발명가로서 유명인사였다. 그러나 그 가운데에는 그의 명성과 인기가 새로운 기술에 대한 대중의 무지 때문이라고 믿는 미국인들도 있었다. 실제로 《일렉트리컬 월드 *Electrical World*》는 그를 배웅하면서 마지못해 그의 재능을 인정했다. "마르코니의 방문이 우리가 알고 있던 무선전신 지식에 아무런 보탬이 되지 못했다고 한다면, 한편 그의 매니저들은 그의 발명품을 상업적으로 사용하는 기술에 관해서는 자기들이 미국에서 아무것도 배울 게 없었다는 것을 보여주었다."

사실 마르코니에게는 어떤 '매니저'도 없었고 필요하지도 않았다. 그는 공개적으로 시범을 보일 수 없는 무선전신 시스템에 대해서는 어떤 권리도 주장하기를 거부함으로써 신문사들에게 깊은 인상을 남겼다. 에디슨은 이 이탈리아인이 "약속했던 것 이상을 보여주었다"고 말하며 마르코니의 위대한 칭송자 중 한 사람이 되었다. 그는 마르코니가 특허권이 있는 가죽신발을 신으며 과시한 첫번째 발명가였다고 덧붙였다. 마르코니는 특유의 조용한 방식으로 스스로를 알렸는데, 세인트폴호를 타고 뉴욕을 떠나기 전에 일등실 손님들을 놀라게 할 만한 계획을 생각했다. 그는 로열 니들스 호텔의 무선기지국에 있는 기술자들에게 세인트폴호가 영국해협에 접근할 때 그 배에서 보내는 신호를 들으라고 요청했다.

항해를 시작하기 전에 마르코니는 선박에 무선실을 세우고 시험을 마쳤으며, 여행의 마지막 시간에 이를 사용할 수 있도록 조정했다. 송신기는 50마일 정도의 한계 범위를 가질 것이고, 세인트폴호는 와이트 섬 기지국이 그 신호를 수집하기 전에 항해를 끝마칠 것이다.

모처럼 마르코니는 선상에서 사람들과 만나 즐기는 시간을 가질 수 있었다. 일등실 승객 가운데는 젊고 매혹적인 미국 여성 조세핀 홀만(Josephine Holman)이 있었는데 《맥클루어스》 창립자의 사촌이자 홀만가의 친구였던 헨리 맥클루어가 조세핀을 마르코니에게 소개해주었다. 그들은 사랑에 빠졌고 세인트폴호가 아일랜드 서부해안에 접근할 때 약혼을 했다. 그들 누구도 가족들이 그 소식을 듣고 어떤 반응을 보일지 확신하지 못했다.

결혼 적령기의 딸을 둔 부모의 입장에서 마르코니의 명성이 반드시 좋은 결혼 상대임을 보장하는 것은 아니었다. 마르코니가 모계 친척을 통해 귀족들과 교제를 하고는 있었지만 그는 운명적으로 이탈리아인, 즉 '외국인'이었다. 더욱이 그의 재산도 결코 확실하게 보장된 것이 아니었다. 사실 많은 사람들은 무선전신 사업을 일시 유행으로 생각하기도 했다. 마르코니의 가족 또한 이런 불확실한 시기에 한번도 만난 적이 없는 미국 여성과의 결혼을 내켜하지 않을 수 있었다. 결국 조세핀과 마르코니는 약혼 사실을 당분간 비밀로 해두기로 했다.

영국해협에 진입한 세인트폴호가 언제 와이트 섬과 무선전신을 주고받을 수 있는 범위에 들어서게 될 것인지에 대해서는 확실한 게 없었다. 그러므로 로열 니들스 호텔에서 신호를 기다리던 마르코니 기술자들은 조바심으로 마음을 졸이고 있었다. 그들은 물고기가 미끼를 물면 방울이 울리는 것처럼 수신기가 밤에 울리면 벨이 울려 자신들을 깨우도록 장치했다. 제임슨-데이비스와 마르코니 회사의 관리자 메이저 페이지(Major F. Page)도 호텔에서 세인트폴호의 신호를 기다리고 있었다. 《타임》에 보낸 편지에서 페이지는 당시의 흥분을 생동적으로 묘사하고 있다.

확실히 하기 위해 조수 한 사람이 장비실에서 밤을 보냈으나 벨소리 때문에 방해받지는 않았다. 우리는 모두 평화롭게 잠자리에 들었고 아침 6~7시 사이에 내려가면 모든 것이 순조로웠다. 니들스는 소금기둥과 비슷해서 태양이 떠오를 때면 차례대로 잇달아 반짝였다. 바다에는 짙은 안개가 있어서 선박들이 지나가더라도 보지 못할 수 있었다. 우리는 헤이븐 호텔 기지국과 한가롭게 잡담을 나누었다. 아침식사 후 잔디밭에 나갔을 때 태양빛은 유쾌했으나 바다의 안개는 더욱 짙어졌다. 만약 지나가는 배가 보통의 신호를 보낸다 해도 우리가 있는 곳에서는 전혀 알아볼 수 없었다.

우리는 실패한다는 생각을 해본 적이 없었다. 그만큼 우리는 완벽하게 준비한 상태였고 마르코니가 탄 배에도 아무런 문제가 없을 것이라고 확신하고 있었다. 그럼에도 우리는 다소 긴장한 상태였다. 기다림은 지루했다. 가장 자연스럽고 평범한 방식으로 벨이 울렸을 때 우리는 계속해서 신호를 보냈다. 오후 4시 45분이었다. "세인트폴호입니까?" "그렇습니다." "지금 어디에 있습니까?" "해상으로 66마일 떨어져 있습니다." 기쁨과 즐거움과 만족이 모든 긴장을 쓸어버렸다. 몇 분 후 우리는 마치 그것이 우

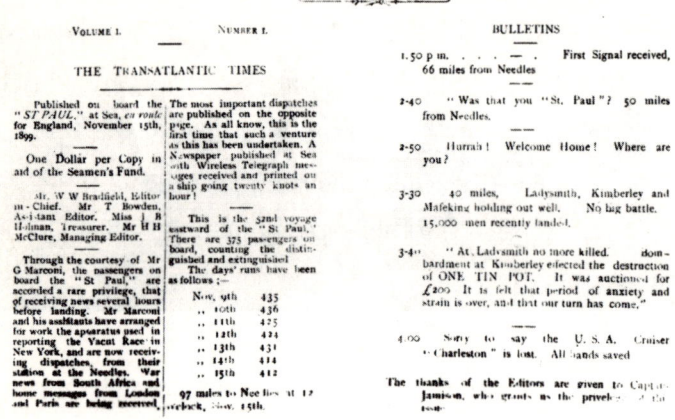

육지에서 무선을 통해 배에 보낸 기사로 작성된 최초의 선상신문. 1899년 마르코니는 선장을 설득해 선상 인쇄소에서 《트랜스애틀랜틱 타임스》를 발간했다. 로열 니들스에서 보낸 소식으로 지면을 채운 신문은 한 부에 1달러씩 팔렸고, 판매 수익은 선원들을 위한 기금으로 사용됐다.

리의 일상적인 일인 것처럼 뉴욕에 네 차례 전보를 보냈고, 영국과 프랑스 각지에도 여러 차례 보냈다. 이 메시지는 토틀랜드 만 우체국에서 속달로 전해지도록 50, 45, 40마일 거리 안에는 무선으로 보내졌다.

소박한 시골의 토틀랜드 만 우체국이 전에 없이 많은 분량의 전보를 처리하는 동안, 사우샘프턴으로 향하던 세인트폴호에서는 재미있는 놀이와 시합이 벌어지고 있었다. 로열 니들스 호텔의 통신원은 남아프리카에서 보어인들이 레이디스미스와 킴벌리와 마페킹을 포위해서 공격하고 있다는 최근 보어전쟁 소식을 포함해 몇 개의 뉴스를 보냈다. 식사 메뉴와 공지사항을 인쇄했던 선상 인쇄공들은 제미슨 선장의 허가를 받아 《트랜스애틀랜틱 타임스 The Transatlantic Times》라는 이름의 한 장짜리 신문을 만들어냈다. 이 신문은 한 부에 1달러씩 팔렸고, 수익금은 선원을 위한 기금으로 쓰이도록 했다. 영국인들의 용기를 불러일으키는 뉴스도 있었다. "레이디스미스에서 더 이상 살생이 발생하지 않았다. 킴벌리 폭격은 양철깡통 한 개를 파괴했다. 그것은 200파운드에 경매되었다. 근심과 긴장의 시간은 지나갔고 우리 차례가 다가왔다."

마르코니 기술자들 가운데 브래드필드(W. W. Bradfield)가 '편집장'으로, 그리고 헨리 맥클루어는 '관리편집자', 마르코니는 출판조정자, 홀만은 회계담당으로 기록되었다. 공적인 자리에서는 엄격하고 유머가 없으며 '나이보다 더 들어 보이는' 사람으로 비쳐진 마르코니였지만, 사석에서는 사람들을 즐겁게 하는 데 뛰어난 감각이 있었다. 빌라 그리포네에서 사촌들에게 초기의 실험을 보여준 이래 그는 숙녀들을 즐겁게 하는 재능을 보여주곤 했다. 그는 그들에게 모스부호를 가르치고는 했는데, 상업세계에서 모스부호는 거의 남자들에게만 알려진 비밀언어였기 때문에 젊은 여성들은 이에 특별히 흥미를 느꼈다.

세인트폴호기 도착한 이후 홀만은 런던에서 마르코니 이미니를 민났고, 마르코니도 가끔씩 홀만을 만났다. 그에게는 연애를 즐길 만한 시간이 없었기 때문에 홀만은 주로 전보와 편지를 통해 그와 접촉했다. 그녀는 어머니가 알면 격분할 것을 두려워하여 미국으로 돌아간 뒤에도 약혼 사실을 비밀에 붙였다. 인디애나폴리스의 자기 집에서 편지를 보냈을 때에는 어머니의 감시를 피하기 위해 모스부호를 사용하기도 했다. 그녀는 모스부호를 사용한 한 구절에서 한 남자가 자기에게 접근해서 걱정했는데 그가 다른 여성에게 구혼해서 안심이라고

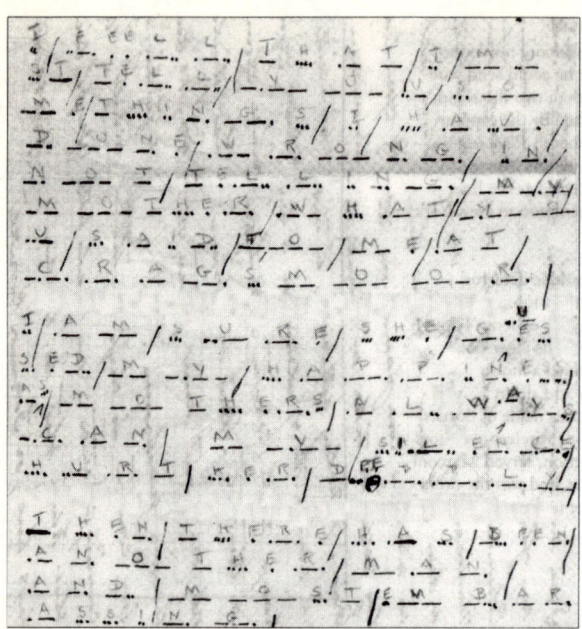

조세핀 홀만이 마르코니에게 보낸 연애편지. 그녀는 1899년 세인트폴호에서 마르코니를 만났고 그들은 선상에서 비밀리에 약혼했다. 미국으로 돌아간 홀만은 그녀의 어머니가 약혼 사실을 알까봐 마르코니에게 가끔 모스부호로 편지를 썼다.

설명하기도 했다. 마르코니는 홀만에게 야심을 털어놓았고, 그녀는 편지에서 그가 바라는 '위대한 일'이 성공하길 바란다고 말했다.

    매우 바빴던 이듬해에 홀만은 자기 약혼자에 대한 소식을 오직 신문을 통해서만 들을 수 있었다. 그러나 그가 무슨 일을 하는지에 대해서는 오직 홀만과 마르코니와 아주 가까운 몇 사람만이 알고 있었으며 신문기사들은 대개 오해의 여지가 많은 것들이었다.

멀리언 협곡에서의 모험

1899년 가을, 남쪽으로 몇 마일 떨어진 곳에서 획기적인 사건이 일어난 것과 상관없이 갓 건설된 멀리언 골프 클럽에는 골퍼들이 어슬렁거리고 있었다. 이 골프장은 콘월 남부해안에서 영국해협으로 돌출한 리저드 반도 서부에 펼쳐져 있었다. 협곡으로 잘리고 바위 아래로 사나운 파도가 일렁이던 악명 높은 12번 홀에서는 사람들이 공을 잃어버리는 경우가 많았다.

이 골프 클럽은 마르코니가 빌라 그리뽀네의 마당에서 전자기력을 실험하던 1895년 설립되었다. 당시 작은 어촌이던 멀리언 사람들은 장원(莊園)의 대지주 시드니 데이비(Sydney Davey)를 만날 경우에 여전히 정중하게 인사하곤 했다. 농장 일꾼은 매일 절벽 위에 올라가 바닷물 색깔을 보면서 동태를 살폈는데, 그가 "왔어요!"라고 소리치며 마을로 달려가면 어부들은 이웃 소유지로 빠져나가기 전에 물고기들을 잡으려고 서둘러 그물을 쳤다. 나름대로 고유한 언어를 사용하는 콘월은 와이트 섬이나 본머스보다 훨씬 외딴 곳이었다. 골프장에서 토끼사냥을 할 수 있는 대가로 골프장 회원들은 마지못해 1년에 6파운드를 내는 데 동의했고, 당나귀가 골프장의 잔디 깎는 기계를 끌던 지역이었다.

이 지역은 위험한 바위 해변과 낭떠러지와 모래 협곡들이 있는 영국의 숨겨진 낭만적 장소였고, 사람들은 아직도 스페인과 포르투갈의 난파선들에 대해 이야기하고 있었다. 작가와 예술가들은 바다가 보이는 외딴 절벽의 여관이나 호텔에서 위안과 영감을 찾았다. 새로운 골프장을 방문한 코난 도일이 마지막 셜록 홈스 이야기 중 하나인 '악마의 발'을 구상했던 곳도 멀리언과 가까운 바로 이 장소였다. 이 이야기에서 신경쇠약에 걸린 홈스는 휴식과 바닷바람의 치료를 받기 위해 콘월로 떠난다. 왓슨 박사는 이상한 살인사건 이야기를 이렇게 서술했다.

"우리는 폴두 근처 작은 오두막에 함께 있음을 알았다. …그곳은 풀이 무성한 두렁에 높이 솟은 우리의 작고 하얀 집 창문에서 보이는 유일한 장소였다. 우리는 불길하게 보이는 반원 형태의 마운트 만을 내려다보았다. 현명한 선원이라면, 검은 절벽과 암초를 쓸어버리는 파도 때문에 배가 자주 난파되는 이 악마의 장소에 가까이 가지 않을 것이다."

멀리언의 절벽과 폴두해협이 아름다운 야생화로 물들어 반짝이던 1900년 여름, 폴두 호텔에 머물던 손님들은 헬스톤 역까지 기차로 온 다음 마차를 타고 거친 도로를 따라 절벽으로 가서 멋진 바다의 풍광을 볼 수 있었다. 8월에 도착한 사람들 중에는 페이지와 파이프 담배를 피우며 수다를 많이 떠는 기사장 리처드 비비안(Richard Vyvyan), 그리고 마르코니가 있었다. 그들은 사업차 왔기 때문에 골프를 칠 시간이 없었으며, 이 장소에 무선기지국을 세우기로 이내 결정했다. 폴두 호텔은 그들에게 숙식을 제공했으나 빌린 호텔 객실 몇 개로는 그들이 계획한 기지국을 세우기가 곤란했다. 그래서 그들은 호텔 근처의 높은 지역 앤그루스 클리프를 클리프턴으로부터 임대했고, 10월에는 더 넓은 지역을 보호담장으로 둘러막았으며, 송신기를 집안에 설치하기 위해 1층 건물에서 일을 시작했다.

멀리언 사람들은 앤그루스 클리프에 꼴을 잡기 시작한 낯선 구조물에 대해 별 관심을 보이지 않았다. 1990년 말 지역 사람들은 이미 여러 분야에서 산업의 발전을 경험했다. 이 지역의 유명한 레슬러인 '콘월의 거인' 리처드 트레비식(Richard Trevithick)은 1800년대 초반 세계 최초로 증기기관차를 설계하고 만드는 데 성공했다. 또한 19세기 후반까지 콘월은 많은 양의 주석과 구리를 생산했다. 이 산업이 쇠락하자 콘월의 광부들은 1890년대 미국과 남아프리카와 호주 등지로 이주했고, 1901년 초 마르코니의 무선기지국이 자리를 잡을 때 지역민 중 몇몇은 이 사업에 고용되었다.

마르코니는 정기적으로 멀리언을 방문했으나 대부분의 시간은 헤이븐 호텔에서 실험을 지도하면서 보냈다. 어머니는 그의 옷에 대해 여전히 잔소리를 했고, 심지어 런던이나 아일랜드나 이탈리아에 가 있을 때도 그랬다. 그녀는 볼로냐에서 이런 편지를 보냈다. "헤이븐 호텔이 더 따뜻해져서 네게 얇은 모직옷이 필요한지에 대해 생각하는 중이다. 우드워드 부인이 너의 궤짝 열쇠를 가지고 있다. 궤짝에는 네 옷과 상자 두 개가 있는데, 여름 잠옷은 첫번째 상자에 있고 여름 셔츠는 두번째 상자에 있다. 옷장 속에는 여름 정장, 재킷, 조끼, 바지 등이 있다."

1901년 1월 초 런던의 신문 《일러스트레이티드 메일 *Illustrated Mail*》은 한 기자를 헤이븐 호텔에 보내 '마르코니와의 한담'이라는 제목의 전면 기사를 내보냈다.

비록 완전한 이탈리아 이름을 가지고 있지만, 마르코니의 모습에는 외국인의 흔적이 전혀 보이지 않는다. 그는 교양 있는 영국인 과학자의 언변을 지녔고, 그의 옷과 예법은 호감이 가는 젊은 영국 신사 같다. 마르코니의 어머니를 본 사람은 이를 이해할 수 있을 것이다. 영국 여성인 그녀는 대개 풀 항에서 그와 함께 지낸다. 마르코니는 물론 이런 예외적인 시간을 제외하고 때때로 런던을 방문하는 게 필요하다. 하지만 그는 매일 1시간 정도 달리기를 하거나 자전거를 타며, 일하는 모든 시간은 연구에 몰두한다. 무선전신은 실험의 단계를 지나서 확증된 사실이 되었고, 마르코니는 이제 장비에 완전을 기하거나 통신거리를 늘리는 등 세부사항에 전력을 기울이고 있다.

기자는 "어느 정도 멀리까지 통신이 가능한가?"라고 물어보았다.

"100마일이나 그 이상 성공했다. 얼마 후면 이 거리가 두세 배 이상으로 늘어날 것이다."

"영국과 미국 사이에 메시지를 보내는 것을 고려하고 있다는 말이 사실인가?"

"전혀 그렇지 않다. 언젠가는 가능하겠지만 나는 결코 그런 것을 제안해본 적이 없으며, 현재는 거의 가능하지도 않다."

마르코니는 작업실이 전선과 배터리 등으로 잔뜩 어지럽혀진 데 대해 미안해했다. "이 방은 결코 남에게 보여주기 위한 장소가 아닙니다. 우리에게는 방을 예쁘게 꾸밀 만한 시간이 없어요. 우리는 이곳에서 수백 번의 실험을 했습니다. 우리에게는 낭비할 시간이 없다는 것을 곧 알게 될 거예요." 기자는 왜 그렇게 급히 서두르는지 마르코니에게 묻지 않았다. 《일러스트레이티드 메일》의 독자들이 아는 한, 마르코니에게는 실제로 경쟁자가 없었다. 그러나 마르코니는 해결해야 할 많은 문제들을 정확히 인식하고 있었고 그를 따라잡을 경쟁자들이 있다는 것도 알고 있었다. 비록 그가 기자에게 폴두 기지국의 진짜 목적을 감추기는 했지만, 그의 야망은 사실 최초로 무선 메시지를 대서양 너머에 보내는 것이었다.

독일에서는 슬라비 교수가 폰 아르코(von Arco) 백작과 팀을 이루어 자기의 무선전신 시스템이 군대에 유용할 것이라고 선전하고 있었다. 미국의 레지날드 페선던(Reginald Fessenden) 교수가 단거리 무선교신에 성공했다는 소식도 마르코니에게 전달되었다. 러시아에서는 알렉산더 포포프(Alexander Popov)가 번개의 전자기파를 원거리에서 수집하여 폭풍우를 예보할 수 있는 수신기를 만들었다. 영국의 로지처럼 포포프는 600야드 이상 무선신호를 보냈고, 이것으로 1900년 파리 박람회에서 금메달을 수상하기도 했다. 또한 프랑스에서는 으젠느 뒤크레테(Eugéne Ducretet)가 무선전신 장비를 만들어 파리 에펠탑과 판테온 간의 전송 실험에 성공했다. 아마도 마르코니는 다른 사람들이 그를 앞지를 수도 있다는 것을 늘 염두에 두었을 것이다.

그는 누구도 가능하다고 생각하지 못한 먼 거리에 신호를 보낼 수 있는 송신기를 만드는 한편, 파장 조정이라는 다른 문제를 해결하려고 고심했다. 수신기를 가진 사람은 누구든 불꽃 송신기에서 보낸 무선신호를 수집할 수 있었다. 그러므로 송신자에 대한 비밀이 보장되지 않았고, 파장을 맞춘 수신자만 그 신호를 수집할 수 있도록 특별한 파장으로 좁힐 수 있는 방법도 없었다. 사람들은 무선파의 길이가 매우 다양하다고 이해하고 있었고, 수신기는 송신기의 파장과 똑같이 조정할 필요가 있다고 생각했다. 그래서 '에테르'가 서로를 방해하지 않는 다른 주파수대로 나뉠 수 있는 가능성이 있었던 것이다.

1900년 마르코니는 이 문제를 충분히 해결할 수 있다고 믿었고, 7777로 알려진 특허를 얻을 수 있다고 생각했다. 그러나 그와 그의 기술자들은 파장에 대해 희미하게만 알고 있었으며, 송신기가 보낸 전파 길이를 측정할 수 있는 수단도 없었다. '조율된' 신호들도 누구든 적합한 수신장비만 있으면 수집할 수 있었기에 비밀스런 것이 아니었다. 상호간의 단순한 전신을 원하고 비밀을 요구하지 않는 선박 위의 승객들에게는 이런 것이 문제가 되지 않았다. 그러나 무선전신의 가장 중요한 잠재 고객인 군대와 해군에게는 확실히 큰 문제가 될 것이었다. 만일 적군이 아군의 메시지를 탐지한다면 무선은 도움이 되기보다는 오히려 해가 될 것이다. 또한 모든 사람이 똑같은 파장을 사용한다면 신호들은 계속해서 서로를 방해할 것이고 이것은 평화로운 시기에도 문제가 될 것이다.

물론 당시에는 무선기지국이 극소수였으므로 그때까지 전파 방해 문제는 없었다. 마르코니 회사들은 1900년의 무선기지국 대부분을 소유했고, 1898년 장비를 제작할 수 있는 유일한 무선전신의 개척자들이었다. 세계 최초의 공장이 런던 동쪽 에식스의 비단 공장에 세워졌다. 대부분 여성이었던 노동자들은 영국 해군과 선박회사들이 주문할 것을 미리 예상해서 불꽃 송신기와 유리관 코히러 수신기를 생산했다. 마르코니 무선장비를 처음으로 장착한 배는 거대한 독일 선박 카이저 빌헬름 데어 그로세호였는데, 《트랜스애틀랜틱 타임스》의 편집장 브래드필드가 이 작업을 지휘했다. 이 선박은 북부 독일에 있는 보쿰 리프 등대선과 보쿰 리프 등대 사이에서 메시지를 교신했다.

마르코니의 이름을 건 회사는 두 개였다. 원래 무선전신신호회사였던 회사가 이제 '마르코니 무선전신회사'라는 명칭을 갖게 되었고, 1900년에는 국제 자본으로 마르코니 국제해양회사가 형성되었다. 그러나 당시까지도 이 두 회사는 돈을 벌지 못하고 있었다. 새로 시작된 이 사업에는 그저 일이 진행될 만큼의 고객들이 있을 뿐이었다. 1901년 마르코니는 자신의 모든 에너지와 회사 자금 5만 파운드를 대서양 횡단 통신에 쏟아붓기로 작정했다. 그는 이를 미리 언급했다가 실패할 경우 발생할 수 있는 신용 추락을 염려하여 이에 대해 침묵을 지켰다. 런던대학의 뛰어난 전기공학 교수 암브로스 플레밍(Ambrose Fleming)이 연 500파운드를 받는 조건으로 고문 역할을 맡았다. 콘월

자그마한 체구에 약간 귀가 먹은 런던대학 암브로스 플레밍 교수. 그는 처음으로 대서양 횡단 무선신호를 보내던 아주 중요한 시기에 마르코니 회사 고문으로 일했다. 강력한 송신기를 만들기 위해 그의 전문지식이 필요했다. 1903년 그는 진공 백열전구를 개조해 최초의 무선 '밸브'를 발명했다.

의 폴두 호텔 옆 송신 건물에 있는 발전기를 설계하고 시험하는 게 그의 일이었다. 거대한 안테나를 받치기 위해 건물 주변에 일련의 나무 기둥을 세우는 일은 켐프가 맡았다. 그 밖의 힘든 일들은 말을 빌리고 지역주민들을 고용해 진행시켰다.

마르코니는 폴두의 송신기와 똑같은 복제품을 설치할 만한 장소를 찾아서 미국 동부 연안의 지도를 열심히 연구해왔는데 그 장소를 케이프 코드로 결정했다. 그는 바다가 방해받지 않고 직접 폴두로 향하는 그런 장소를 원했다. 그곳은 멀리 떨어져 있을수록 좋았다. 그는 기둥들이 세워지는 것에 대해 사람들이 궁금해 하며 캐묻는 것을 원치 않았고, 근처 전기 시설로 방해받지 않기를 원했다. 2월 초에 마르코니는 폴두의 일을 진척시키기 위해서 플레밍과 켐프를 떠났고, 미국의 기지국 건설을 지휘할 비비안과 함께 대서양을 건넜다. 비비안은 그들이 세우려고 하는 거대한 안테나가 구조적으로 견고하지 않고 거센 바람에 취약할 것이기 때문에 이 일이 마음에 들지 않는다고 말했다. 그러나 마르코니에게 공학적인 전문기술이 없더라도, 비비안은 규칙에 따라 요구를 받아들여야 했다.

케이프 코드는 콘월에 있는 리저드 반도보다 훨씬 거친 장소였다. 미국에서는 영국에서처럼 도움을 받을 수 있는 사람들을 만날 수 없었기 때문에 기지국을 세울 위치를 찾는 일이 무척 어려웠다. 결국 마르코니는 케이프 코드 출신의 에드 쿡(Ed Cook)이라는 '난파선 약탈자'로부터 도움을 받았다. 보스턴으로 향하는 바쁜 항로는 위험했고 매년 배들이 좌초되어 부서졌다. 거친 해안에서는 늘 그렇듯이, 케이프 코드에도 해변에 떠밀려온 화물을 뒤지고 익사한 시신을 약탈하는 청소부들이 있었다. 자기들의 이익을 챙기기 위해 눈앞에서 익사 직전 도와달라는 절규를 무시하는 약탈자들에 대한 충격적인 보고들이 여전히 신문에 등장하고 있었다.

거친 옷을 입은 쿡과 모피 외투를 입은 마르코니는 어울리지 않는 한 쌍이었다. 그들은 말과 마차를 타고 해변을 탐색했다. 가장 적합한 장소는 하이랜드 전기회사의 신호기지국이 선점하고 있었다. 이 기지국은 지나가는 배들을 기록했고, 그들의 도착을 보스턴과 뉴욕에 있는 소유주들에게 유선으로 알렸다. 당연히 거기서 일하던 통신원들은 마르코니가 그곳에 자리잡는 것을 허락하지 않을 것이기 때문에 다른 장소를 물색해야만 했다.

사우스 웰플릿은 헤이븐에 비하면 훨씬 불친절했다. 마르코니는 그 지역의 음식을 한번 맛본 후 두 번 다시 먹으려고 하지 않았으며, 보스턴에서 보내준 양식을 먹었다. 그는 사우스 웰플릿에 오래 머물지 않았고, 소나무기둥을 비롯해 기지국을 세우는 데 필요한 일체의 장비들을 들여오는 일을 비비안에게 맡겼다. 세계에서 두번째 큰 무선기지국이 될 이곳은 폴두 기지국과 거의 같은 규모의 강력한 기지국으로 설계됐다. 이론상으로는 대서양 너머 2300마일 거리에 있는 콘월의 폴두까지 메시지를 보내는 게 가능했다.

한편 폴두에서는 켐프가 봄여름의 돌풍으로부터 곧게 선 안테나 기능을 보호하기 위해 애를 쓰고 있었다. 돌풍이 계속 구조물 일부를 파손했기 때문에 그는 새로운 목재를 찾아야만 했다. 한번은 해안 경비대원들과 함께 난파된 배의 돛대를 얻어 폴두의 안테나에 결합시켰다. 플레밍 교수가 설계한 발전기와 동력장치들이 항상 시험되고 있었고, 때로 예기치 못한 결과에 부닥치기도 했다. 켐프는 1901년 8월 9일 일기에 이렇게 적고 있다. "우리는 전기 현상을 맞았다. 모든 지선들은 차단되어 있었지만 불꽃을 일으켰고, 마치 천둥이 무시무시한 박수소리를 내는 것 같았다. 말들은 놀라서 달아났고 사람들은 매우 급하게 그 구역을 떠났다." 해군장교 출신인 켐프는 자기가 작업하고 있는 독특한 구조를 설명하기 위해 또 다른 용어를 원했다. 그래서 마치 자기가 세상을 위해 절벽 일부를 대서양 건너로 보내려고 계획이라도 하듯이, 다양한 기둥과 장치들을 '가장 훌륭한 지주' 그리고 '수평 지선'이라는 이름으로 불렀다.

마르코니는 먼 거리에 신호를 보내는 데 가장 효율적인 방식을 찾기 위하여 전력과 전선의 배열을 실험하고 있었다. 폴두 기지국은 마르코니 장비를 구입한 해군기지국이나 아일랜드 남서쪽 끝 크룩헤이븐에 설치된 마르코니 기지국과 조금씩 신호를 교환하기 시작했다.

켐프는 영국 동부해안에서 작은 기지국을 하나 구해 폴두에서 몇 마일 떨어지지 않은 리저드 반도 남쪽 끝에 가져다놓았다. 마르코니는 폴두 송신기에서 보낸 신호들과 리저드에서 보낸 신호들이 다른 파장으로 조정되었을 때 충돌 여부를 파악하기 위해 실험을 계속했는데, 여기에는 아무런 문제가 없는 것으로 나타났다. 폴두가 실험을 거치는 동안, 작은 리저드 기지국은 186마일 떨어진 니튼 와이트 섬의 두 번째 마르코니 기지국과 무선교신을 함으로써 새로운 기록을 세우기 시작했다. 지역주민들은 폴두에서 무슨 일이 벌어지는지에 대해 아주 드물게 관심을 가졌다.

5월 30일 관보 《로열 콘월 가제트 Royal Cornwall Gazette》에는 다음과 같은 글이 실렸다. "마르코니는 개인비서 플레밍 교수를 비롯하여 무선전신회사와 관련된 몇 명의 신사들과 함께 멀리언의 폴두 호텔에 머무는 중이다. …그들은 중요한 실험을 하고 있는 것으로 보인다." 출중한 런던대학 교수가 마르코니의 '개인비서'라는 사실은 당시의 학계에서 매우 놀라운 일이었을 것이다.

폴두 기술자들에게 그들의 '중요한 실험'에 대해 물으면, 그들은 항해하는 배와 교신하기 위한 것이라고 말했을 것이다. 케이프 코드 기지국을 찾는 호기심 많은 방문객들도 똑같은 대답을 들었고, 그 대답은 충분히 이해되는 것이었다. 무선전신 범위가 수백 마일로 제한된다면 선박들과 교신하기 위해서는 대서양 양쪽에 해변기지국들이 있어야 했다. 사람들은 오직 아주 긴 무선파만 먼 거리를 여행할 수 있다고 믿었고, 신호가 대서양을 건너기 위해서는 거대한 불꽃 송신기로 높은 안테나 탑에 전하를 전달해야 가능할 것이라고 생각했다. 1901년 여름 플레밍 교수는 폴두에서 천둥소리를 내는 거대한 불꽃을 일으키고 있었는데 그 소리는 콘윌 절벽을 따라 협곡에 울려퍼졌다.

케이프 코드에서 돌아온 후 마르코니는 여름철 대부분을 폴두에서 실험하며 보내고 있었고, 켐프는 안테나 때문에 계속해서 골머리를 썩고 있었다. 휴식을 취할 시간도 별로 없었다. 홀만은 편지에서 약혼자의 오랜 부재와 침묵이 자기를 힘들게 한다고 표현하기 시작했다.

9월 15일 일요일, 켐프는 하루 휴가를 얻어 예배에 참석하기 위해 해변을 따라 걸으며 건왈로 교회로 갔다. 다음날은 강한 바람과 거센 비로 인해 밖에서 걷는 것조차 힘들 정도였다. 켐프는 기둥을 곧바로 세워서 유지하는 게 어렵다고 일기에 기록했다. 불꽃을 만드는 다양한 방법을 실험하던 9월 17일 화요일 아침에는 강풍이 불었다. 바람은 남서쪽에서 불어왔으나 오후 한 시쯤에는 북서쪽으로 방향을 바꾸었고, 장비가 있는 곳에 갑자기 돌풍이 불었다. 돌풍은 기둥 지지대 하나를 무너뜨린 다음 모든 장비를 완전히 부숴버렸다. 다친 사람이 없는 게 행운이었다.

이 사고를 조사하면서 마르코니는 켐프에게 재건을 요청했고, 이번에는 좀 단순한 모델을 만들어달라고 부탁한 다음 런던으로 돌아왔다. 그는 계획이 변경되어야 한다는 것을 회사 중역들에게 설득할 필요가 있었다. 교체된 폴두 기둥은 더욱 튼튼해지겠지만 무너진 것에서는 전력을 얻을 수 없었다. 케이프 코드는 너무 멀리 떨어져 있었고, 콘월과 더욱 가까워지는 한 지점을 미국 해변에서 찾아야만 했다. 한해가 가기 전에 마르코니가 야망을 성취하기 위해서는 그 장소가 어디가 됐든 송신기를 만들거나 수신기지국을 만들 시간은 없었다.

    마르코니는 가파르고 좁은 콘월의 길을 돌아다니고, 폴두 호텔과 헬스톤 역 사이를 더욱 빨리 다니기 위하여 런던에서 최신 유행하는 앞바퀴 위에 엔진이 탑재된 오토바이를 배달시켰다. 오토바이의 조립은 켐프가 도왔다. 마르코니는 어느 날 아침 신문에 다른 '무선마술사'가 그를 앞섰다는 기사가 나올까봐 두려웠고, 폴두에서의 절박감은 매일 증가하고 있었다.

미국의 경쟁자 페선던

1900년 마르코니가 국제적 명성을 누리는 동안, 경험은 많으나 덜 알려진 한 발명가가 메릴랜드 포토맥 강에 있는 캅 섬에 연구소를 세웠다. 페선던은 아내 헬렌, 어린 아들과 함께 섬에서 매우 단순하게 살았다. 그들은 자금이 부족했기 때문에 마르코니처럼 호화로운 호텔 생활을 누릴 수 없었다. 페선던 가족과 연구자들은 상수도가 없었고, 그들이 맛보았던 최고 요리는 지역의 어느 선장이 가끔씩 가져오는 굴이 전부였다. 외딴 곳에 있던 그들의 연구소에는 여름이면 벌레들이 들끓었다.

마르코니보다 여덟 살 많았던 그는 숙련된 실험자였다. 1866년 캐나다의 성공회 성직자 아들로 태어난 그는 청년기의 많은 시간을 나이아가라 폭포 근처에서 보냈다. 그는 수학과 과학을 공부했으나 정식 자격증을 얻을 수 있는 어떤 과정도 마치지 않았다. 십대에 캐나다에서 교사로 일하고 열일곱에 버뮤다로 옮긴 그는 '휘트니 연구소' 라는 작은 교육단체의 외로운 교사였다. 그곳에 있는 동안 기술잡지들을 읽으면서 전기에 대한 관심을 계속 유지했고, 헬렌을 만나서 결혼했다. 그는 새로운 전기산업 분야에서 일하기로 결심한 후 1885년 버뮤다를 떠나 뉴욕의 에디슨을 찾아갔다. 정식 자격증이 없다는 이유로 몇 차례 거절당했으나 결국 전선을 설치하는 일을 하게 되었고, 이후에는 에디슨 연구소의 연구원이 되었다.

전기학과 화학이 밀접한 관련이 있기는 하지만 페선던이 이룬 대부분의 업적은 전기학 분야라기보다 화학 쪽이었다. 그는 새로운 형태의 절연재료를 만들었고 머지않아 에디슨 연구소의 최고선임 화학자

마르코니의 가장 뛰어났던 경쟁자 레지날드 페선던(가운데 안경을 낀 키 큰 사람), 브랜트 록 연구소에서 동료들과 함께. 1906년 크리스마스에 페선던이 미국의 재정 후원을 받아 최초의 음성 방송을 한 곳이 바로 여기였다. 자기가 이룬 업적에 아무도 관심을 기울이지 않자 그는 매우 실망했다.

가 되었다. 그가 개인적으로 헤르츠파나 무선을 연구했는지는 모르지만, 에디슨의 관심은 온통 전기산업이었으므로 전자기학의 새로운 개발은 다른 쪽으로 밀려났다. 1890년 에디슨의 제너럴 일렉트릭사를 떠난 펜선던은 그후 몇 년 동안 여러 직업을 전전하면서 발명을 하며 전기 발생과 전기 사용에 대한 지식을 쌓았다. 당시 미국은 새로운 장치와 발명품 특허를 따려고 열광하던 분위기였고, 페선던도 자기 이름으로 많은 특허를 냈다. 그는 영국에서 얼마간 지내는 동안 케임브리지에 있는 유명한 맥스웰의 실험실을 방문하기도 했다.

1892년 페선던은 퍼듀대학 전기공학 교수직을 제공받을 만큼 유명해졌다. 그가 헤르츠파를 실험하기 시작한 것은 바로 이 대학에서였다. 1년 후 그는 피츠버그로 옮겼고, 그곳에서 에디슨의 위대한 경쟁자였던 웨스팅하우스의 지원금을 받게 되었다. 1896년 뢴트겐의 X선 발견이 공표되자 다른 많은 과학자들처럼 페선던도 지대한 관심을 기울였다. 이때는 그가 무선전신의 가능성에 대해 흥미를 느끼기 얼마 전이었다. 그는 1899년 《뉴욕 헤럴드》로부터 아메리카컵을 취재하도록 제안을 받았지만 이를 거절하고 마르코니를 추천했다고 주장했다. 그러나 1900년 그는 미국 기상청의 제안을 수용해 캅 섬으로 와서 무선연구소를 세웠다.

마르코니가 비록 미국에서 대중적인 명성을 누렸지만 미국정부는 그의 회사와 거래하는 것을 내켜하지 않았다. 영국이 유선 네트워크에서 이미 세계를 지배하고 있었기에, 미국은 무선 분야에서만큼은 같은 일이 되풀이되지 않기를 바라고 있었다. 그리하여 해군과 기상청은 미국 인재의 개발을 격려했고, 비록 캐나다 출신이었지만 페선던은 다소 이 조건에 부합하는 인물이었다. 그의 임무는 기상청이 허리케인 같은 극적인 사건들을 추적하고 예보하는 데 도움이 될 수 있는 무선 시스템을 만드는 것이었다. 실용적인 가치를 지니기만 한다면, 자기가 좋아하는 기술은 무엇이든 개발할 수 있는 자유가 그에게 있었다.

마르코니의 불꽃 송신기와 코히러 수신기는 수백 마일 떨어진 기지국들을 연결하면서 꽤 잘나가고 있었다. 그가 이룬 위대한 성과는 무선파가 먼 거리를 여행할 수 있다는 것을 보여주었기 때문에 페선던이 이 실험을 똑같이 반복할 이유는 없었다. 미국에서 출원중인 마르코니의 특허를 위반할 잠재적인 문제도 있었지만 페선던은 크게 걱정하지 않았다. 그는 마르코니가 젊은 나이에 이룬 성과를 칭송했으나 불꽃-코히러 장치는 이미 제 역할을 다했고 어떻든 결정적인 흠이 있다고 느꼈다. 마르코니의 장치는 모스부호를 빠른 속도로 보낼 수 없을 것이라고 생각했고, 언어를 송수신할 수 있는 가능성이 없다고 보았던 것이다.

페선던은 자기에게 급료를 지급할 사람들이 바라는 것에 대해서는 걱정을 하지 않은 채, 순수한 연구소를 캅 섬에 세웠다. 그는 금속판이 액체에 잠겨 있는 새로운 형태의 수신기를 고안해 이를 버레터(barreter)라고 불렀는데, 이것은 코히러보다 훨씬 민감했고 모스부호를 더욱 빠른 속도로 수신할 수 있었다. 페선던은 간헐적으로 파열하는 불꽃 송신기 대신 지속적인 충격파를 발생시키고 싶었다. 그는 거리보다 질에 신경을 썼기 때문에 신호가 얼마나 멀리 갈 수 있는가에 대해서는 염려하지 않았다. 그를 '폐시'라고 불렀던 에디슨은 언어를 송신할 수 있는 가능성이 '달에 날아가는 것' 만큼이나 어렵다고 말했다. 그러나 페선던은 1900년 고속 송신기와 버레터를 가지고 자기 조수 한 사람에게 구두 메시지를 송신하는 데 성공했다. "하나, 둘, 셋, 넷. 티센 씨, 거기에 눈이 오고 있습니까? 만일 눈이 오고 있다면 나에게 전보를 보내주시오." 버레터가 수집한 이 말은 거의 알아듣기 어려울 정도로 감이 좋지 않았으나 사상 처음으로 보내진 무선전화 메시지였다.

페선던에게는 불행한 일이었지만 이 실험 성과는 미국 기상청을 비롯한 어디에서도 관심을 기울이지 않았고, 심지어 사람들에게 제대로 알려지지조차 않았다. 이미 유선전화가 있었고 원거리 통신에는 모스 부호가 사용되는 상황에서, 귀를 찢어놓을 정도로 질이 좋지 않은 단거리 무선전화가 무슨 소용이 있었겠는가?

1900년 여름 마르코니는 페선던의 실험 소식을 들었으나 즉시 문제를 제기하지는 않았다. 페선던은 자기의 성공에 대해 아무런 주장도 하지 않은 채 기상청을 위해 계속 일했으며, 기상청은 전신술에서 그가 이룬 업적에 만족하여 새로운 임무를 맡겼다. 그는 노스캐롤라이나 로어노크 섬에 주둔하면서, 동부해안에 새로운 기지국 세 개를 세워야 했다. 로어노크는 16세기 유럽에서 온 정착민들의 아이가 처음 태어난 지역으로, 후에 개척자 공동체 전체가 불가사의하게 사라져버린 곳이다.

1900년 말 캅 섬의 설비들은 분해되어 범선에 실려 노스캐롤라이나로 오게 되었다. 50피트 높이의 안테나 기둥은 배에 실을 수 없었기에 견인하였다. 노련한 치셀틴 선장이 배를 조종했으며, 승객들 중에는 페선던의 젊은 엔지니어 두 사람도 함께 있었다. 로어노크 섬으로 향하던 중 그들은 험한 파도를 만났다. 자기 배의 안전에 위협을 느낀 선장은 무선 안테나 기둥을 견인하던 밧줄을 자르기 시작했다. 엔지니어들이 그를 제지했으나 운이 좋게도 다른 배가 구조하러 왔다. 페선던의 장비는 무사했고 1901년 그의 새로운 기지국이 세워졌다.

그해 10월, 멀리언 협곡에서는 키 작은 콧수염의 켐프가 오랜 시간 일하는 모습을 볼 수 있었다. 새로운 송신기를 설치할 탑을 짓는 일을 지휘하는 그는 기반을 튼튼히 만들려고 시멘트를 주문하고 해변에서 가져온 바위와 자갈을 배열했다. 그는 주일 예배에 참석하기 위해 건왈로 교회에 갈 때를 제외하곤 거의 모든 시간을 일에 몰두했다. 아메리카컵을 보도하기 위해 뉴욕으로 갔던 마르코니 엔지니어들로부터 불편한 소식이 도착했다. 그들은 지난해에 무선 보도 영역을 가질 수 있기를 기대했는데, 경쟁자가 나타났다는 것이다. 마르코니보다 몇 개월 더 나이든 한 젊은 미국인이 무선전신 시스템을 작동시켰고, 재정 후원자를 얻었으며 경주를 보도하도록 신문출판연합회의 부탁을 받았다는 것이다.

리 디 포리스트(Lee de Forest)는 1년 전 마르코니에게 고용을 부탁하는 편지를 썼으나 답장을 받지 못했다. 그 사이에 그와 친구들은 페선던의 버레터 수신기를 모방했고 아주 적은 돈으로 사업을 제안했다. 디 포리스트의 야심은 마르코니에게 도전하는 것이었다. 배에서 해변으로 무선 메시지를 보낼 수 있는 사람이 말쑥한 이탈리아 사람 말고도 더 있다는 것을 보여주는 데 아메리카컵은 이상적인 무대였다. 두 시스템은 서로를 방해했기에 마르코니 엔지니어들은 아주 당황했고, 디 포리스트와 5분 간격으로 번갈아서 송신한다는 것에 동의해야 했다.

11월 4일 월요일, 켐프는 목재를 보기 위해 트루로에 갔다. 그가 폴두 호텔에 돌아왔을 때 한 장의 전보가 기다리고 있었다. "이달 16일 뉴펀들랜드에 저와 동행할 수 있도록 준비하세요. 만일 휴가를 원한다면 지금 하시기 바랍니다. 마르코니." 결국 케이프 코드와 신호를 교환하려는 시도는 취소됐다. 마르코니가 새롭게 내린 결정은 행동으로 들어가는 것이었다. 케이프 코드에 비하면 뉴펀들랜드는 폴두와 500마일 더 가까웠고, 폴두 기지국의 새로운 안테나 범위 내에 있어서 더 좋았다. 소식을 접한 켐프는 뉴펀들랜드로 향할 준비를 했다.

이튿날 그는 런던으로 가는 기차를 탔고, 그후 장비를 구입하기 위해 첼름스퍼드로 갔다. 그가 구입한 장비들은 연, 풍선, 수소가스, 철 분말, 그리고 필요한 경우 라이덴 전지를 만들 수 있는 유황액, 수신장비와 안테나 선 등이었다. 그는 런던에 있는 자기 집에서 짧은 시간을 보낸 후 네 자녀를 데리고 마르코니 사무실로 가서 로드 메이어 쇼(Lord Mayor's Show : 매년 11월 둘째 주 토요일 오전 11시에 시작하며 '지상 최대의 무료 쇼'로 알려져 있다. 전통 복장을 한 사람들과 곡예단, 밴드, 황금마차, 꽃수레, 최고 남녀군인들이 거대하고 다채로운 행진을 펼친다)의 행진을 구경했다. 4일 후 켐프는 리버풀에서 마르코니와 합류했고, 또 다른 동료 엔지니어 퍼시 패짓(Percy Paget)도 함께 했다. 그들은 11월 26일 배를 탔다.

뉴펀들랜드에서 연을 날리다

뉴펀들랜드의 세인트존스는 거칠고 고립되었으며 퇴보한 지역이었다. 염소들은 마음대로 돌아다녔고 어린이들은 염소들을 발견하면 그 자리에서 젖을 짰다. 여성들은 나무 양동이를 이용해 물을 떠왔고 남자들은 진흙탕 길로 통을 굴리며 다녔다. 거친 자갈로나마 포장된 도로는 단 한 군데밖에 없었으며 항구는 범선으로 북적거렸고, 지역 전체에서 생선 말리는 냄새가 났다. 1867년 캐나다 자치령이 되었을 때 뉴펀들랜드는 영국 식민지로 남아 있었다. 마르코니와 패짓은 이곳을 방문한 적이 없었으나 켐프는 해군에 있던 1892년 불타는 세인트존스를 목격한 적이 있었다. 그때 그의 배가 핼리팩스에서 지원을 왔고 수병들은 불을 진압하기 위해 도움을 주었다.

11월 26일 저녁 마르코니와 켐프, 그리고 패짓은 리버풀에서 사르디니언호에 올라탔다. 캐나다 앨런 라인사의 이 배는 전에 마르코니가 대서양을 횡단할 때 탔던 떠다니는 궁전 같은 선박이 아니었다. 앨런 라인사의 주요 사업은 유럽에서 캐나다로 오는 이주민들을 실어 나르는 것이었는데, 1901년까지의 승객 명단은 다양한 자선단체들의 주선으로 새로운 삶을 위해 배를 탄 고아와 방랑자와 부랑자들의 슬픈 이민을 보여주었다.

사르디니언호가 출항하기 직전 마르코니는 선장으로부터 케이프 코드의 무선 안테나가 무너졌다는 전보를 전해 받았다. 기둥 하나가 아슬아슬하게 비비안을 비껴갔고 다른 기둥은 기계실을 들이박았다. 몇 주 전이었다면 이 소식은 엄청난 재앙이 되었을 테지만, 이제 마르코니의 계획에는 변동이 없었다. 폴두의 최초 안테나가 무너졌을 때 그는 당분간 케이프 코드에 세우는 것을 포기했다. 그는 즉시 미국 지도에서 폴두와 가장 근접한 해안을 찾아나갔고, 1866년 대서양 횡단 해저 전신을 성공적으로 설치한 바로 그 장소를 주목했다. 당시 아일랜드 서부해안과 뉴펀들랜드를 잇는 해저 전신을 놓았던 배는 이삼바드 킹덤 브루넬(Isambard Kingdom Brunel)이 건조한 대형 철제 여객선 그레이트 이스턴호였다. 이 일은 1854년 영미 해저전신회사(Angle-American Cable Company)가 런던에 설립된 후 12년 동안 진행되었다. 사르디니언호는 전신을 놓은 배가 다녔던 그 길을 따라서 조용하게 항해했다.

이틀 동안은 날씨가 좋아서 마르코니와 동료들은 갑판에서 걸어다닐 수 있었다. 1등 객실을 사용하는 승객이 별로 없었기 때문에 갑판은 황량했다. 그러나 11월 29일 저녁 사르디니언호는 심하게 흔들리기 시작했고, 파도가 배 위를 덮쳤기 때문에 이튿날은 대피실을 찾아야 했다. 그들은 12월 6일이 될 때까지 세인트존스항을 보지 못했다. 짙은 안개가 덮인 사르디니언호 갑판에서 그들은 북쪽으로는 빙산을, 남쪽으로는 물을 내뿜는 고래들을 볼 수 있었다.

이 지역을 항해하는 선박들에게 빙산은 위험한 것이었다. 1899년

9월 초에 캐나다의 한 전기공학자는 무선전신 선박들이 해상에 떠 있는 얼음의 위도와 경도를 서로에게 알려줄 수 있고, 해변에 세워진 등대와도 교신할 수 있을 것이라는 내용의 편지를 노바스코샤에 있는 《핼리팩스 헤럴드 Halifax Herald》 편집장에게 보냈다. 무선전신은 잠재적인 구원자로 여겨지고 있었고, 마르코니는 세인트존스의 총독 집에서 명사로 대우받았다. 독실한 기독교인 켐프는 12월 8일 일요일 세인트존스 대성당에서 총독과 같은 줄에 앉아 예배를 보았다. 그는 몇 년 전 불타는 건물을 구하는 데 도움을 주었던 것을 회상했다.

마르코니는 호된 날씨 속에서도 안테나를 세울 장소를 찾아 장비를 설치했다. 그가 선택한 시그널 힐의 버려진 군 병원이 은신처를 제공했는데, 그는 거기에 연과 풍선을 보관했다. 《핼리팩스 헤럴드》는 기자를 보내 무선전신의 귀재가 일하는 상황을 살펴보게 했다.

12월 9일 세인트존스, 뉴펀들랜드-무선전신의 발명가 마르코니는 세인트존스항 입구 언덕에 기지국을 세울 것이고, 작은 풍선을 이용해 이곳과 케이프 레이스 사이에 있는 고원에 두 개의 다른 전선을 매달 것이라고 한다. 이 일이 이루어지면 영구 기지국이 들어설 장소가 결정될 것이고, 기지국은 그랜드뱅크스 남쪽을 가로지르는 선박들과 교신할 것이다. 225마일 거리까지 메시지를 송신했던 그는 이곳에서 400마일까지 도달하기를 기대하고 있다.

마르코니는 이곳의 기후 조건이 좋다고 믿으며, 풍선을 띄우는 데 방해가 될 격렬한 바람을 피할 수 있다면 1개월 안에 일을 끝마치고자 한다. 어떤 지층은 길이가 짧아서 다른 곳보다 더욱 좋기 때문에 그는 영구 기지국을 선택하는 데 특별한 주의를 기울였다. 그는 140~170마일로 달리는 뉴욕 정기선들과 교신하는 일에 몰두했으며, 바다 한가운데 있는 선박들

1901년 뉴펀들랜드 세인트존스에서 마르코니가 가장 큰 성취를 이루던 때의 필사적인 모습. 세상은 놀랐고 많은 과학자들은 의심하면서도 축하를 보냈다. 조력자들이 안테나가 달린 거대한 연을 날리려고 시도하고 있고 마르코니가 옆에서 지켜보고 있다. 그는 이 안테나가 대서양 건너편 콘월에서 보낸 신호를 수집하길 원했다.

이 이틀 반 일찍 도착할 것이라고 믿었다. 그는 엘더-뎀프스터사의 샘플 레인호와 쿠나드 선박회사 선박들과도 교신할 것이다. 그리고 케이프 레이스 해변은 훨씬 안전해질 것이다. 뉴펀들랜드 정부는 내년 여름 래브라도를 따라서 마르코니 기지국들을 세울 것인데, 그는 정부의 지원을 보장받았다.

마르코니는 폴두에서 보낸 신호를 받는 데 실패할 경우에 대비해 켐프와 패짓과 함께 무엇을 세우는지 아무에게도 말하지 않았다. 세 사람은 모두 초연한 일꾼처럼 냉정함을 유지했다. 그러나 마르코니는 오랜 시간이 흐른 후 한 회견에서 "그것을 기억하는 것만으로도 저는 전율합니다. 세상에는 그 일이 간단한 이야기로 보일 수 있으나, 저에게는 미래가 달린 생사의 문제였어요"라고 회고했다. 12월 10일 《핼리팩스 헤럴드》 기자는 풍선과 씨름하는 켐프와 패짓을 만났다. 풍선은 몇 개의 밧줄에 매달려 있었으나 바람이 잡아채서 바다를 건너갔고 이내 시야에서 사라졌다. 기자는 "이런 사고는 드문 일이 아니며, 그다지 골칫거리가 아니다"라고 썼다. 그러나 마르코니와 동료들에게는 사실 절망적인 일이었다.

그동안 내내 1800마일 떨어진 폴두에서는 오전 6시 30분과 9시 30분에 1피트 길이의 두꺼운 불꽃을 세 번 연달아 짧게 터트리고 있었다. 송신기가 'S'자를 모스부호로 보낼 때마다 땅이 흔들렸다. 시그널 힐에 있던 마르코니는 어떤 파장의 신호가 수신기에 적합한지 확신하지 못했다. 그가 헤드폰으로 들을 수 있었던 것은, 정해진 시간에 켐프와 패짓과 지역 조력자들이 가까스로 풍선이나 연을 고정시켰을 경우 안테나가 수집하여 들려주는 거친 잡음이 전부였다.

12월 11일 오후, 수소풍선과 씨름하던 켐프가 진짜 에테르 속으로 사라져버릴 뻔한 사고가 발생했다. 갑작스런 돌풍이 정박장치 하나를 휩쓸어버렸고 '총알처럼' 바다로 날아갔다. 만일 켐프가 그것을 붙잡고 있었다면 그도 함께 날아갔을 것이다. 실패가 마르코니의 얼굴을 정면으로 응시하고 있었다. 그가 야망을 숨기고 있었으므로 세상이 그를 바보라고 하지는 않으리라는 것만이 그의 유일한 위안이었다.

마르코니가 시그널 힐에 와서 연과 풍선을 북극의 강풍 속으로 날리는 것을 로지가 알았다면, 그는 마르코니를 괴짜라고 무시해버렸을지 모른다. 로지는 무선파가 대서양을 횡단할 수 없다고 굳게 믿었다. 그러나 그는 죽은 자들의 영혼과 소통하는 것이 가능하다고 확신한 사람이기도 했다.

1901년 로지는 코히러와 무선전신이 지닌 잠재력보다는 강신술(降神術)을 연구하며 더욱 많은 시간을 보냈다. 당시의 과학자들은 무형이지만 마술적 실체인 에테르의 존재를 믿었고, 에테르의 놀라운 특성이 이제 막 드러나고 있다고 생각했다. 실용적이었던 마르코니는 에테르가 대서양을 건너는 무선신호에 어떤 기운을 줄 것인지 괘념치 않았고 과학이론을 무시했던 반면, 로지는 헤르츠파가 아주 제한되어 있다고 확신했다. 그는 강신술이 지닌 가능성을 더욱 흥미롭게 생각했다.

에테르의 혼령

콘월에서 송신한 세 점의 소리를 듣고자 마르코니가 시그널 힐에서 모험적으로 풍선과 연을 날리던 시간, 대서양 양편에 있던 몇 명의 뛰어난 과학자들은 죽음 이후의 삶을 증명해 보려는 연구에 깊이 빠져 있었다. 무선의 발전으로 조금씩 드러나던 '보이지 않는 힘'은 투시력을 가진 사람들과 신비주의자들의 주장이 결국 어떤 근거를 가지고 있다는 증거를 제공하는 것처럼 보였다. 아마 특별한 힘을 가진 개인들은 보이시 않고 틀리시 않는 녕석 신호의 '수신자'로 행농했을지도 모른다.

당시 분위기는 과학적으로 알 수 없는 것에 대한 연구를 우스운 일이라고 여기지 않았다. 1882년 에드먼드 거니(Edmund Gurney)와 프레더릭 마이어스(Frederic Myers)는 케임브리지대학에서 만나 심령연구학회(SPR : Society for Psychical Research)를 설립했다. 2년도 채 되지 않아 SPR은 700명의 회원을 보유했는데, 그중에는 60여 명의 학자(대부분이 케임브리지 출신)와 50여 명의 성직자, 군인, 시인인 알프레드 테니슨(Alfred L. Tennyson), 루이스 캐럴(Lewis Carroll)과 왕립학회 회원 8명, 그리고 전자기학에 관심이 있던 과학자들도 있었다.

1901년이 지나갈 즈음 SPR은 설립자 중 한 사람이 무덤 저편에서 자신들과 접촉을 시도하고 있다고 믿으며 몹시 흥분해 있었다. 그들은 그해 초 죽은 마이어스가 살아 있을 때 수행할 수 없었던 연구에 죽어서 참여하는 것처럼 생각했다. 고전학 교수였던 마이어스는 글자나 언어 없이 소통하는 사람들의 능력을 설명하기 위해 '텔레파시' 라는 용어를 창안한 인물이었다. 사후에 출판된 《인간의 개성과 그 유물인 육체적 죽음Human Personality and its Survival of Bodily Death》에서 그는 '우리는 발을 들여놓을 수 없는 통로와 가능성을 식별하는 영혼들의 노력으로, 심연 저편에서' 실험할 수 있다고 주장했다. 미국과 영국과 인도를 비롯한 다른 나라의 영매들은 기묘하고 이해할 수 없는 텍스트를 기록하고 있었다. 어떤 영적 힘은 영매들의 손을 조절해서 자신들이 '자동기술' 하는 경우도 많았다.

이렇게 기록된 인용문들이 국제적으로 함께 읽히면서 그것들이 갑자기 의미를 지니게 되었는데, 사람들은 이를 고전학자 마이어스가 작업하는 것이라고 생각했다. 대부분의 영매들은 고전문학에 무지했고, 자기들이 쓰거나 말한 것이 무엇인지 기억하거나 작성하지 못했다. 이 현상은 '혼선 대응(cross correspondence)' 이라는 말로 알려지게 되었고 몇 년 동안 SPR의 흥미를 자아냈다.

로지 교수는 마이어스의 절친한 친구였고, 그가 죽은 후 얼마 간 SPR의 회장직을 맡기도 했다. 그러나 강신술에 대한 로지의 관심이 순수하게 과학적인 것만은 아니었다. 프리스와 마르코니의 경우처럼 로지에게 과학을 공부하라고 격려한 것도 한 여성이었다. 교양과 설득력을 겸비했던 그의 이모 앤은 그가 열여섯 살 때 부모를 설득해 런던에서 자기와 함께 살도록 했다. 그녀는 과학과 종교 강연에 그를 데리고 다녔는데, 1860년대에는 이런 강연들이 매우 인기가 있었다. 결국 이모의 도움이 없었다면 로지는 가족이 하는 일에서 벗어나지 못했을 것이다. 그의 가족은 스태퍼드셔의 도기 제조사에 필요한 점토를 납품했는데, 아버지는 '과학'을 하나의 직업으로 생각하지 않았다. 암으로 죽은 이모는 로지에게 만일 가능하다면 "다시 돌아오겠다"고 말했다.

1889년 보스턴의 레오노어 파이퍼(Leonore Piper) 부인은 영매로서 명성을 얻고 있었다. 몇몇 진지한 사상가들도 그녀가 진짜라고 믿었고, 마이어스 교수는 그녀를 영국으로 초대해서 그녀에 대해 알아보려고 했다. 로지는 그녀의 능력을 시험하기 위해 스스로 실험 대상

영국의 탁월한 물리학자이자 무선통신의 개척자 올리버 로지. 1920년대 초반 최초의 라디오 방송실 중 하나를 만들었다. 로지는 때로 마르코니의 사업적 성공을 씁쓸해 했지만, 작동되는 무선전신 시스템을 개발하는 것보다는 강신술 모임과 죽음 이후의 삶이 있다는 것을 증명하는 데 더욱 큰 관심이 있었다.

이 되었는데 그는 결국 놀라운 체험을 했다. 이모 앤이 파이퍼 부인을 통해서 그가 '아주 잘 기억하던 목소리'로 그에게 말을 걸었던 것이다. 로지는 이 체험이 죽음 뒤의 삶을 증명해준다고 믿었다. 사실 강신술에 대한 믿음에 자기 권위를 맡기는 것이 그에게 하찮은 일은 아니었다.

1890년대 강연장에서 로지는 유명인사였고 사회문제와 새로운 발명품에 대해 면밀한 관심을 가진 학자로 평판이 높았다. 그는 전자기학 방식으로 공장의 먼지를 모으는 방법을 고안했고, 에디슨의 초기 축음기를 시범 보였으며, 벨의 전화기를 가장 위대한 기술혁신으로 생각했다. 그의 많은 유명인 친구 중에는 버나드 쇼(Bernard Shaw)도 있었다. 쇼는 사후에 삶이 있다고 여기는 로지의 믿음을 놀리기 좋아했다. 그는 로지에게 이런 편지를 보냈다.

> 나는 사실 인간의 불멸을 믿지 않으며 그런 사람을 결코 만난 적도 없소. 내 경험으로 볼 때 모든 고백은 항상 그것을 파기하는 조건을 동반한다오. 만일 내가 살아남아 천사가 된다면, 나는 천사가 아니기 때문에 그것은 내가 아닐 것이오. 만일 내가 걱정을 벗어버리고 나의 우둔함과 잔인함을 뒤에 남겨둔다면, 나는 버나드 쇼를 뒤에 남겨두게 될 것이고 그것 역시 좋은 일이 될 것이오.

1896년 1월 뢴트겐의 X선 발견이 공포된 지 한 달 후, 리버풀대학 최초의 물리학 교수 로지는 그 장비를 복제하여 환자 치료에 사용하고 있었다. 그는 머리에 탄알이 박힌 한 소년과 목구멍에 동전이 낀 어린이, 그리고 유아의 내장에 박힌 이상한 물체들도 X선으로 검사했다. 로지가 영적인 문제들에 관심을 가졌다고 해서 그가 실천적이고 이론적인 과학자였으며 헤르츠파 연구의 대가였다는 사실이 희석되는 것은 아니다.

로지는 헤르츠를 알고 있었고 그를 무선의 진정한 발견자라고 믿었다. 1894년 이 젊은 독일인이 세상을 떠났을 때 런던 왕립연구소에서 기념강연을 한 로지는 전자기 신호가 송수신되는 방법을 청중에게 설명했다. 넉 달 후 그는 옥스퍼드의 한 모임에서 전신 장비를 제조하는 친구 알렉산더 뮤어헤드(Alexander Muirhead)가 제공해준 모스부호 송수신기를 덧붙여 이 장비를 다시 보여주었다. 로지의 또 다른 친구 윌리엄 크룩스(William Crookes)는 물리학자이자 SPR의 열성적인 회원이었는데, 그는 무선전신의 발전에 대해 놀라운 선견지명을 가지고 있었다.

1892년 초 크룩스는 《포트나이틀리 리뷰Fortnightly Review》에서 마르코니가 1901년에 이룬 그 지점까지 예측했다.

광선은 벽을 관통하지 못할 것이고, 우리가 잘 알듯이 런던의 안개도 통과하지 못할 것이다. 그러나 파장 형태의 전기 진동은 그런 매체를 쉽게 관통할 것이다. 전선이나 전봇대나 현재 우리가 사용하는 장치를 사용하지 않는 전신의 가능성이 여기에서 드러난다. … 얼마간 떨어진 실험자는 적절히 만들어진 도구로 이러한 광선을 수신할 수 있고, 모스부호로 메시지를 합의함으로써 한 통신원이 다른 통신원에게 전달할 수 있다.

그러나 헤르츠가 죽은 후부터 로지 교수는 새로운 기술보다는 죽은 사람들과의 소통에 더 큰 관심을 보이기 시작했다. 1894년 12월, 마르코니가 빌라 그리포네의 다락방에서 로지의 코히러를 세밀하게 다듬으면서 열광적으로 일할 때 로지는 마흔 살의 이탈리아 여성 유사피아 팔라디노(Eusapia Palladino)가 의자와 가구를 옮기려고 자기의 영적 능력을 사용하던 방의 탁자에 앉아 있었다. 팔라디노에게는 그녀가 성 요한이라고 부른 '영혼' 또는 '영매'가 있었는데, 이 영매는 청중의 팔을 움켜잡음으로써 그들을 놀라게 하곤 했다. 로지는 팔라디노 부인이 속임수를 쓰지 못하도록 그녀 주위에 설치한 전기장치와 다른 장비를 보았지만, 다소 의심을 가지고 그 장소를 떠났다.

심령 연구에 빠지고 X선을 실용적으로 사용하던 로지는 프리스가 마르코니의 후견인이 되어 그를 학계와 대중에게 천재로 소개했다는 소식을 들었다. 그는 SPR의 아서 힐(Arthur Hill)에게 보낸 편지에서 이에 대한 느낌을 요약했다. "마르코니는 은밀한 상자 안에 똑같은 것을 담아왔고, 체신부의 프리스에게 멋진 소개장을 가지고 왔으며, 그의 후원과 도움을 받았습니다. 프리스는 여태까지 해왔던 것과 달리 아주 무지했어요."

사실 프리스뿐만 아니라 크룩스와 로지도 인정했어야 하는 것은, 마르코니가 세상에 발명품을 내놓기 20년 전에 이미 뛰어난 영국인 과학자 데이비드 휴스(David E. Hughes)가 그것을 보여주었다는 사실이다. 프리스와 크룩스 모두 그의 시범을 보았으나 그것이 무엇인지 알지 못했다. 이 시범은 무선전신 역사의 가장 초기 시점에 이루어졌고, 1879년 휴스의 실험을 상기시키는 책이 1900년 출판되었다. 파히(J. J. Fahie)는 《무선전신의 역사 1838~1899 History of Wireless Telegraphy 1838~1899》에서 휴스가 런던에 있는 자기 집에 송신기를 설치한 것과 길 밖에서 들고 다니던 이동식 수신기로 신호를 수집한 과정을 묘사했다. 당시 '헤르츠파'의 존재에 대해 알려진 것은 아무것도 없었고, 맥스웰이 헤르츠파 반응을 설명한 이론서도 아직 출간되지 않은 상태였다.

1830년 런던에서 태어난 휴스는 부모가 미국으로 이민을 간 후 켄터키의 성 요셉대학에서 교육받았다. 그는 음악과 자연철학에 관심을 가지고 있었으나 새로운 전기전신에도 흥미를 느꼈고, 스물여섯에는 매우 향상된 인쇄전신기를 발명하기도 했다. 휴스는 유럽으로 가서 미국에서 성공을 거둔 자기의 인쇄전신기를 팔아 조금의 돈을 벌었고, 프랑스 최고훈장을 받는 등 많은 영예를 누렸다. 몇 년 동안 파리에서 산 그는 벨의 전화가 등장한 1876년 런던으로 돌아와 그것을 개선하는 일에 착수했다. 그는 1년이 안 되어 마이크로폰을 발명하였고 이를 실험하던 중 절연상태에서도 신호를 보낸다는 것을 감지했다. 이동식 수신기로도 수집할 수 있던 이 신호들은 의미가 없는 소리처럼 보였지만 진짜 헤르츠파였고, 휴스는 집 주변 거리에서 수신기로 그 소리들을 수집할 수 있다는 것을 몇 명의 과학자에게 보여주었다.

그러나 마르코니가 런던에 도착한 1896년 휴스는 런던대학 교수였고 이미 오래전에 무선에 대한 관심을 끊은 상태였다. 당시에는 그가 발견한 것을 설명해줄 이론이 없었기 때문에 사람들은 그것을 기존의 '유도장치'로 생각했다. 휴스의 시범을 관측했던 크룩스조차도 획기적인 진전이 이루어졌다는 것을 생각하지 못했다.

파히는 부선선신 역사를 쓰면서 휴스를 추적하였고, 그가 죽기 1년 전인 1899년 역사 기록을 위해 그가 했던 실험을 설명해달라고 설득했다. 그리고 마르코니가 성취한 것에 대한 의견도 부탁했다. 휴스는 파히에게 이렇게 말했다.

"마르코니는 헤르츠파와 브랑리 관을 이용하여 먼 거리에서 전파를 송수신할 수 있다는 것을 보여주었습니다. 그는 전에 이 분야에서 조용히 일한 많은 발견자들과 발명가들이 꿈꿔왔던 것보다 훨씬 먼 거리에서 통신이 가능하게 했습니다. 그의 노고를 고려할 때 그가 이룬 성공은 당연한 것입니다."

마르코니 이전에 무선을 발명했다고 주장할 수 있는 사람은 바로 휴스였다. 마르코니에 대한 그의 관대한 찬사는 로지의 불평과는 극명한 대조를 보이고 있었다. 로지는 자기가 개척했다고 주장한 기술을 개발하는 데 실패했을 뿐만 아니라 그것이 지닌 잠재력에 대한 비전도 전혀 가지고 있지 않았다. 과학적 이론 부족이 휴스의 초기 작업을 훼손시킨 데 반해 마르코니가 등장했을 때에는 과학자들이 무선파의 작용에 대한 아주 제한된 이해만을 가지고 있었기 때문에 실험을 하도록 격려하지 못했다. 그러나 마르코니는 무선전신에 자기의 모든 미래가 달려 있다는 것을 굳게 믿고 그에 따라 행동하고 있었다. 그는 뉴펀들랜드의 바람찬 해변에서 연을 날리고 있었다. 휴스가 한해를 더 살았다면 1901년 12월 마르코니의 성공에 놀랐을 것이다.

무선신호가 대서양을 건너다

 강한 눈보라가 시그널 힐의 임시 수신기지국 주변을 몰아칠 때 마르코니는 콘월에서 보낸 모스부호를 듣기 위해 외투를 입고 오랫동안 앉아 있었다. 밖에 있던 동료들은 작은 빙산들을 글레이스 만(灣)으로 몰아넣는 몹시 차가운 바람과 맞서고 있었다. 풍선이 공중에서 필요한 시간만큼 안테나를 고정시켜주지 못한다는 것이 확실해지자, 켐프와 패짓은 지역 주민들의 도움을 얻어 연을 날리기 시작했다. 연은 불안정하고 조정하기 어려웠다.
 하지만 마르코니는 12월 12일 오후 12시 30분 문자 'S'를 뜻하는 뚜렷한 세 점을 수신했다고 생각했다. 이어폰을 더 좋아한 그는 모스부호 인쇄기를 방치했고, 그가 상상했던 '조율' 기구를 포기했다. 그는 하늘에서 사실상 그의 회사를 성공하게 하거나 파산시킬 신호가 오길 필사적으로 바라고 있었다. 점 세 개를 다시 들었다고 생각하자 보좌관에게 이어폰을 건네며 "켐프 씨, 무슨 소리가 들립니까?"라고 물어보았다. 켐프는 주의 깊게 경청했고 소리가 들린다는 것을 확인해

주었다.

그들은 무척 흥분했으나 기뻐서 날뛰지는 않았다. 콘월과의 연결은 무척 미약했고, 마르코니는 과학자들 중에 이를 회의적으로 생각하는 사람들이 있을 것임을 민감하게 의식하고 있었다. 이것은 단지 이론이 그를 반대하기 때문만은 아니었다. 모든 사람은 그가 엄청난 상업적 압박을 받고 있었다는 것을 알게 될 것이다. 하지만 이번 일의 성공은 확실히 마르코니 회사의 주식 가치를 올려줄 것이고, 이 기획에 투자된 5만 파운드를 갚는 데 도움을 줄 것이다.

켐프는 도움을 받아 500피트 이상 높이 연을 날릴 수 있었고, 악화되는 날씨 속에서도 폴두에서 보낸 신호를 성공적으로 수신할 수 있을 것임을 믿었다고 여러 차례 반복했다. 그들은 한 지점을 선택해 안테나를 절벽에 내리고 항구에 고립된 빙산에다 그것을 부착했는데, 이런 안테나는 한번도 시도해본 적이 없었다. 켐프는 이것이 '지구의 전기매체 및 폴두의 송신기와 더 잘 조화를 이룰 것'이라고 느꼈지만 이내 실망했다. 무선신호의 전달에 대한 이런 이론이 무엇에 기초를 두었든지 간에 그것은 곧 잊혀졌고, 마르코니는 신호가 어떻게 폴두에서 세인트존스까지 도달했는지 알지 못한다고 솔직하게 시인했다.

만일 마르코니가 더욱 자신이 있었다면, 콘월에서 보낸 신호의 수신을 목격하도록 다른 사람들을 불렀을 것이다. 그러나 그는 그렇게 하는 것이 너무 위험하다고 느꼈다. 그는 런던에 있는 회사 사무실로 보낼 전보를 준비했다. "신호를 수신하고 있음. 날씨 때문에 시험을 계속하기가 무척 어려움. 어제 풍선 하나가 멀리 날아갔음." 그러나 이 전보는 곧바로 보내지지 못했다. 13일인 금요일 그와 켐프는 신호를 다시 받아 만족스러웠고, 그 이튿날에야 마르코니는 런던으로 전보를 보냈다. 그후 그는 뉴펀들랜드 총독 캐번디시 보일(Cavendish

Boyle)에게 결과를 알렸고, 총독은 영국정부와 그해 1월 빅토리아 여왕을 승계한 에드워드 7세에게 공식 전보를 보냈다.

이 기사는 12월 15일 일요일 신문에 실려서 센세이션을 일으켰다. 이날 마르코니와 켐프와 패짓은 세인트존스에 있는 로마 가톨릭 교회에 갔고, 성가대 옆 오르간 가까이에 앉았다. 켐프는 주일미사가 '마치 콘서트와 같았다'고 불만스러운 듯이 일기에 기록했다. 그들은 캐번디시 경의 점심식사에 초대받아 난파선에서 구한 샴페인도 제공받았는데, 이것은 선박들을 구할 발명품을 만들어낸 사람을 위한 한 조난선 구조자의 보답이었다. 결국 켐프는 저녁에 장로교회에 갔고 전보를 작성하면서 밤을 지새웠다.

마르코니와 동료들은 세인트존스에서 축하를 받으며 세계가 어떤 반응을 보이는지 기다렸다. 미국의 에디슨과 영국의 로지는 대서양 다른 편에서 보낸 신호를 실제로 수신했다는 것을 의심했다. 그러나 신문들은 마르코니를 믿는 쪽으로 기울어져 있었다. 그는 기자들에게 높은 평판을 받고 있었고, 그의 겸손함은 그들에게 깊은 인상을 주었다. 기자들은 의심스러운 점을 선의로 해석했고 그를 축하해주었다.

그런데 영미 해저전신회사가 자기들이 50년 동안 보유해서 1904년까지 유효한 독점권을 마르코니가 침해하고 있다고 알려주었다. 그들은 만일 마르코니가 실험을 중단하지 않는다면 소송을 제기하겠다고 통보했다. 마르코니는 실험을 중단하겠다고 대답했고 세인트존스의 신문들은 심술쟁이 같은 태도로 과학적 탐구를 가로막는 전신회사를 맹렬히 규탄했다. 마르코니는 뉴펀들랜드를 유명하게 만들었고, 뉴펀들랜드는 마르코니가 그곳에 머물기를 원했다.

무선마술사를 찾아서 신문기자들이 세인트존스로 몰려들기 시작했다. 아메리카컵을 보도하면서 미국에서는 처음으로 마르코니의 명성을 확인한 《뉴욕 헤럴드》는 12월 16일 '마르코니가 그의 비평가들에게 자세히 해명하다' 라는 표제로 긴 인터뷰를 실었다. 그가 실제로 들은 모든 비판은 '대기에 의한 혼란' 이라는 것이었는데, 그는 그런 비판을 예측했다고 응답했고 많은 사람들이 자기가 주장한 것을 믿기 어려워할 것이라고 말했다. 그러나 그는 실패하지 않기 위하여 무선 작업을 충분히 경험했다는 것에는 이의를 제기했다. 《헤럴드》는 에디슨의 말도 인용했다. "나는 이 이야기를 의심한다고 어젯밤 헤럴드 기자에게 말했고, 아직 내 의견은 변함이 없다. 마르코니는 실용적인 사업가이고 무선전신을 위한 계획을 완성하기 위하여 노력하고 있다. 하지만 나는 그가 아직 성공했다고 믿지 않는다. 만일 그가 목적을 이루었다면 자신의 서명보다는 더 권위 있는 방식으로 대중에게 알렸을 것이라고 나는 믿는다."

《헤럴드》는 에디슨의 인용문 옆에 마르코니의 사진을 상자로 처리하고 '마르코니, 신호 수신을 틀림없는 사실로 선언하다' 라는 중간표제를 달았다. 여기에는 세인트존스의 기자가 발명가로부터 직접 전해 들었다는 짧은 진술도 있었다. 《헤럴드》의 기사는 에디슨을 확신시키기에 충분했고 이후 그는 마르코니를 인정했다.

과학계는 여전히 의견이 분분했다. 마르코니는 케이프 코드로 가서 그의 기지국을 살펴보고 그 다음에 영국으로 가려고 계획했다. 영미 해저전신회사의 위협은 세인트존스 기지국을 포기할 만한 충분한 이유가 되었고, 그곳에 영구기지국을 세우려던 모든 계획을 미루는 데도 편리한 변명거리를 제공해주었다.

그러나 그들이 연과 풍선과 모든 임시 장비 일체를 꾸리고 있던 바로 그때, 우연히 세인트존스에 있었던 한 캐나다인이 마르코니에게 다가왔다. 캐나다 체신부 장관 윌리엄 스미스(William Smith)는 자기가 정부를 설득해서 뉴펀들랜드 바로 남쪽에 있는 케이프브레턴 섬에 무선기지국을 설치하게 할 수 있을지도 모르니 며칠만 더 머물러달라고 제안했다. 그곳은 영미 해저전신회사가 독점권을 발휘할 수 없는 캐나다에 있는 지역이었다. 마르코니는 런던에 있는 회사와 연락을 주고받은 후 세인트존스에 며칠 더 머물기로 결정했다.

3일 후, 오타와에서 캐나다 정부가 열렬히 지원하겠다는 전보가 날아왔다. 이 제안은 마르코니와 런던에 있던 냉정한 그의 동업자들도 결코 예측 못했던 행운이었다. 막대한 규모로 해운업을 하던 한 나라의 정부가 무선기지국을 세우는 것만 제안한 게 아니라 그것을 세우는 데 드는 비용도 함께 제공했던 것이다. 마르코니는 그의 잠재적 후원자들을 만나기 위해 케이프브레턴 섬에 있는 노스 시드니로 가자는 초대를 받아들였다. 크리스마스이브에 마르코니와 켐프는 환대를 베풀어준 사람들에게 작별인사를 하려고 썰매를 타고 세인트존스를 돌아다녔다. 그들은 전신회사가 마르코니를 쫓아내서 캐나다인들에게 보냈다는 생각 때문에 극도로 불쾌해 있었다. 패짓은 영국으로 되돌아갈 준비가 되어 있는 사르디니언호에 남은 장비를 챙겨 실었다.

마르코니와 켐프가 노바스코샤를 향해 떠나려고 준비했던 크리스마스에 《맥클루어스》의 필자 레이 베이커(Ray S. Baker)가 그들과 함께 케이프 코드까지 동행했다. 그들은 테라노바라고 불리던 개인 소유의 기차를 타고 증기선 브루스호가 있는 포토바스크로 갔다. 베이커는 이렇게 썼다. "뉴펀들랜드의 '옛 식민지' 사람들은 친절하기로 유명했다. 그들은 그에게 최고의 영예를 부여했고, 마치 이 거친 지역에 사는 모든 어부와 농부가 그에 대해 알고 있는 것처럼 보였다. 기차가 멈추자 그들은 창문 속을 들여다보려고 몰려들었다."

기차 주인은 샴페인과 칠면조 요리와 푸딩을 제공하며 그들을 대접했다. 베이커는 마르코니가 긴장을 푼 상태를 한번 본 적이 있었다. "나는 그가 의기양양해 하는 것을 딱 한번 보았다. 그것은 뉴펀들랜드 전신 독점권의 공격에 대해 표현할 때였는데, 그는 이것을 그의 업적에 부여할 수 있는 최고의 찬사로 여겼다. 전 생애 동안 그는 반대를 받으면 자극을 받아 더욱 노력했다." 영미 해저전신회사는 이 발명가를 친절한 캐나다인들에게 넘겼을 뿐만 아니라 일반 대중에게 무선전신의 상업성과 유선전신의 경쟁자가 되는 길로 들어서고 있다는 것을 더욱 확신하게 하였다.

결국 유선전신회사들의 주가가 흔들거리기 시작했다. 《이브닝 헤럴드Evening Herald》의 편집자 맥그래스(P. T. McGrath)는 월간지 《센추리 일러스트레이티드The Century Illustrated》에 이렇게 설명했다. "대서양 횡단 전선은 초기 비용만 최소한 300만 달러가 소요되었다. 반면에 마르코니 기지국을 하나 세우는 데는 겨우 6만 달러가 든다. 현재 대서양을 가로지른 다양한 크기의 전선은 14개가 있고 총길이는 해상 18만 9000마일에 이른다. 이 전선들을 설치하고 수리하기 위해서는 대양을 누비는 선박들이 여전히 많이 필요하다." 무선은 유선보다 훨씬 적은 비용이 들었다. 이렇듯 유선은 설치비용이 많이 들 뿐만 아니라 선박들이 오가면서 꾸준히 관리를 해주어야만 했다.

12월 26일 마르코니와 켐프는 노바스코샤의 노스 시드니에 도착했다. 그들은 노바스코샤의 주지사 조지 머레이(George Murray)를 비롯한 유명인사들을 만났다. 벨몬트 호텔에서 즉석 기자회견을 가진 마르코니는, 그에게 매료된 기자들과 고관들 앞에서 케이프브레턴 해변에 거대한 무선기지국이 세워지면 유선전신회사들보다 훨씬 저렴한 비용으로 대서양 횡단 서비스를 제공할 수 있을 것이라고 말했다.

전차가 그들을 시드니로 데려갔다. 시드니의 저명한 사업가와 정치인들은 이 젊은 발명가가 노바스코샤에 있는 어떤 경쟁사들로부터도 아무런 방해를 받지 않고, 모든 일이 잘 되어 그가 기지국을 세우기에 가장 적합한 장소를 찾게 되기를 열망하고 있었다. 캐나다 제철석탄회사는 회사 소유의 땅을 마르코니가 자유롭게 돌아보며 적당한 장소를 찾을 수 있도록 배려했고, 여행객들이 구성돼 작은 배로 해안을 따라 유람하게 했다. 이 배는 강한 눈보라와 높은 파도 때문에 시장과 참사위원들이 그들을 맞이하기 위해 루이스버그항에서 보낸 다른 배와 거의 충돌할 뻔했다. 시드니에서는 마르코니를 축하하는 연회가 열렸고, 그가 과연 어느 지역을 선택할 것인지 알기 위해 케이프브레턴 전체가 들썩거렸다. 12월 30일 《핼리팩스 헤럴드》는 케이프브레턴이 '영국계 이탈리아인의 위대한 걸작을 세상에 보여줄 위대한 극장'이 될 것이라고 선언했다.

노바스코샤에 무릎 높이까지 눈이 내렸다. 켐프는 일기에 이곳을 벗어나게 되어 기쁘다고 적었다. 그들은 배와 기차를 타고 12월 30일 캐나다 오타와에 도착했는데, 이것은 가치 있는 여행이었다. 정부는 술과 음식으로 마르코니를 잘 대접했고, 케이프브레턴에 무선기지국을 세우는 조건으로 8만 달러를 제공했다. 그 대가로 그들은 유선회사에 비해 50퍼센트 이상 싼 무선전보 요금을 보장해주고, 배에서 해변으로 메시지를 보낼 때 한 단어에 5센트를 지불하는 고정요금제를 원했다. 마르코니와 켐프는 입안된 초안에 동의했기 때문에 북미에서 자기들의 명예를 걸고 계속 일을 진행했다.

1902년 1월 10일 그들은 캐나다 전기공학자 협회의 손님으로 몬트리올에 있었는데, 야간기차 특별실에 몸을 싣고 아름다운 북극의 경치를 보면서 뉴욕으로 내려왔다. 이튿날 아침 그들은 눈으로 덮여 있는 허드슨 강을 보았다.

한편 헬리팩스에서 《헤럴드》는 마르코니를 '세계에서 가장 유명한 젊은이'라고 부르면서 감상을 고조시키고 있었다. 신문은 '그는 누구인가?'라고 물으면서 이렇게 대답했다.

예의를 말한다면 그는 겸손 자체다. 마르코니는 언제나 자기 이론이나 개성을 강요하는 그런 사람들 가운데 하나가 아니다. 그는 내향적이나 긍정적이다. 그의 밝은 눈에는 확고한 결단이 서려 있으며, 그의 기질 전체가 담겨 있다. 때때로 꿈을 꾸는 듯한 모습이 그의 얼굴에 전해진다. 그 모습은 마치 그가 생각 속에서 영묘한 파도를 따라가고 있는 듯하다. 이 파도는 바다 건너 신호를 전달하거나 '밤에 지나가는 배'에서 보이지 않는 해변으로 신호를 전달한다.

사람들은 그에게 위대한 생각을 소유한 사람의 용모를 기대하겠지만 그에게는 아주 작은 자기도취 흔적도 없다. 마르코니는 아주 '인간적'이고 예의바르며, 정중하고 사려 깊은 젊은이인 듯하다. 그는 솔직하고 개방적이며, 자기 자신과 마음에 품은 목적을 위해서는 정직한 것이 가장 좋다고 믿는다. 그는 세상에 자신의 비밀을 털어놓은 듯 보이지만, 물론 말하지 않는 것이 최선인 경우도 있다는 것을 알고 있다.

대서양 너머로 신호를 보내려는 꿈을 위해 노력하던 기간 동안, 그는 그것이 실현될 때까지 (거의 1년 가까이) 그 꿈을 대중에게 드러내지 않았다.

성공 그리고 이별

1902년 1월 12일 저녁 마르코니와 켐프는 뉴욕 중앙역에 도착해서 마차를 타고 호텔로 갔다. 20세기가 시작될 무렵 뉴욕은 의심할 여지없이 세계에서 가장 흥미로운 도시였고, 고층빌딩들이 치솟으며 그 유명한 맨해튼의 윤곽을 형성하고 있었다. 지하철을 놓기 위해 굴착이 시작됐고, 거리에서는 자동차들이 짐마차들과 겨루고 있었다. 사람들은 탄소아크등을 통해 낮은 구름에 이미지를 투사한 '천상의 광고'에 열광했다.

조셉 퓰리처(Joseph Pulitzer)의 고층빌딩 '월드' 꼭대기에는 거대한 전기등이 있었는데, 그 무게가 1360킬로그램을 넘었고 밝기는 150만 촉광이었다. 밤에 날씨가 좋아 스크린으로 사용할 구름이 없을 경우에는 영상과 글자가 근처 높은 건물에 투영되었다. 1891년에는 최근 주지사 선거 결과를 구름 위에 모스부호로 나타내기 위해 월드 빌딩의 등이 사용되어 뉴저지와 롱아일랜드에서도 이 신호를 볼 수 있었다. 1892년 대통령 선거 때는 메디슨 스퀘어 가든에서 《헤럴드》

건물의 탐조등이 사용되었다. 이 등이 남쪽을 비추면 뉴욕이 민주당의 그로버 클리블랜드(Grover Cleveland)를 선택했다는 뜻이었고, 반대로 할렘을 비추면 경쟁자인 공화당 벤저민 해리슨(Benjamin Harrison)의 손을 들어주었다는 뜻이었다.

1890년대 한두 명의 과학자들은 세계 곳곳으로, 더 나아가 지구 밖으로도 불빛을 사용한 메시지를 보낼 수 있을 것이라고 생각했다. 《사이언스 시프팅스 Science Siftings》는 거대한 반사경으로 태양광선을 반사시켜 하늘에 모스부호를 날림으로써 뉴욕에서 런던으로 메시지를 보낼 수 있다고 제안하기도 했다. 또한 1899년 자신의 무선유도장치 특허를 마르코니가 훔쳐갔다고 주장했던 터프츠대학 돌베어 교수는 만일 화성에 미국인들과 같은 세련된 거주자들이 있다면, 몇 백만 촉광의 광선으로 화성과 통신하는 게 가능하다고 했다.

나이아가라 폭포의 전기발전소 작업으로 미국에서 유명해진 천재 과학자 니콜라 테슬라(Nikola Tesla)는 콜로라도에서 실험을 하고 거대한 양의 전류를 만들어냈다. 그는 전선 없이도 먼 거리에서 발전소를 충전시킬 수 있을 것이라고 자신 있게 예고했다. 1901년 2월 그는 《콜리어스 위클리 Collier's Weekly》에 쓴 글에서 자기가 이미 1893년에 무선전신 시스템을 발명했다고 주장했다.

"내가 노력한 결과가 이제 세계 앞에 드러날 것이고 그 영향이 곳곳에 미치게 되는 때가 얼마 남지 않았다. 이제 곧 바다나 땅을 넘어 헤아릴 수 없는 거리에 무선 메시지를 송신하는 일이 일어날 것이다. 나는 거리가 얼마나 멀리 떨어져 있든 관계없이 무선통신이 가능하다는 것을 중요한 실험을 통해서 이미 보여주었다. 믿지 못하는 사람들은 곧 믿게 될 것이다."

테슬라는 흥분한 뒤에 의기소침해지는 경향이 있는 다소 불안정한 성격의 소유자였으나 그의 강연은 화려했다. 어떤 강연에서 그는 자기 몸을 통해 수백수천 볼트의 전류를 흐르게 하고 손가락에서 하얀 불꽃을 내뿜었다. 또한 그는 어두운 방에서 높은 전압을 일으켜 신비로운 소리를 내기도 했다.

비록 평균적인 미국 가정이 아직은 놀라운 전기의 마력을 체감하지 못하고 있었지만, 일렉트릭 걸 라이팅사는 특별한 행사 때 휘황찬란한 웨이트리스를 제공했다. 고객들은 50촉광이 보장된 다양한 장식 필라멘트 램프를 두른 소녀를 선택할 수 있었다. 에디슨은 이런 종류의 작업을 매우 좋아했는데, 그의 엔지니어 중 한 사람은 송년파티를 위해 자기 딸에게 전기 지휘봉, 귀걸이, 브로치 등을 달게 하고 머리에는 작은 에디슨 전구를 장식하기도 했다.

마르코니가 대서양 횡단 무선 메시지를 보냈다고 발표한 후, 미국 전기공학자협회는 해마다 여는 식사 모임을 월도프 애스토리아 호텔에서 갖기로 했다. 그들 중에도 처음에는 마르코니의 주장을 의심하는 사람들이 많았다. 하지만 그가 겸손하며 모든 것을 신중하게 말하기로 유명했기 때문에 협회는 마르코니를 명예손님으로 초대하기로 결정했다. 이 식사 모임은 마르코니와 켐프가 뉴욕에 도착한 다음날인 1902년 1월 13일로 미루어졌다.

그들이 인파가 붐비는 월도프 애스토리아의 애스터 갤러리에 들어섰을 때 놀라운 환영식이 준비되어 있었다. 손님 식탁 뒤쪽에 있는 찔레나무로 장식된 검은 명판에는 전등으로 마르코니의 이름이 새겨져 있었다. 갤러리의 동쪽 끝에는 전구로 '폴두(POLDHU)'라고 쓴 명판이 있었고, 서쪽에는 세인트존스(ST. JOHN'S)라고 씌어진 다른 명판이 빛을 반짝였다. 두 명판 사이에는 모스부호 에스(S)를 뜻하는 세 점이 간격을 두고 불빛을 내고 있었다. 장미와 찔레꽃으로 장식된 식탁들 주변도 온통 밝은 불빛이었다. 손님들 중에는 영국과 이탈리아의 영사들도 있었다. 《뉴욕 타임스》는 이 광경을 이렇게 보고했다.

얼음을 높이 든 웨이터들이 긴 행렬로 입장하자 사람들은 환호를 보냈다. 얼음에는 무선신호 장치를 갖춘 전신 지주, 증기선, 배 등이 얹혀 있었다. 전신 지주는 견고한 얼음으로 만들어졌다. 손님들은 이 광경을 보면서 탄성을 질렀다. 이 아름다운 행렬을 보았을 때 마르코니는 일어섰고 기뻐서 박수를 쳤다. 그러자 'S' 신호가 폴두에서 세인트존스까지 계속해서 번쩍이기 시작했다.

손님들은 특별히 도안된 식단표에 사인을 요청하며 마르코니에게 몰려들었다. 식단표에는 폴두에서 세인트존스로 보낸 모스부호 'S'를 의미하는 세 점과 함께 발명가의 인상적인 사진이 들어 있었다. 공학자협회장인 찰스 스타인메츠(Charles P. S. Steinmetz)는 참석하지 못한 사람들의 사과문을 읽기 위해 주의를 환기시켰다. 《타임스》는 사회자가 에디슨이 보낸 전보를 읽었을 때 사람들이 '큰소리로 오랫동안' 박수를 쳤다고 했다. 에디슨은 이렇게 썼다. "마르코니 씨에게 직접 인사를 전하지 못해 죄송합니다. 저는 엄청난 용기를 가지고 대서양 너머로 전파를 보내는 일에 성공한 젊은이를 만나고 싶습니다."
이어서 사회자는 무선파가 언젠가는 대서양을 건너가야 한다고 생각했지만 자기는 그것을 할 시간이 없었다는 에디슨의 말을 청중에게 전했다. 청중이 크게 웃는 가운데 그는 에디슨이 보낸 전보를 계속 읽어나갔다. "저는 그가 성공한 것이 기쁩니다. 그 일로 그는 나와 똑같은 등급에 올라섰습니다. 그가 젊었을 때 우리가 그를 붙잡은 것은 좋은 일입니다." 테슬라가 보낸 메시지도 큰 갈채를 받았다. "마르코니는 훌륭한 일꾼이며 깊은 사색가입니다. 그가 민족의 선과 조국의 영예를 위해 강해지고 그런 일에 힘을 쓰는 사람이 되기 바랍니다."

주빈인 마르코니가 일어나 《뉴욕 타임스》의 표현처럼 '수줍음에 가까운 겸손'의 인사를 하기 전까지 많은 축하편지가 낭독됐다. 그는 그때까지 자신의 '시스템'이 이룬 성과, 즉 무선장비를 갖춘 배가 70척이며, 대부분은 영국과 이탈리아의 해군 배들이지만 여객선들도 있고, 영국 해변에 20개의 기지국이 있다는 것에 대해 이야기했다. 또한 대서양 횡단 첫 실험을 위해 미국이 아닌 뉴펀들랜드로 간 이유에 대해서는 큰 기지국들이 준비되는 것을 기다리기보다 임시 장비를 가지고 짧은 거리에서 실험하는 게 더 '신중'하다고 여겼기 때문이라고 설명했다. 이것은 그 자신도 성공을 확신하지 못했으며, 비용이 많이 드는 케이프 코드에서 일을 시작하기 전에 실험을 통해 어떤 증거를 얻고자 했다는 것을 암시했다.

마르코니는 자신과 동료들이 연과 풍선 때문에 고생했던 일을 설명했고, 12월 12일 마지막 승리를 묘사해 갈채를 받았다. 실험을 하던 3일 동안 5만 단어가 유선으로 송신됐기에 세인트존스에 있던 영미 유선전신회사 지배인은 그의 성공이 사업상 좋았다고 말하긴 했지만, 나쁜 날씨와 그 회사에서 보낸 문서로 말미암아 실험을 일찍 끝내야 했다는 말도 덧붙였다. 그리고 그는 세인트존스에서 신호를 수신하기 위해 전화수화기를 사용했기 때문에 청중 가운데 있던 벨에게 감사의 인사를 전했다.

캐나다 정부의 지원은 확실히 마르코니의 사기를 높여주었다. 그는 무선전신이 유선보다 훨씬 쌀 것이고, 장비도 사람들이 간편하게 구입할 수 있을 것이라고 청중에게 말했다. 미국의 환대에 감사를 표한 그는 공학자협회를 위해 느닷없이 축배를 들었다. 《뉴욕 타임스》

기자는 이렇게 썼다. "마르코니 씨는 탁자에서 유리잔을 들어 높이 올린 다음 만찬 손님들이 그 상황을 파악하기도 전에 그것을 입술로 갖다 댄 후 마시기 시작했다. 그러자 사람들은 재빨리 잔을 찾고 조용히 축배를 들었다. 마르코니가 감사하며 인사를 하는 동안 연회장에는 환호와 박수소리가 울려퍼졌다."

마르코니의 승리에 대한 기사 바로 밑에는, 이 무선발명가가 그 주간에 월도프 애스토리아에서 결혼할 것이라는 '끈질긴 소문'을 실은 짧은 기사가 나왔다. '마르코니 교수'는 (그는 삽시간에 학자적 지위를 얻었다) 그 기사를 부인했고 유럽에서 돌아오는 3개월 이내에는 결혼하지 않을 것이라고 말했다. 그러나 그와 세인트폴호에서 만난 미국인 여성 사이에 무슨 일이 있었는지는 정확히 알 길이 없었다. 기자들은 마르코니를 기꺼이 환영한 세인트존스의 사람들보다 더욱 가까운 사람은 없는지 궁금해 했다.

1월 22일자 《데일리 뉴스 Daily News》 급보는 '젊은 사랑의 꿈, 마르코니를 놓다' 라는 제하에 홀만이 공식적으로 약혼을 파기하기 하루 전에 그녀 가족이 이를 발표했다는 소식을 실었다. 약혼 파기는 1901년 4월 27일 대중에게 알려졌다. 겨우 한 달 전에 홀만은 기자에게 다음과 같이 말했다.

나는 왕보다 오히려 그런 사람과 결혼하고 싶다. 장거리 전신에 대한 그의 원대한 계획을 세상에서 맨 처음 안 사람은 바로 나였다. 그리고 나는 대서양 횡단 무선 메시지 수신이라는 그의 위대한 승리를 처음 알게 된 사람들 가운데 하나였다. 나는 1년 이상 끔찍한 상태에서 비밀을 지켰다. 우리가 처음 만난 대양 위에서 그는 나를 신뢰했고, 비밀을 지킨다는 맹세 아래 자기의 희망과 기대를 털어놓았다. 우리는 성과가 알려지기 전까지 결혼하지 않기로 결정했다. 나는 세상에서 가장 행복한 여성으로서 그의 승리가 자랑스럽고 그의 성공을 기뻐한다.

그러나 이제 모든 것이 끝났다. 마르코니는 인디애나폴리스에 있는 홀만의 집을 한번도 방문한 적이 없었다. 홀만과 그녀 어머니의 대변인 역할을 했던 맥클루어는 그들이 유럽으로 항해를 떠났다고 말했으나 승객 명단에 그들의 이름은 없었다. 기자들은 마지못해 인터뷰에 응한 마르코니를 궁지에 몰아넣었다. 《데일리 뉴스》에 따르면, 그는 "심란하고 우울해 보였으며 홀만 양의 행동에 대해 말하기를 꺼렸다." 그러나 그는 그녀가 편지를 보내 약혼을 취소했으며 자기는 그것을 받아들였다고 확인해주었다.

마르코니가 대서양 너머로 신호를 보내려고 많은 시간을 소비하는 동안 홀만이 지친 것이 아니냐는 물음에 그는 이렇게 응답했다. "내 실험은 불운 때문에 크게 늦추어져 왔는데, 이는 결혼 계획이 늦추어진 것과 많은 관계가 있다. 그러나 여기에는 내가 다른 신문에서 시인한 것 이상의 아주 미묘한 문제도 포함되어 있다." 그는 '미묘한 문제'가 무엇인지에 대해서는 말하기를 거부했다. 다른 신문과의 초기 인터뷰에서 홀만도 "둘 모두에게 큰 불행이 있다"고 이야기했지만 그녀 역시 그게 무슨 뜻인지 설명하지 않았다.

《데일리 뉴스》는 사회적인 야심 때문에 마르코니 가족이 홀만을 승인하지 않았다고 추측했다. 하지만 어쩌면 두 가족 모두 그들이 만난 방식에 대해 만족하지 않았을 수 있었다. 《데일리 뉴스》 기자는 "대양을 오가는 증기선에서 위험하게 유래한 사랑 게임이었다"고 썼다. 친구들과 친척들은 마르코니가 '그의 다른 여인'인 과학과 결혼했기 때문에 두 연인이 서로 거의 만나지 않았다고 주장했다.

마르코니는 약혼자를 잃어서 마음이 많이 상했으나, 그 일이 그의 작업을 방해하지는 않았다. 1902년 1월 22일 필라델피아호를 타고 뉴욕을 떠날 때 그는 이미 이후의 성공을 계획하고 있었다.

비둘기 우편배달부에게 작별을 고하다

1902년 여름 미국을 비롯한 세계의 많은 사람이 가장 기다리던 스포츠는 7월 25일 샌프란시스코에서 밥 피츠시몬스와 짐 제프리스가 벌이게 될 헤비급 권투 경기였다. 피츠시몬스는 폴두의 마르코니 기지국 근처에 있는 헬스톤 출신이었다. 그는 1890년 샌프란시스코에 도착했고, 1891년 뉴올리언스에서 잭 뎀프시에게 KO승을 거두었다. 그는 너무도 유명해서 유행가 가사와 브로드웨이 연극에 등장하기도 했다. 그러나 1899년에 그는 많은 사람이 지금까지도 가장 뛰어난 권투선수로 평가하는 제프리스에게 KO패 당했다. 사실 샌프란시스코 경기는 오래전에 예상된 재시합이었다. 링에 뛰어들어 350차례의 시합을 벌이며 명성을 날렸지만, 이제는 은퇴기에 가까운 피츠시몬스가 과연 제프리스를 이길 수 있을 것인가? 경기 결과는 대륙과 대양을 건너 즉시 전신으로 통보될 것이고 무선장비를 갖춘 대서양의 선박들에도 알려질 것이다.

그러나 유선이 연결되지 않은 몇몇 장소에서는 그 결과를 듣기 위해 기다려야 했다. 캘리포니아 연안에서 22마일 떨어진 곳에 있는 샌타캐틀리나 섬도 그런 장소였다. 섬 주민들은 경기 결과가 무척 궁금했으나 우편선이 오는 아침까지는 결과를 알 수 없었다. 그들이 본토와 소통하던 또 다른 수단은 한 호텔이 간간이 날리던 비둘기 우편배달부였는데, 7월 25일에는 그마저 날지 않고 있었다. 섬 중심지인 애벌론 주민 중 많은 이들이 경기에 내기를 걸고 결과가 오기만을 기다리고 있었다.

그러나 경기 결과는 그들이 기대한 것보다 훨씬 일찍, 어쩌면 믿을 수 없을 만큼 빨리 도착했다. 자정 즈음 애벌론의 게시판에 제프리스가 8회에 피츠시몬스를 녹아웃시켰다는 공고가 나타났다. 본토에서 무선으로 소식을 알린 것이다. 당시 큰돈을 건 사람들이 있었지만, 이 빠른 소식을 접하고 돈을 지불한 사람은 아무도 없었다. 신문이 경기 결과를 확인해주었을 때도 무선 보고에 대한 거짓 소문이 많이 떠돌았다. 어떤 이들은 소식이 알려진 순간에 배를 타고 도착하는 한 남자를 보았다고 했고, 비둘기를 사용했다고 한 사람들도 있었다. 탐조등을 이용해 경기 결과를 알리는 일이 흔히 있었기 때문에 강한 신호등 불빛을 사용했다는 이야기도 널리 퍼졌다.

1898년 마르코니가 오스본호에서 와이트 섬으로 문자 메시지를 보낸 거리보다 짧은 거리였음에도, 《로스앤젤레스 타임스 Los Angeles Times》는 속임수가 개입되었다는 것을 믿어 의심치 않았다. 하지만 경쟁사인 《로스앤젤레스 헤럴드 Los Angeles Herald》는 사실을 입증하기 위해 애벌론과 캘리포니아 연안에 있는 기지국을 조사하여 이것이 미국의 첫 공식 무선뉴스 서비스임을 알렸다.

X선이 발견되고 마르코니의 발명품에 대한 관심이 고조되던 즈음, 대학에서 물리학을 공부하며 무선전신에 관심을 가졌던 로버트 매리

옷(Robert H. Marriott)이라는 젊은이가 작은 기지국들을 세웠다. 그의 교수는 X선으로 실험하다가 심한 화상을 입었는데, 매리옷에게 X선 대신 무선을 연구해보라고 조언했다. 이후 전문잡지들에 무선에 관한 충분한 정보가 나왔으므로 매리옷은 비록 투박하기는 했지만 스스로 송신기와 수신기를 만들 수 있었다. 신기술에 매료된 그는 공부를 마치기도 전에 새로 생긴 미국 무선전신회사(American Wireless Telephone and Telegraph Company)에서 일자리를 얻었다. 초창기 이 회사는 거의 사기집단이었다. 무지한 투자자들로부터 돈을 받는 데만 열중했고 무선전신 시스템을 작동하려는 의지도 없었다. 이 회사의 특허들은 대부분 돌베어 교수의 것으로 그의 유도장치는 무가치한 것이었다. 회사를 위한 매리옷의 주요 임무 중 하나는, 마르코니의 엔지니어들과 디 포리스트가 담당하던 1901년 아메리카컵 중계의 보도를 고의로 방해하는 일이었다.

비록 미국 무선전신회사가 이러했지만 그 자회사들 중 한두 회사는 진지하게 사업에 임한 곳도 있었다. 이들 중 하나가 콜로라도 덴버에 세워진 태평양 영업소였는데 매리옷은 여기서 일했다. 그와 몇 명의 일꾼들은 돌베어의 장치가 좋지 않다는 것을 알고 있었기에 페선던과 마르코니의 장치를 결합하여 스스로 장비를 만들었다. 이것은 페선던의 '버레터'를 모방한 것 같았지만 확실히 마르코니가 사용했던 종류의 코히러는 아니었다. 점과 선이 이어폰에 수신되었지만, 숙련된 통신원이 아닌 매리옷이나 그의 동료들이 메시지를 송수신하는 데는 고통스러울 정도로 속도가 느렸다.

그들은 샌타캐틀리나와 로스앤젤레스를 연결하는 것이 실행 가능하고 가치 있다고 판단하여 1902년 7월 초 원시적인 시스템을 만들어 냈다. 의심 많은 섬주민들과 본토의 신문사들에게 감동을 주기 위한 첫 시도로 그들은 피츠시몬스와 제프리스의 경기를 선택했고, 캐틀리나로 메시지를 보낼 수 있었다. 기지국은 계속 그 가치를 증명했다. 즉 두 남자가 섬에 있는 메트로폴 호텔에서 샴페인과 다른 술을 훔쳤고, 절도 행각이 본토에 알려지기 전에 탈출할 수 있으리라는 기대로 오전 5시에 배를 탔지만 애벌론 기지국이 경찰에 무선 메시지를 보내 도착하자마자 그들이 붙잡힌 것이다. 무선전신을 이용해 도망중에 있는 범인을 붙잡은 역사상 첫 사례였다. 이렇듯 무선전신의 잠재력이 조금씩 드러나기 시작했으나, 모든 사람이 그것을 마술쇼 이상으로 생각한 것은 아니었다.

기만적인 미국 무선전신회사의 몇몇 자회사들은 무선전신의 가능성에 대해 흥미로운 시범을 보여주었다. 켄터키 지국은 농부이자 전화수리공인 나단 스터블필드(Nathan B. Stubblefield)가 만든 장치로 특허권을 얻었고 그 대가로 회사 주식의 일부를 제공했다. 스터블필드와 그의 아들 버나드는 1902년 1월 1일 켄터키에 있는 캘러웨이 카운티 법원 밖에서 보인 첫 대중시범에서 군중을 끌어들였다. 그들은 200피트 정도 거리를 두고 땅 위에 상자 두 개를 세웠다. 어린 버나드가 하모니카를 연주하면서 그중의 한 상자에 들어갔다. 군중이 소리를 알아듣지 못할 정도로 떨어진 거리였다. 스터블필드는 다른 상자에 부착된 전화수화기에 자기 귀를 대고 아들이 어떤 곡을 연주하는지 보여주었다. 이 공연은 역사상 첫 무선방송으로 고려되어야 마땅한 것이었지만, 당시에 이것을 마술적 속임수 이상으로 본 사람은 거의 없었다.

그러나 세인트루이스의 《포스트 디스패치 *Post Dispatch*》는 이 이야기에 흥미를 느끼고 머레이 중심지 외곽에 있는 스터블필드의 농장으로 기자를 보내 전모를 파악하게 했다. 기자는 스터블필드의 상자 하나를 농장에서 1마일 정도 떨어진 곳으로 운반했고, 상자를 설치할 때 쇠막대기 두 개를 땅에 꽂으라는 말을 들었다. 그는 수신기를 통해 스터블필드의 목소리와 버나드의 하모니카 연주를 듣고 무척 놀랐다. 스터블필드는 《포스트 디스패치》의 보증으로 워싱턴에서 무선전화 시범을 보이도록 초대받았다. 그는 상자 하나를 포토맥 강에 있는 증기선에 설치하고 다른 하나는 강변에 설치하여 그것들은 훌륭하게 작동시켰고, 필라델피아에서 또 다른 시범을 보이기도 했다.

그러나 미국 무선전신회사는 스터블필드가 무가치한 그 회사 주식을 받는 대가로 동의했던 특허를 결코 출원하지 않았다. 회사는 진보적인 무선기술에 관심이 없었다. 미래에 이익을 주겠다는 공허한 약속으로 대중에게 사기를 치는 것이 그들의 사업이었다. 결국 농부의 발명은 아무런 결실도 맺지 못했다. 그렇지만 자기 시대를 앞서 1902년 라디오를 발명한 아마추어 전기기사가 바로 스터블필드라는 신화가 생겨 그의 농장은 머레이주립대학의 일부가 되었고, 오늘날 캠퍼스에는 감동적인 기념비가 세워져 있다.

라디오 방송의 발명가 나단 스터블필드(1860~1928)는 1902년 이곳에서 무선으로 인간의 목소리를 수신했다. 그는 10년 일찍 실험했다. 그의 집은 서쪽으로 100피트 지점에 있었다.

그러나 스터블필드의 상자들은 라디오가 아니었다. 그것들은 프리스의 무선전신과 똑같은 원리로 작동했는데, 전자기파라기보다 유도장치에 의한 것이었다. 그가 미국 무선전신회사를 떠난 후 미국과 캐나다에서 획득한 특허권을 보더라도 이는 분명해진다. 스터블필드는 쓸쓸하고 가난한 상태에서 죽음을 맞이했는데, 그는 회사가 자기를 속였다고 느꼈으며, 결국 이 회사는 사기 판정을 받았다.

스터블필드와 그의 아들은 자기들의 '무선' 상표가 대중방송의 수단이 되리라고 생각했지만, 그들의 시범은 촌스럽고 서툴렀다. 마르코니와 당시 주도적인 발명가들도 이런 생각을 하지는 못했다. 《워싱턴 타임스》가 "그는 기본적인 형태로 마르코니보다 더 위대한 어떤 것을 성취했다"고 보도했으므로 스터블필드에게도 짧게나마 영광의 시간은 있었다. 전신 케이블이 없는 선박이나 외딴 섬과 소통할 수 있다는 것 이외에, 당시 무선이 무엇을 위해 사용될 수 있는지에 대해서는 선명하지 않았다.

마르코니의 성공이 미국 신문에 처음 등장했을 때 많은 만화들은 패배에 직면한 유선회사들을 보여주면서 마치 무선의 다윗에게 도전받는 골리앗처럼 묘사했다. 미국은 온통 전화선과 전선으로 뒤덮였는데 눈에 거슬리는 이 선들이 머지않아 사라지게 될 것이라는 예측이 나왔다. 새들이 앉는 전봇대가 사라지면 그들이 진퇴양난에 빠질 것이라는 다소 우스꽝스러운 기사도 있었다. 만일 에테르를 통해 언어를 보내는 문제가 해결된다면 전화를 거는 일이 가능하겠지만, 전화의 발전을 대중 통신매체의 수단으로 예견한 사람은 아무도 없었다.

어둠의 힘

1902년 1월 마르코니는 뉴욕에서 대서양을 건너 돌아오는 길에 화려한 정장 두 벌을 가지고 필라델피아호에 탔다. 필라델피아호는 예술의 경지까지는 아니더라도 매우 화려한 선박이었다. 선실에는 전깃불과 따뜻한 물이 있었고, 마르코니는 놋쇠 침대와 가구를 갖춘 거실, 개인용 욕실과 화장실을 사용했다. 소금물을 배출하는 동안 정교한 선풍기들은 멋진 접견실로 공기를 들여보냈다. 여객선의 웅장한 식당은 길이가 53피트였고, 25피트 높이의 유리지붕을 통해 빛이 투과되었다.

승객들은 회전의자에 앉아서 인어와 돌고래가 그려진 벽화를 감상할 수 있었다. 바다에 대한 시가 씌어진 스테인드글라스 창문과 참나무로 장식된 도서관이 있었으며, 검은 호두나무로 만들어진 흡연실에는 진홍색 가죽소파와 의자들도 있었다. 뱃멀미를 하는 고상한 승객들이나 너무 나이가 많거나 지쳐서 계단을 이용할 수 없는 사람들을 위해서는 '항상 올라가고 내려오는 전기로 움직이는 방들'도 있었다.

필라델피아호가 출항하기 전에 마르코니는 새로 만든 미국회사에 엔지니어들을 배치해 무선전신이 작동되게 했다. 이는 미국 동부해안을 벗어날 때 낸터컷의 해변 기지국들과 교신하고, 영국 남부해안에 접근했을 때 폴두와 다른 기지국에서 신호를 수신하기 위함이었다. 켐프는 오전 8시 정각에 삶은 계란 두 개와 토스트와 마멀레이드로 이루어진 아침을 주문하여 마르코니가 규칙적으로 식사를 하게 했다. 영국으로 건너가면서 필라델피아호의 선장과 승무원들을 알게 된 마르코니는 계획을 하나 세웠다. 그것은 만일 이사회만 동의한다면, 그가 폴두에서 세인트존스로 보낸 문자 'S'를 들었다고 주장한 것이 자신과 세상을 속인 게 아니라는 것을 확실하게 보여줌으로써 자신에 대한 비판을 잠재울 수 있는 계획이었다.

3주 후 마르코니는 영국으로 돌아갔고, 그의 회사는 필라델피아호 소유주들로부터 배의 돛대를 더 높이 올릴 수 있다는 동의를 얻어냈다. 이번에도 지칠 줄 모르는 켐프가 일하러 갔다. 그는 일기에 이렇게 적었다. "나는 14피트 길이의 대나무 십자가 세 개 위에 네 부분으로 이루어진 안테나를 고정시켰다. 하나는 돛대 꼭대기에, 두번째 것은 중간에, 그리고 세번째 것은 기관실과 가장 가까운 철주 사이에 세웠다." 수신기는 선실에 설치되었고 마르코니는 자신의 코히러들 중 하나를 사용하도록 했다.

뉴펀들랜드에서 그가 사용한 '수은' 코히러가 이탈리아 해군의 개발로 드러났을 때 몇몇 비판가들은 이것이 그가 이룬 개인적 영광을 앗아갔다고 주장했다. 그는 신호가 의심 없이 수신되며, 요행이나 상상의 산물이 아니라는 것을 보여주기 위해서 세인트존스에서 모스부호 인쇄기를 위해 사용했던 전화수화기도 폐기했다.

필라델피아호의 선장 밀스(A. R. Mills)와 선원들은 배가 대서양을 건너 뉴욕으로 갈 때, 신호를 받으면 이를 증언하고 언제 어디서 신호를 수신했는지 모스 테이프에 서명하기로 동의했다. 필라델피아호가 사우샘프턴을 떠나기 전인 2월 21일, 마르코니는 10분 간격으로 5분의 틈을 가지면서 열두 시간 중에서 두 시간 동안 신호를 보내든지 여섯 시간 중에서 한 시간 동안 신호를 보내도록 폴두 기지국에 지시했다. 배에 있는 송신기의 동력이 충분하지 않기 때문에 배가 150마일 밖에 있으면 그가 신호를 다시 보내기가 어려울 것이다. 배는 프랑스 북부해안 셰르부르에 정박했고 켐프와 마르코니는 그곳의 한 호텔에서 밤을 보냈다. 그후 켐프는 마르코니에게 행운을 빌면서 사우샘프턴으로 돌아갔다.

    선원들은 회의적이었다. 어떤 속임수도 개입되지 않았다는 것을 선장과 고급 선원들에게 확신시키는 일은 마르코니에게 무척 중요했다. 무선에 대한 충분한 지식이 없었기 때문에 그들 가운데는 이를 의심스런 마술의 일종으로 여기는 사람들도 있었다. 마르코니의 명성에 감화를 받은 키플링(J. R. Kipling)은 단편을 써서 1902년 잡지 《스크리브너스 Scribner's》에 실은 적이 있었다. 이 이야기에서 '무선' 이라고 불리는 한 아마추어 열정가는 포츠머스에 있는 해군 선박에서 보낸 신호를 풀 기지국에서 수집해 어떻게 알아들을 수 있었는지 보여준다. 많은 모스부호 메시지가 뒤섞이자 해군 통신원들은 짜증을 낸다. 이 열성팬은 이렇게 말한다.

    "지금 그들 중 한 사람이 불평하고 있습니다. 들어보세요. '실망했습니다, 무척 실망했습니다' 사실 딱할 정도로 애처로운 일입니다. 심령집회를 본 적이 있습니까? 제게 그것을 상기시키는군요. 한 단어는 여기에서, 또 다른 단어는 저기에서, 어딘지 모르는 곳에서 이런저런 메시지가 옵니다. 아무 소용이 없습니다."

키플링은 초자연적 특성을 지닌 것 같은 무선에 호감을 받았다. 이 이야기 속에는 또 한 노인이 멍한 상태에서, 오래전에 죽었지만 작은 기지국의 헤르츠파에 접선된 시인 존 키츠가 에테르를 통해 보낸 시구(詩句)를 수집하는 내용이 나온다.

필라델피아호 선원들이 무엇을 믿었든지 간에 그들은 짧은 거리에서 무선이 작동되었다는 것과 다른 배에서도 사용되었다는 것을 알았을 것이다. 대서양의 다른 배에서 자기수신기로 신호를 보내도록 배치하거나 필라델피아호의 다른 구역에서 보낸 신호를 마치 폴두에서 보낸 것인 양 속이는 것은 마르코니에게 어려운 일이 아니었을 것이다. 실제로 마술사들과 가짜 영매들은 여러 해 동안 간단한 무선 유도 장치나 숨겨진 전화 연결을 통해서 이러한 속임수를 써왔다.

육지에서 500마일 떨어진 바다에서 두번째 아침을 맞았을 때 1등 항해사 마스덴은 모스부호 인쇄기의 수신테이프가 소리를 내며 메시지를 받는 것을 보고 깜짝 놀랐다. '모두가 정상이다. V.E.' 'V.E'는 '이해할 수 있습니까?'의 줄인 말이었다. 마스덴은 자기가 본 것을 선장에게 말했으나 여전히 의심하는 사람들이 있었다. 마르코니는 정해진 시간에 폴두에서 보낼 메시지 수신을 목격하라고 선장과 선원들에게 요청했다. 《맥클루어스》의 맥클루어는 이 사건을 아래와 같이 설명했다.

시계를 찬 마르코니는 자기 장비를 보면서 앉아 있었다. 그가 테이프가 감긴 제동기를 풀자 길고 가느다란 하얀 조각이 풀리기 시작했다. 마르코니가 갑자기 소리쳤다. "이제 오는군요." 동시에 수신 인자기(印字機)가 가벼운 소리를 냈고, 에테르를 통해 거의 1000마일 떨어진 곳에서 보내진 또 다른 메시지가 작은 종이에 기록되었다. 24일 자정 조금 지나서 신호

중간에 메시지가 왔다.

"이곳은 좋습니다."

1032.3마일 정도 떨어진 거리였다. 동시에 다른 메시지도 왔다.

"전보 감사합니다. 모두 잘 지내시기 바랍니다. 행운을 빕니다."

배가 폴두에서 1551.5마일 떨어진 거리에 있을 때 가장 중요한 메시지 테스트가 왔다. 25일 동트기 직전이었다.

"모든 것이 순조롭습니다. 이해하시겠습니까?"

마르코니는 밀스 선장에게 "이 장비들이 얼마나 정확히 작동하는지 보여드리죠"라고 말했다. (배는 바다 한가운데 있었다.) "제가 지정된 시간 몇 초 전에 테이프가 감긴 제동기를 풀 거예요. 그러면 신호가 언제 시작하는지, 그리고 정한 방식대로 오는지 알게 될 겁니다."

마르코니와 선장은 시계를 들고 기다렸다. 예상되는 활동 시간 10초 전에 마르코니는 제동기를 풀고, 두 사람은 마음을 졸이며 지켜보았다. 사실 선장은 의심했던 이들 중 한 사람이었다. 하지만 이제 그는 모든 것을 확신하고 열광했다. 그들이 기대한 거의 정확한 시간에 코히러 근처에서 가냘픈 버저 신호가 들렸다. 마르코니는 손을 들어올렸다. 수신 인자기가 테이프를 누를 때마다 가볍게 두드리는 소리가 들렸다. 이 젊은이는 웃음을 지어보였다. "선장님, 충분히 증명되었나요?" 신호는 정확히 10분 동안 끊이지 않고 계속되었다.

필라델피아호가 뉴욕을 향해 나아갈 때 밀스 선장은 신호를 수신한 바다의 정확한 위치를 확인해주기 위해 모스 테이프에 서명했다. 폴두에서의 거리가 지도에 표시되었고 항해한 해로가 작성되었으며, 선장과 1등 항해사 마스덴이 여기에 서명했다. 폴두가 송신을 중단하면 마르코니는 자기들이 받는 신호가 대기 중의 전기나 다른 배에서 보낸

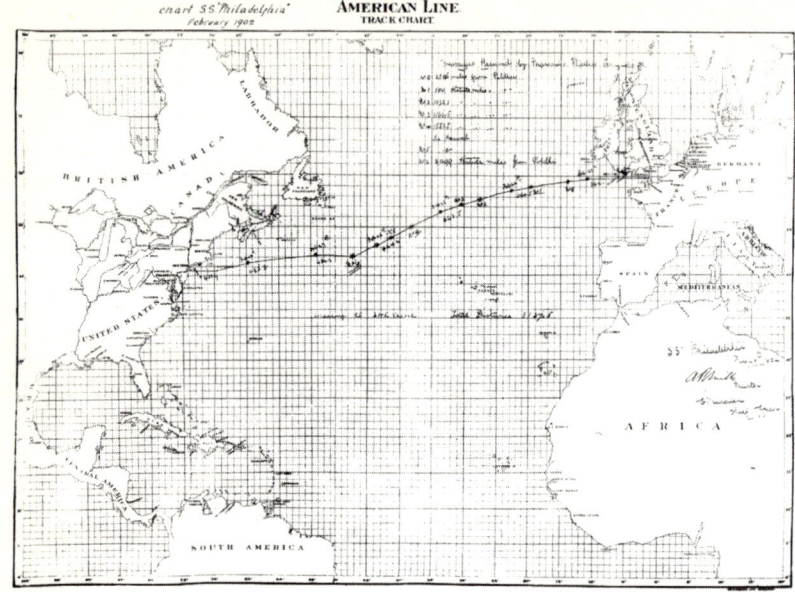

마르코니는 2000마일 이상 되는 거리의 무선통신을 의심하는 사람들에게 사실을 증명해줄 필요가 있었다. 1902년 2월 사우샘프턴을 출발하여 뉴욕으로 가던 필라델피아호의 선장이 모스 메시지를 받았다는 것을 확인하고 서명해준 그림.

신호가 아니라는 것을 선장에게 보여주기 위해서 때때로 수신기를 켰다. 그의 수신기는 오직 폴두에만 맞추어져 있었다. 당시 대서양을 횡단하던 다른 정기선 움브리아호도 마르코니 수신기를 장착하고 있었으나 다른 파장에 맞추어져 있어서 폴두의 신호를 받지 못하였다. 필라델피아호가 폴두에서 1551.5마일 떨어진 곳에서 짧은 메시지를 받았다는 사실을 확인하기 위해 선장 밀스의 서명이 모스 테이프에 나온다.

"필라델피아호에서 수신함. 위도 북위 43.1, 경도 서경 47.23, 폴두에서의 거리 2099법정마일. 선장 밀스."

뉴욕의 신문기자들로부터 축하를 받을 때, 마르코니는 모스 인쇄기 테이프를 들어서 보여주었다. 그는 평소와 달리 긴장을 푼 활기찬 모습으로, 전세계로 신호를 보낼 수 있고 신호를 보낸 장소도 파악할 수 있을 것이라고 믿게 된 때는 그리 오래되지 않았다고 선언했다. 맥클루어에게는 이렇게 말했다.

나는 2100마일 떨어진 거리에서 신호가 올 것을 알고 있었다. 그 거리에서 장비가 작동되도록 조정해놓았기 때문이다. …만일 신호가 오지 않는다면, 그것은 폴두에 있는 통신원들이 자기들의 임무를 수행하지 않았기 때문이라는 것을 나는 알고 있었다.

나는 자리에 앉아서 동력이 얼마나 필요한지 계산할 수 있고, 콘윌에서 희망봉이나 호주로 메시지를 보내는 데 필요한 장비가 무엇인지 파악할 수 있다. 나는 과학자들이 왜 나처럼 사물을 바라보지 않는지 이해하기 어렵다. 무선전신은 더할 나위 없이 단순하다. 그것은 전선의 높이와 송신에 사용된 동력의 양에 의존할 뿐이다.

1000개의 전등이 달린 회로에 불을 켠다고 가정해보자. 당신은 충분한 발전기를 사용해서 필요한 전류를 일으킬 것이다. 만약 충분한 전력이 없다면 1000개의 전등에 불을 켤 수 없다.

무선전신도 마찬가지다. 우리는 안테나 전선의 높이를 두 배 올리면 네 배의 효과가 있다는 것을 몇 년 전에 발견했다. 당시에는 40분의 1마력을 사용했지만 현재 나는 강력한 전압을 일으킴으로써 수 마력을 사용하고 있으며, 동력에 비례하는 효과를 자연스럽게 얻고 있다. 안테나의 높이를 계속 확장하는 게 가능하지 않기 때문에 원거리 작업을 위해서는 단지 더 큰 동력을 사용할 뿐이다.

필라델피아호에서 실험을 하던 마르코니에게 고민거리가 생겼다. 물론 그는 맥클루어나 자기가 선택한 기자에게 이를 언급하지는 않았다. 폴두에서 보낸 신호는 낮보다 밤에 훨씬 많았다. 선박이 사우샘프턴에서 700마일 떨어져 있을 때에는 낮에 아무런 신호를 받지 못했다. 마르코니는 태양광선이 안테나에 영향을 끼쳤을 것이라고 생각했지만 해결책을 알지는 못했다. 유선은 빛이나 어둠 때문에 영향을 받지 않았으나 무선은 확실히 그러했고, 이것은 치명타가 될 수도 있었다.

마르코니의 고민은 사실 자기 마술상자의 수수께끼를 푸는 것이었다. 그러나 아무도 그것을 설명할 수 없었다. 로지, 테슬라, 플레밍뿐만 아니라 무선을 연구하던 모든 사람은 전자기파가 에테르라는 신비로운 실체를 통해 이동한다고 믿고 있었다. 하지만 이러한 이해는 마르코니가 1마일 떨어진 곳에서 전자기파를 탐지하던 때로부터 한 발짝도 나아가지 못한 것이었다. 이에 대한 해답을 찾는다는 것은 참으로 힘든 일이었다.

페인턴의 은둔자

대략 헤이븐 호텔과 폴두의 중간쯤 되는 데번 남쪽 해변에 '영국의 리비에라'라 불리는 휴양지 토키가 있다. 1902년 봄, 한 영국인이 자전거를 타고 가파른 시골길을 쏜살같이 내려가고, 그 뒤를 그다지 대담해 보이지 않는 한 동료가 걱정스럽게 따라가는 모습이 가끔 보였다. 그들은 이 무모한 자전거타기를 '질주'라고 불렀다. 뒤따르던 이는 케임브리지대학 물리학 교수 조지 시얼리(George Searle)였는데 그는 뒷날 이렇게 회상했다.

"우리는 자전거 앞부분에 발을 올려놓고 언덕을 내려오곤 했다. 올리버는 발을 더 높이 올리고 팔짱을 낀 다음 매우 가파른 길을 빠르게 내려가면서 나를 뒤에 남겨 놓았다."

자전거타기는 대부분의 삶을 불행하게 보낸 올리버 헤비사이드(Oliver Heaviside)의 작은 기쁨 가운데 하나였다. '페인턴의 은둔자'로 알려진 그는 근처 작은 마을에서 잠시 산 적이 있었다.

헤비사이드는 1850년 찰스 디킨스(Charles Dickens)가 불행한 어린 시절을 보낸 런던의 거친 지역 근처 캠던타운에서 태어났다. 그의 가족은 무척 가난했다. 아버지는 조판공이었는데 1850년대 사진술의 발달로 사업이 망했고, 폭력적이었던 그는 헤비사이드와 그의 형제들에게 규칙적으로 폭력을 행사했다. 헤비사이드의 이모가 전기전신의 발달에 깊이 참여했던 갑부 찰스 휘트스톤(Charles Wheatstone)과 결혼하면서 가족은 가까스로 가난에서 벗어날 수 있었다. 열여섯 살 때 전신 사무실에서 일하기 위해 학교를 떠난 헤비사이드는 대부분 혼자 공부했다. 그는 뉴캐슬어폰타인에 본사를 둔 덴마크 유선회사에서 잠시 일하기도 했으나 맥스웰의 수학을 공부하기 위해 스물네 살에 일자리를 완전히 포기했다. 맥스웰의 전자기학 이론은 마르코니의 실용적인 무선전신 시스템 개발에도 큰 영향을 주었다.

휘트스톤은 헤비사이드가 음악과 과학에 관심을 갖도록 했으며, 그의 두 형은 그의 영향으로 전신회사에 일자리를 얻을 수 있었다. 그가 직업을 포기하고 작은 다락방에 혼자 앉아 파이프 담배를 피며 맥스웰의 수학방정식과 씨름하는 것을 좋아하던 때도 가족들은 여전히 캠던타운에 살고 있었다. 후에 그는 토키에 있는 형 찰스와 함께 지내기 위해 그곳으로 갔다.

헤비사이드는 마르코니가 태어난 1874년부터 활동을 시작했으며, 2년 후 《필로소피컬 매거진 *Philosophical Magazine*》에 유선전신 영역에서 되풀이되는 문제점과 관련된 아주 전문적인 논문을 기고했다. 그는 유선전신에 대한 해박한 지식을 가지고 있었다. 일반 독자들은 그의 논문을 이해하기 어려웠으나 전문가들은 헤비사이드가 매우 뛰어나다는 것을 인식할 수 있었다. 그는 당시 지도적인 물리학자들과 전기전문가들에게 편지를 쓰거나 《일렉트리션 *The Electrician*》 잡지에 기고함으로써 그들과 논쟁하며 여생을 보냈다. 때로 그의 비판은 매우 신랄했는데, 특히 마르코니의 은인이었던 체신부의 프리스를 가장 경멸했다. 헤비사이드는 프리스가 수학과 과학에 대해 허튼소리를 하고 무의미한 글을 썼으며 전신에 대해서는 아무것도 모르는 무능력자라고 여겼다.

헤비사이드의 삶은 마르코니와는 전혀 달랐다. 시얼리 교수는 애정이 넘치는 회고록에서 아내와 함께 헤비사이드의 집을 방문했던 때를 이렇게 회상했다. "우리는 스스로 찾아내야 한다는 경고를 받았다. 차를 끓였는데 주전자가 찻잎으로 완전히 막혀서 차가 나오지 않았다. 올리버는 차가 흘러나올 때까지 주전자를 뒤집었다. 그는 컵에서 아무거나 잡고 아내의 컵에서 조심스럽게 찻잎을 떠냈다." 또 다른 날 헤비사이드는 그들에게 이렇게 말했다. "빵 아홉 조각과 버터가 있으니 한 사람이 세 조각씩 먹으면 될 거요. 케이크도 있지만 추천하고 싶진 않네요." 1902년 무렵 그는 시얼리에게 편지했다. "계란을 삶을 때에는 큰 폭발음 때문에 놀랍니다. 내가 물을 넣지 않았거나 물이 다 끓어서 증발해버렸기 때문이지요."

당시 52세였던 헤비사이드는 가정부로 일하던 친척 여성과 함께 비참하게 살고 있었다. 그의 이상한 관습은 동네 소년들의 관심을 끌었는데, 그들은 십 장분에 놀을 던지는 등 지속적으로 그를 괴롭혔다. 그는 지역 경찰에게 자기 집 마당을 보호해주면 사과 150개를 주겠다고 제안하기도 했다. 그러나 사회에 잘 적응하지 못했던 이 사람은, 어떻게 2000마일 떨어진 곳에서 무선신호를 보낼 수 있었는지에 대한 마르코니의 의문에 정확한 해결책을 제시한 사람 중 하나였다.

헤비사이드는 순수한 과학자였다. 그는 추론을 통해 전자기파에 대한 헤르츠의 논증에 도달했고, 당시 헤르츠는 맥스웰의 이론을 자기 연구실에서 실험하고 있었다. 마르코니의 무선전신이 폭넓게 알려지기 시작했을 때, 헤비사이드는 프리스가 무선전신을 전혀 이해하지 못하며, 유도전류와 헤르츠파의 차이점을 알지 못한다고 지적했다. 이 시기는 무선전신을 개발한 사람이 마르코니가 아니라 프리스라는 이야기가 공공연하게 떠돌던 때였다. 마르코니와 플레밍이 폴두에서 작업에 들어가려던 1900년 9월, 프리스는 영국학술협회에서 이런 말을 하고 있었다. "1897년 마르코니가 헤르츠파를 응용해서 센세이션을 일으킴으로써 결국 더욱 실용적이고 더욱 단순하며 더욱 오래된 방법이 방해받았다." 또한 그는 1907년 하원위원회에서 마르코니가 영국으로 건너오기 12년 전부터 자신은 이미 무선전신에 대해 작업해 왔다고 말했다.

마르코니의 대서양 횡단 신호에 대해 들었을 때 헤비사이드는 전자기학에 대한 심오한 이해에 바탕을 두고 재빨리 설명을 해나갔다. 그는 무선파가 반사된 상층 대기권에 전리층이 있을 수 있다는 내용의 편지를 《일렉트리션》에 보냈으나 이는 게재되지 않았다. 1902년 그는 브리태니커 백과사전 제10판에 들어갈 '전기전신의 이론'에 대한 원고 청탁을 받았다. 그는 이 글에서 거의 지나가는 말로, "바닷물은 헤르츠파가 튈 수 있을 정도로 충분한 전도성을 가지고 있으며, 상층 공기 안에는 전리층이 충분히 있을 가능성이 있다. 만일 그렇다면 헤르츠파는 전리층을 어느 정도 붙잡을 것이다. 그러면 한쪽에서는 바닷물이, 다른 쪽에서는 상층 전리층이 유도할 것"이라고 언급했다.

상층 대기권에 전리층이 있다는 이론은 미국으로 이주해서 활동하던 아서 케넬리(Arthur Kennelly)도 언급한 적이 있었다. 그러나 아무도 이에 주목하지 않았고 오히려 이에 대항하는 이론들만 무성했다. 이들 중 어떤 것도 마르코니에게는 큰 문제가 되지 않았다. 비록 그의 긴 무선파를 지구로 돌려보내는 반사층이 있었지만, 그것이 어떻게 작용하는지 아무도 설명할 수 없었기 때문이다.

　헤비사이드는 명예를 거절한 사람이었다. 그는 원고료는 받았지만 브리태니커 백과사전 필진을 위한 연회 초대에는 응하지 않았다. 말년에 그는 자기 이름 뒤에 자기비하적인 약어 '벌레(W.O.R.M)'를 써넣기도 했다. 그와 마르코니 사이에 서신왕래나 접촉이 있었다는 기록은 없다.

　무선 발전에 관한 헤비사이드의 뛰어난 고찰은 당시에 아무런 실용성도 가질 수 없었다. 상층 대기권의 특성을 어떻게 탐색해야 할 것인지 아는 사람이 아무도 없었기 때문이다. 그리고 해답을 얻지 못한 질문들이 여전히 산재해 있었다. 무선파는 바다 위로 이동하듯이 땅 위를 이동하는가? 산맥이 장애물로 나타날지 모르기 때문에 대부분의 자칭 전문가들은 그렇지 않을 것이라고 생각했다. 마르코니도 확신하지 못했다. 이를 확인하는 길은 오직 한 가지 방법밖에 없었다.

담배상자에 장착된 자기검파기

1901년 1월 22일 빅토리아 여왕이 와이트 섬 오스본 하우스에서 세상을 떠났다. 전국은 수 마일에 달하는 검은 상장(喪章)으로 장식되었고 6개월 동안 애도가 계속되었다. 여왕의 뒤를 이을 아들 에드워드의 대관식이 1902년 6월 26일로 결정되자 대관식 행진에 참석할 이국적인 군인들이 제국 곳곳에서 도착하면서, 런던은 몇 주 전에 미리 그 모습을 바꾸었다. 스피트헤드에서는 해군의 관함식이 있을 예정이었고, 이탈리아 국왕 비토리오 에마누엘레 3세(Victor Emmanuel III)는 순양함 카를로 알베르토호를 타고 도착하겠다고 전해왔다. 스물아홉의 비토리오 에마누엘레는 2년 전 아버지 움베르토가 국제 무정부주의자로부터 암살되자 왕위에 올랐다.

마르코니가의 친구인 이탈리아 해군장교 루이지 솔라리(Luigi Solari)는 무선실험을 할 수 있는 배를 만들면 어떨까 하고 왕에게 물었다. 세계적 무선발명가가 이탈리아인이라는 사실에 무척 자부심을 가지고 있던 비토리오 에마누엘레는 대관식과 해군 관함식이 끝났을 때 마르코니가 자신들과 합류하도록 했다. 또한 그들이 이탈리아로 돌아간 후 그가 원하는 모든 무선실험을 해볼 수 있도록 하기 위해 마르코니를 초대해 그의 장비를 카를로 알베르토호에 설치하도록 했다.

1902년 6월 18일 아침 카를로 알베르토호는 영국 해변에 나타났다. 함장인 미라벨로 제독과 왕, 그리고 선원들은 멀리서 폴두의 돛대를 볼 수 있었다. 솔라리는 장비를 배에 설치하고 마르코니 기지국과 메시지를 교환했다. 이튿날 켐프는 대관식 준비를 위해 대형 영국 국기를 사서 무선 돛대 중 하나에 게양했다.

그런데 6월 24일 오전 11시 15분 버킹엄궁전에 공지가 붙었다. "국왕폐하께서 맹장주위염으로 고통을 받고 있습니다. 토요일에는 상태가 호전되어 대관식을 행할 수 있을 것으로 보였으나, 월요일 저녁 징후가 다시 나타나 오늘 수술을 받아야 할 필요가 있습니다." 다른 이들이 대관식 조직위원장인 노퍽 하우스의 문장원 총재로부터 소식을 들을 수 있을까 하고 세인트제임스 광장으로 간 동안, 군중은 궁 밖에 모여들어 있었다. 《타임스》는 이렇게 보고했다.

"문에서 응답했던 하인은 궁금해 하는 일반인들에게 아무 말도 하지 않았다. 심지어 공인된 신문사 대표들에게도 그의 대답은 정중했으나 간결했다. '대관식은 연기될 것입니다. 우리는 이외에 더 말씀드릴 것이 없습니다.'"

20세기 초 영국에서는 가난한 사람들만 병원에서 치료받았고, 부유층은 집에서 모든 치료와 수술을 받았다. 에드워드가 걸린 병은 현재 우리가 맹장염이라고 부르는 충수염으로 수술을 받아야만 했다. 개인 진료소에서 재산을 모은 후 40대 초반에 은퇴했던 런던병원의 유명한 의사 프레데릭 트레브스(Frederick Treves)가 수술의사로 선정되었다. 그는 신경섬유종증이라는 희귀병에 걸려 '코끼리 인간(the

Elephant Man)'으로 알려진 조셉 메릭(Joseph Merrick)에게 안식처를 제공했던 사람이었다. 런던병원에서 버킹엄궁전으로 수술침대가 옮겨졌고 그는 간호사 한 명과 함께 수술 준비를 끝냈다.

당시 마취제로는 극히 소량의 에테르와 클로로포름이 사용되었다. 트레브스 같은 의사들은 환자가 오랫동안 의식 없는 상태로 있지 않도록 빠른 속도로 수술을 마치는 것에 자부심을 가지고 있었다. 그러나 에드워드는 예순넷에다 비만이었고 건강 상태가 양호한 것도 아니었다. 첫 마취제를 투여하자 그는 격렬하게 반응했고, 자기 혀를 거의 삼켜버릴 지경이 되었기 때문에 질식 방지를 위해 그의 턱수염을 강하게 당겨야 했다. 곁에 있던 알렉산드라 왕비는 매우 흥분해서 밖으로 나가있으라는 안내를 받았다. 더럽고 오래된 코트를 입고 있던 트레브스는 미생물의 발견 이후 발전한 청결함을 '대륙적' 강박이라고 여기던 구식 의사였다. 그는 미래 군주의 배를 가르고 감염된 그의 충수(蟲垂)에서 고름을 빼냈다.

에드워드의 생존이 확실하지 않았고 대관식이 얼마나 연기될지도 알 수 없었다. 결국 많은 외국 방문객들은 짐을 싸서 고국으로 돌아갔다. 비토리오 에마누엘레 왕도 카를로 알베르토호를 타고 이탈리아로 돌아가기로 결심하고 서둘러 풀에 있는 마르코니 장비를 구하려고 계획을 세웠다. 그러나 그는 생각을 바꾸어 그를 초대한 러시아 황제 니콜라스와 유선으로 교신하고 있었다.

마르코니는 켐프에게 카를로 알베르토호와 관련된 일을 맡기고 런던으로 떠났다. 그가 도버에서 그 배를 만나면, 배가 북쪽으로 항해할 때 켐프가 일련의 흥미로운 실험을 준비하도록 하였다. 배에는 여벌 돛대가 세워졌고, 카를로 알베르토호가 도버로 향할 때 가능한 한 높이 네 가닥으로 된 안테나를 세웠다. 켐프는 다시 한번 영국에 남아 마르코니에게 작별을 고했고 그의 최신 발명품이 잘 작동되기를 빌어주었다. 예기치 않게 북쪽으로 여행을 하는 카를로 알베르토호 선상에는 마르코니가 혼자 조립한 완전히 새로운 종류의 검파기가 설치되어 있었다.

전자기파의 충격에 반응하는 모든 장치는 모스부호 수신기에 나타날 것이다. 마르코니는 뉴질랜드의 뛰어난 물리학자 에른스트 러더퍼드(Ernest Rutherford)가 쇠바늘의 자성을 없애기 위해 전자기파를 사용한 실험에 대한 글을 읽었다. 마르코니보다 겨우 세 살 연상이었던 러더퍼드는 방사능 연구로 유명해진 과학자였고, 1931년 러더퍼드 경이 되는 영예를 얻었다.

1894년 러더퍼드는 자기코일이 어떻게 무선파의 검파기가 되는가에 대하여 논문을 썼다. 이 러더퍼드의 청사진에서 실용적인 무선검파기를 만들어내기 위해서는 마르코니의 끈질긴 측정과 장인다운 재능이 요구되었다. 실험적인 전기전신을 위해 여성모자 제조업자들로부터 구리선을 샀던 베일 형제처럼, 마르코니는 자기에게 필요한 얇은 전선을 예상하지 못한 곳에서 구할 수 있었다. 풀 지역을 자전거로 돌아다니면서 그는 자주 본머스에 갔고, 휴양지 방문객들을 위해 꽃집에서 온종일 꽃다발을 만드는 예쁜 소녀에게 눈길이 머물렀다. 마르코니는 그녀가 사용하던 섬세한 전선 틀을 기억해냈고, 본머스로 가서 꽃집 소녀에게 장식용 선을 자기에게 팔라고 설득했다. 마치 헤비사이드처럼 '질주' 해서 헤이븐 호텔로 간 그는 이것을 코일로 만들기 시작했다.

켐프는 나무로 된 담배상자 안에 이 새로운 수신기를 장착했다. 편자 자석들은 찾기도 쉬웠다. 그러나 마르코니는 두 개의 작은 나무얼레에 회전식 전선도 요구했다. 그리고 나무얼레들은 일종의 소형 전

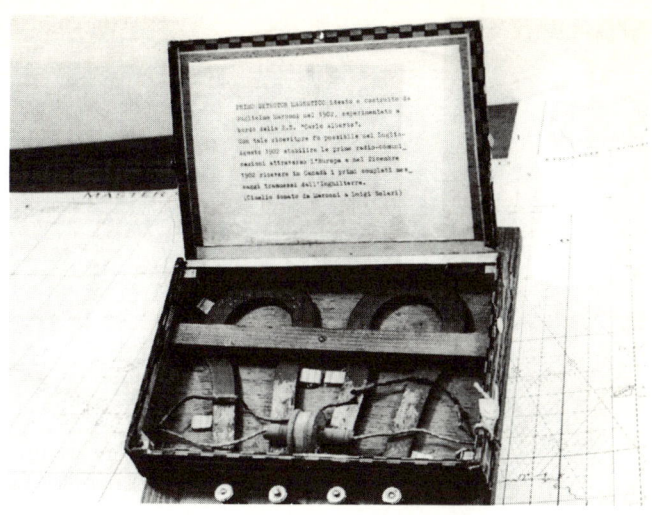

1902년 마르코니가 고안한 '자기검파기'는 초기 수신기 코히러를 대치했다. 에디슨 축음기에서 빼낸 모터와 꽃다발에 사용되는 코일을 담배상자에 넣어서 만들었지만, 무선통신원들이 '매기'라고 부른 이 장치는 여러 해 동안 훌륭한 효과를 냈다. 타이타닉호에도 사용됐던 원형적인 수신기였다.

동기를 필요로 했다. 언제나 그랬듯이, 빅토리아시대 후기에는 뜻하지 않게 적합한 물건이 제공되곤 했다. 켐프는 6월 2일 일기에 이렇게 기록했다. "본머스로 가서 에디슨 축음기 중고품을 샀다. 태엽장치를 세서하고 섬파기의 수요한 코일을 통과해 절선을 덮은 40번 줄의 철심을 회전하는 데 사용했다." 부품을 제거한 원통 모양의 축음기가 마르코니의 새로운 발명품을 위한 초기 전동기로 사용된 것이다.

카를로 알베르토호가 북해로 달릴 때 마르코니는 온종일 자기검파기를 시험하며 보냈다. 아주 민감하게 만들었기 때문에 공기의 방해를 받았지만, 이것만 제외하면 작동이 잘 되었다. 수신 메시지를 영구히 남기기 위해 코히러와 모스부호 인쇄기도 장착했다. 그러나 필라델피아호에서처럼 해가 뜨자 폴두에서 500마일 떨어진 지역에서 교신이 끊겼고, 일몰 후 30분까지도 신호가 단절됐다. 마르코니는 낮 시간에도 폴두에서 보낸 신호를 받고자 하는 희망으로, 장비를 조정하고 모든 장치를 시험하며 수습사관인 라이네리-비샤와 함께 밤을 새워가며 일했다. 그러나 아무런 효과도 보지 못했다. 라이네리-비샤는 마르코니가 더욱 초조해 하는 것을 알아차리고 볼로냐 악센트로 소리쳤다. "제기랄 태양 같으니! 언제까지 우리를 고문할 거야!"

카를로 알베르토호는 러시아에 도착해서 크론슈타트에 정박하고, 비토리오 에마누엘레 왕은 니콜라스 황제를 만나러 갔다. 황제는 1600마일 떨어진 콘월에서 보낸 메시지를 수신하였으므로 마르코니의 놀라운 발명품을 직접 보길 원했다. 그는 전함이 축포를 쏘고 선원들이 갈채를 보내며 악단이 애국가를 연주하는 가운데 화려하게 도착했다. 마르코니는 특별한 환영의 인사가 인쇄기를 통해 나오는 것에 감격한 황제에게 무선장비를 보여주었다. 황제는 마르코니에게 그 인사가 어디에서 오는 것인지 영어로 물어보았다. 마르코니는 미안해하며 그 메시지는 콘월이 아니라 솔라리가 급하게 조립한 송신기에서 보낸 것으로 카를로 알베르토호의 다른 쪽 끝에 있다고 설명했다. 그들은 해가 지기 전까지는 폴두에서 보낸 메시지를 다시 듣지 못했다.

예의상의 문제로, 비토리오 에마누엘레 왕은 바다에서 독일 황제와 만나기로 약속해 놓았다. 에드워드 7세의 사촌인 독일 황제 빌헬름 2세는 왕가와 외교권에서 '제정신이 아닌' 이로 여겨졌다. 오토 폰 비스마르크(Otto von Bismarck)는 그에 대해 "마치 풍선과 같다. 만일 줄을 빨리 붙잡지 않는다면, 어디로 날아갈지 결코 알 수 없다"고 말하기도 했다. 독일이 영국처럼 큰 전함을 가져야 한다고 요구하고, 카이저 빌헬름 데어 그로세호와 도이칠란트호를 축조하도록 명령한 이도 바로 그였다. 두 선박은 대서양을 가장 빠른 속도로 횡단하는 배에 수여하는 블루리본상을 수상하기도 했다. 슬라비 교수가 마르코니를 몰래 조사할 수 있도록 프리스에게 허락해달라고 부탁한 사람도 그였다.

빌헬름 2세는 독일의 신기술이 다른 모든 나라들보다 앞서가길 원했다. 그러므로 마르코니가 독일의 과학자나 발명가보다 훨씬 앞질러 성공을 했다는 것이 그에게는 기쁜 일이 아니었다. 슬라비와 아르코가 개발한 무선 시스템은 1902년 도이칠란트호를 비롯한 몇몇 선박에 설치되었다. 크론프린츠 빌헬름호 같은 다른 독일 선박에는 마르코니의 장비를 설치했다. 그리고 해변기지국을 가장 많이 소유한 것도 바로 마르코니 회사였다.

1902년 초 빌헬름 2세의 동생 하인리히 왕자는 크론프린츠호를 타고 미국을 공식 방문했다. 그는 마르코니사의 통신원을 통해 동쪽이든 서쪽이든 메시지를 보낼 수 있고 무선 접촉을 할 수 있다는 것에 무척 기뻐했다. 그러나 도이칠란트호를 타고 귀국할 때 독일 무선장비로는 메시지를 전혀 주고받을 수 없다는 사실을 알고는 크게 불쾌해했다. 독일인들은 마르코니 회사가 무선을 독점하고자 슬라비-아르코 통신원들의 신호를 일부러 거절하고 있다고 믿었다. 빌헬름 2세는 동생으로부터 이 소식을 듣고 격분했다. 미국잡지 《일렉트리컬 월드》가 '악성 마르코니 혐오증'으로 묘사한 소식이 독일로 건너가자, 슬라비와 다른 이들은 자신들이 의도적인 무선 방해의 희생자들이라고 불평하면서 《뉴욕 헤럴드》에 분개하는 편지를 보냈다.

마르코니는 《뉴욕 타임스》를 비롯한 여러 신문사에 편지를 써서 도이칠란트호의 슬라비-아르코 장비는 자신의 기지국에 조율하지 않았다고 밝혔다. 그리고 그것은 단지 기술적인 문제이며 회사의 무선 독점 야망과는 아무런 관련이 없음도 밝혔다. 마르코니의 장비가 훨썬 뛰어났지만, 만일 그런 욕망이 있었다면 당시 두 시스템은 경쟁에 돌입했을 것이다. 문제는 기술적인 것이지 정치적인 것이 아니라는 마르코니의 주장은 부정직한 것이었다. 그는 단지 사태를 조용히 무마하려고 시도하는 중이었다.

《일렉트리컬 월드》에 따르면, 미국 신문들의 칼럼에서처럼 독일에서도 한바탕 싸움이 거세게 일어났다. 비토리오 에마누엘레 왕이 빌헬름 2세와의 공식적 만남을 위해 함장 미라벨로에게 카를로 알베르토호를 이끌고 독일 항구 킬로 가라고 명령했던 때에도 이런 불만은 여전히 남아 있었다. 당시 빌헬름 2세는 왕실 요트 호엔촐레른호에서 버킹엄궁전 통신원이 보낸 결과를 기다리며 정처 없이 어슬렁거리고 있었다.

영국에서 장비 설치를 하던 켐프는 마르코니로부터 가능한 한 빨리 킬로 와달라는 소식을 들었다. 그는 7월 22일 오전 9시 25분 런던 홀본역에서 킬로 향하는 기차표와 배표를 구입하고, 당일 오전 11시 30분에 독일로 가는 증기선에 탈 수 있었다. 독일 해안에 도착했을 때 수화물 중 몇 개가 없어졌기 때문에 그는 함부르크로 가는 열차의 식당차에서 전신을 보내야 했다.

켐프는 런던을 떠난 지 정확히 24시간 후인 오전 11시 조금 넘어서 킬에 도착했다. 아직 카를로 알베르토호의 흔적이 없었으므로 그는 호텔을 예약하고 항구를 관찰했다. 이튿날 그의 일기에는 이렇게 적혀 있다. "나는 악단 소리와 군인들이 행진하는 소리에 잠을 깼다." 독일 군국주의는 이미 거대한 갈등을 몰고 올 조짐을 확실하게 보여주고 있었던 것이다. 켐프는 독일 전함이 항구를 떠나고, 이른 오후 카를로 알베르토호가 도착한 것을 보았다. 그는 마르코니와 미라벨로 함장과 함께 해변을 산책한 후 객실을 배정받았고 이탈리아 배에서 식사를 했다.

  독일 황제와 만나기까지는 며칠이 남았기 때문에 그들은 킬 항에서 장비를 시험하며 시간을 보냈다. 켐프와 마르코니는 폴두에서 보낸 신호를 받기 위하여 이른 새벽까지 밤을 지새웠다. 동이 트고 반시간 후면 신호는 사라져버리곤 했는데, 켐프는 이것이 '지구의 자기매체 변화'와 관계있다고 믿었다.

  이미 기분이 상해 있던 황제를 태운 호엔촐레른호의 도착은 잘 진행되지 않았다. 자정 즈음 독일인들은 자기들의 황제를 환영하는 의미로 스물한 발의 예포를 쏘아달라고 함장 미라벨로에게 요구했다. 그러나 그는 어두워진 후에는 예포를 쏘는 일이 없을 것이라고 응답했고, 이 요구가 반복되자 카를로 알베르토호는 즉시 떠나야 한다고 결정되었다. 솔라리가 조금 꾸며서 한 것처럼 보이는 이야기에 따르면, 그들이 호엔촐레른호를 지나며 폴두에서 보낸 소식을 원하느냐는 무선 메시지를 보냈을 때, 독일 통신원은 무의미한 점과 선으로 전파를 방해했고, 호엔촐레른호는 그렇게 먼 거리에서는 신호를 받기가 불가능하다고 대답했다.

  이런 일이 실제로 있었다면, 그것은 제1차 세계대전 중에 마르코니 회사와 독일 황제 사이에 벌어진 전투의 시발이었다. 슬라비-아르코 장비는 마르코니 장비에 비해 범위가 아주 제한되고 훨씬 조악한 것이었지만, 빌헬름은 해군을 포함한 모든 독일 선박에게 오직 그 장비만 사용하도록 명령했다. 그러고는 마르코니 회사가 다른 무선전신 시스템들과 교신하지 않을 수 없도록 하기 위하여 국제적인 캠페인을 시작했다. 이 문제를 논의하기 위해 회의가 소집되었고, 마르코니가 강제로라도 국제통신협약을 따르도록 하려는 국제협약이 이루어졌다. 이런 방해는 몇 년 동안 지속되었다. 무선파가 모스 메시지를 엄청나게 먼 거리까지 운반할 수 있다는 것을 마르코니가 세상에 보여줄수록 그의 시스템은 더욱 신뢰를 얻었으나, 경쟁자들과 정부의 통제로부터는 더욱 큰 위협을 느꼈다.

에드워드 7세는 트레브스 덕분에 살아났고, 회복기를 거친 후인 8월 6일로 대관식이 결정되었다. 카를로 알베르토호는 영국으로 돌아와 스피트헤드의 관함식에서 높은 자리를 차지했다. 축하식 이후 비토리오 에마누엘레 왕은 며칠 동안 폴두를 방문했고 그의 장교들 몇몇은 플레밍 교수의 놀라운 장치들과 거대한 그물모양의 돛을 구경하러 해변으로 갔다. 마침내 그들은 이탈리아로 떠났고 마르코니와 솔라리는 가는 도중 내내 코히러와 새로운 자기검파기를 시험했다. 카를로 알베르토호가 지브롤터해협으로 향하던 때는 마르코니에게 무척 중요한 시기였다. 그곳은 이베리아 반도라는 광대한 대륙이 폴두와의 교신을 가로막는 장벽으로 작용할 수 있었기 때문이다.

9월 5일 새벽 2시 콘월에서 보낸 신호를 수집하려는 기대 속에서 미라벨로 함장은 카를로 알베르토호의 속도를 줄였다. 마르코니와 솔라리와 함장이 수신기 옆에서 신호를 기다리는 동안 배는 짙은 안개 속을 떠다니고 있었다. 아무런 신호도 오지 않았고, 미리 약속했던 송신시간이 지나자 마르코니는 갑판 위를 왔다갔다했다. 잘못된 일이 있는지 폴두에 확인하는 것은 불가능했고 다시 조율하려면 새벽 3시까지 기다려야 했다.

마르코니가 폴두에서 보낸 신호를 수집할 수 있도록 카를로 알베르토호는 안개 속에서 계속 선회했다. 3시 바로 직후, 모스 인쇄기가 콘월에서 보낸 표준신호인 'V' 자를 연속으로 찍어내자 솔라리는 미라벨로에게 말하기 위해 선교(船橋)로 뛰어갔다. 무슨 일이 있는지 조사하기 위해 지브롤터에서 배 한 척이 와서 광선을 비추고 있었다. 카

1902년 에드워드 7세의 대관식을 축하하기 위해 웨스트민스터에서 친구 국회의원 헤네커 히튼 경과 함께. 일종의 축하예복을 입고 있다.

를로 알베르토호가 그 부근에 너무 오래 머물러 있었던 까닭에 영국 해군이 수상히 여겨 배를 보냈던 것이다. 미라벨로는 논쟁하지 않고 전속력으로 이탈리아를 향해 달렸다.

   마르코니는 다시 한번 승리했으나 엄청난 긴장 속에서 끝없이 여행하며 1년을 보냈기 때문에 건강이 나빠져서 고열로 침대에 누워 있었다. 배가 라스페치아에 근접했을 때에야 회복된 그는 콘월에서 카를로 알베르토호 선상에 있는 비토리오 에마누엘레 왕에게 보낸 전신을 수신하기 위해 장비를 다시 설치하기 시작했다. 신호가 도착했고 마르코니가 메시지를 해독하려고 했지만 그것은 뭐가 뭔지 알 수 없는 말이었다. 그는 좌절하고 격분해서 수신기를 부숴버렸고, 폴두의 모스부호 통신원이 무능한 것임에 틀림없다고 믿었다. 냉정을 찾은 후 장비를 다시 조립했지만 신호는 오지 않았다. 솔라리에 따르면, 마르코니는 폴두에서 무심코 파장을 바꿔버린 것으로 생각했다. 당시의 주파수대 측정법은 여전히 조야한 것이어서 송신할 때 조금만 변경해도 수신자는 대충 짐작해서 조정해야 했다. 마르코니는 자기의 수신기를 적응시키기 위하여 양초 주위에 전선을 감고 안테나에 그것을 부착시켰다. 결국 메시지는 도착했으나 파장과 조율은 계속 마르코니를 괴롭히고 있었다. 그리고 언제나 그렇듯이 시간도 그에게 반대하는 것처럼 보였다.

겉으로 보기에는 모든 것이 화려했다. 비토리오 에마누엘레는 마르코니에게 공식 알현의 기회를 주었고, 그들은 카를로 알베르토호의 흥미로운 항해에 대해 이야기했다. 마르코니는 군중의 환호를 받으며 볼로냐를 방문했고 외양 정기선의 사용권을 받았다.

9월 중순 마르코니는 카를로 알베르토호를 타고 영국해협으로 갔다. 왕은 그 배가 캐나다에 가게 된다면 첫 정규 대서양 횡단 서비스가 시작될 때 이탈리아의 위신을 크게 세워줄 것이라고 믿었다. 영국에서 잠깐 머문 후 마르코니는 대서양을 지나 노바스코샤의 글레이스만으로 향했다. 그는 곧 읽을 수 있는 모스 메시지를 대서양 양쪽에서 처음으로 보낼 수 있을 것이라고 확신했다.

우렛소리를 내는 교수

플레밍 교수가 폴두에 만든 송신기는 무서운 광경을 보여주었다. 초창기에 플레밍과 함께 일했던 아서 블록(Arthur Blok)은 이렇게 회고한다.

멀리언과 헬스톤의 시골 뒷마당에 있던 불꽃의 섬뜩하고 놀라운 모습은 쉽게 잊혀지지 않을 것이다. 경내의 문이 열렸을 때 방전되는 소리는 해변을 따라 몇 마일 떨어진 곳에서도 들을 수 있었다. 이 맹렬한 방선이 만들어낸 에테르 폭풍도 주목할 만한 것이었다. 금속으로 된 모든 배수관이나 다른 물체들은 멋대로 울렸고 방전과 공명하여 소리를 내며 번쩍이면서 합창을 했다. 방전 막사 밖 마당에 있는 열쇠 꾸러미에는 큰 불꽃이 일어서 손가락 관절까지 전기가 통할 수 있었고, 막사에 기대어 있던 작은 나무 사다리에 올라갈 때에는 발판을 안전하게 고정시킨 못에 손이 닿을 때마다 손이 따끔거렸다.

마르코니가 마술상자를 가지고 처음 런던에 도착한 이래 무선신호를 발생시키는 기본 기술은 변함이 없었다. 다만 더욱 먼 거리에서 통신을 가능하게 하기 위해서는 대용량 전력이 필요했는데 그것은 무서운 전기 방전을 낳았다. 마르코니의 자기검파기가 산뜻하고 작았던 데 비해 송신기들은 공격적인 괴물 같았다. 대서양 너머로 메시지를 보내려고 할 때 식사접시 두 개 크기의 회전 금속판 사이에서는 불꽃들이 발생했고, 모두 합쳐 10톤이 나가는 거대한 라이덴 전지로 전력을 충당했다. 당시 50대였던 플레밍은 약간 귀가 먹었었다.* 그러므로 그가 폴두에서 송신하는 소리를 들을 수 있는 경우에는, 폴두 호텔에 있던 누구라도 모스부호를 소리로 들어서 아는 사람은 우레 같은 소리를 내는 점과 선 때문에 어떤 메시지를 보내는지 알 수 있었을 것이다.

플레밍은 장비를 실험할 때 호출부호로 'V' 자를 선택했는데, 이는 모스부호로 '점-점-점-선'이었다. 블록은 플레밍 교수가 '다-다-다-다아아' 하고 혼자 콧노래를 부르거나, 이빨 사이로 휘파람을 불었다고 회상했다. 그는 회전 테이프에서 계속 'V' 자를 발포하는 작은 기계를 만들었는데, 이것은 주변에 있던 사람들을 미치게 만들었다. 플레밍은 열정적인 연구가였고, 콘월과 런던대학에서 끊임없이 마르코니 장비를 실험하면서 효율성을 높이려고 노력했다.

1902년 그는 대서양 횡단 무선전신이 가능한지에 대한 실험을 준

---

* 초기 전기음향 영역에서 일했던 뛰어난 많은 이들이 잘 듣지 못해서 고통 받았다는 사실은 놀라운 일이다. 에디슨은 소년시절부터 약간 귀머거리였고, 헤비사이드는 어렸을 때 성홍열(猩紅熱)의 발작으로 고통 받았다. 벨은 귀머거리와 벙어리를 연구하다 전자공학에 관심을 갖게 되었고 음색의 고저에 매력을 느꼈으며 그의 아내는 성홍열에 걸린 다섯 살 이후 귀가 전혀 들리지 않았다.

비하고 있었다. 그는 더욱 큰 전력을 생산할 수 있는 길을 발견했고, 폴두에 있던 모든 사람은 작년 12월 'S'의 성공을 반복할 수 있는 유일한 희망은 어두운 시간에만 신호를 보내는 것이라고 알고 있었다. 'S'가 어떻게 낮 시간에 세인트존스에 도착했는지 그들은 결코 이해하지 못했다. 그들이 이런 성공을 한 것은 아주 오래전 일이었다.

10월 마지막 날 마르코니는 카를로 알베르토호를 타고 글레이스 만에 도착해서 엄청난 환대를 받았다. 소형 선단이 그를 맞이하러 나왔고 기자들은 마르코니 주변에 모여들어 대서양 횡단 메시지를 언제 처음으로 내보낼 것인가를 물었다.

테이블 헤드라고 불리는 곳(串)에 있는 글레이스 만 기지국은 폴두보다 더욱 효과적이었는데 비비안이 자유롭게 설계한 곳이었다. 비비안은 마르코니가 가장 신뢰하는 엔지니어였다. 그러나 회사 이사들이 언제나 그를 높이 평가한 것은 아니어서 그들은 때때로 비비안의 촌스런 행동을 불평했다. 예를 들면 그는 금연이 명시된 장소에서도 계속 파이프 담배를 피웠다.

지난 10년간 케이프브레턴 섬은 빠른 속도로 산업화가 진행되었기 때문에 비비안은 글레이스 만 기지국 건물과 거대한 안테나를 설치하기 위한 숙련 노동자들을 구할 수 있었다. 1900년 시드니 외곽에 제철소가 문을 열었고, 제철소에 연료를 제공하기 위한 탄광이 케이프에 개발되었다. 이어서 탄광 주변에 촌락들이 형성되었고, 급속히 성장하는 동부해안 산업에 석탄을 제공했다. 국제적 사업체였던 캐나다제철석탄회사가 그 지역만이 아니라 유럽에서도 노동자들을 구했기 때문에 이민자들도 몰려들었다.

케이프브레턴 사람들은 농업과 어업을 팽개치고 재빨리 누추한 사람들을 위한 거주지를 지음으로써 전통산업보다 더욱 많은 돈을 벌 수 있었다. 1891~1901년 10년 사이에 글레이스 만의 인구는 2459명에서 거의 7000명으로 늘었다. 2000여 명을 고용하는 채탄소가 다섯 곳에 있었는데 광부들 대부분은 케이프브레턴 지역 출신이 아니었다. 비비안이 지휘하던 100~200명의 노동자 중에는 이탈리아인, 폴란드인, 북미 원주민, 남동 유럽인 등이 포함되어 있었다.

거대한 시멘트 블록을 끼워넣어 소나무로 만든 기지국의 네 탑은 높이가 200피트도 더 되었다. 이 탑들은 안테나들을 매단 선을 지탱했고 탑으로 형성된 광장 안에는 발전소와 조종실이 있었다. 전기발전기는 케이프브레턴의 풍부한 석탄을 연료로 사용해 증기를 움직였다. 그들 가운데는 탄광촌에 새로 지어진 거리에 살 곳을 마련한 노동자들이 있는가 하면, 자기들이 지은 형편없는 막사에서 지내야 하는 사람들도 있었다. 그들은 케이프브레턴이 석탄세를 얻어 밀려드는 사람들을 수용하고 도시계획을 수립할 때까지 기다려야 했다.

높은 철조망 울타리가 처진 진흙길을 통과하면 글레이스 만 기지국에 도달했다. 마르코니와 그의 직원들을 위해 침실 아홉 개와 휴게실, 식당, 피아노를 갖춘 거실이 있는 1층 목조건물이 지어졌는데 마르코니는 가끔 거실에서 피아노를 연주하며 긴장을 풀기도 했다. 신문기사들에 따르면, 케이프브레턴 사람들은 마르코니 같은 유명인사가 자기들 지역에 머무는 것에 대단한 자부심을 가지고 있었고, 기지국에도 큰 관심을 보였다. 기자들은 비비안과 회견을 하려는 기대 속에 하염없이 기다리곤 했는데, 그는 아주 안전한 기지국과 장비를 만드는 것 이외에는 할 말이 없다고 경고하며 퇴짜를 놓곤 했다. 비비안은 쉬는 날이면 기지국 근처 시냇가에서 번식하기 위해 헤엄쳐 들어오는 송어낚시를 했다.

기지국 건설과 관련한 모든 것이 잘 진척되는 듯 보였으나, 마르코니는 기자들에게 대서양 횡단 서비스를 언제 시작하게 될지 알 수 없다고 말하여 그들을 실망시켰다. 무엇보다 마르코니는 캐나다 후원자들의 기대가 지나치게 낙관적인 점을 우려했다. 짙은 안개가 기지국을 감싸고, 소식을 기다리며 정박해 있는 카를로 알베르토호를 숨기면서 겨울이 오고 있었다.

마르코니가 장비를 잡았을 때 그의 헤드폰에서는 단지 침묵만 흘렀다. 플레밍과 동료들은 천둥 같은 소리를 내며 'V' 자를 보냈으나 글레이스 만에는 아무것도 도착하지 않았다. 플레밍은 전력을 더 올리라는 소식을 들었고, 글레이스 만에서는 여전히 아무런 신호도 받지 못한 채, 엄청나게 큰 모스부호 소리가 29일 동안 멀리언 협곡 주변에 울려퍼졌다. 모든 이가 근심하는 가운데 마르코니는 이사회로부터 회사의 주가가 떨어지고 있다는 전보를 받았다. 여기에다 카를로 알베르토호는 크리스마스 때에 닻을 올리고 남미로 향하게 될 것이다.

11월 19일 글레이스 만에서는 얼음 덮인 풍경을 밝히며 신호들이 소리를 내기 시작했으나, 콘월에서는 아무것도 받지 못했다. 9일 동안 날씨는 얼어붙었고 마르코니와 다른 사람들은 아무런 결과 없이 모스부호 키를 눌러댔다. 11월 28일 밤 폴두는 신호를 수집했으나 그것들은 너무 약해서 읽기 어려웠다. 눈이 글레이스 만의 안테나 돛대에 떨어지기 시작했고 송신국 주변 대지에도 눈이 쌓여 갔다. 12월 5일 글레이스 만은 폴두가 신호를 받았지만 대부분 약한 신호였다는 소식을 들었다. 그날까지 대서양 양쪽에서는 아무것도 듣지 못한 것이다. 맹목적으로 장비를 작동시키며 또 10일이 지났을 때 드디어 콘월에서 읽을 수 있는 메시지를 두 시간 동안 받았다는 소식이 왔다.

1902년 12월 15일 오전 7시, 일하던 사람들은 눈 속으로 뛰어들며 실성한 사람처럼 기뻐했다. 그러나 마르코니는 중대한 결정을 내려야 했다. 일단 이사회가 이 작은 성공을 알게 되면, 그들은 케이프 코드와 글레이스 만과 폴두 사이에 상업적 무선전신 서비스가 준비되었다고 공포하길 원할 것이다. 그러나 영국 체신부가 여전히 전신 메시지 독점권을 가지고 있기 때문에 이 일을 당장 시작하기는 어려웠다. 마르코니는 이 문제를 풀어야 했으므로 할 일이 더 있다고 말한 후 침묵을 유지했다. 두 기지국 사이의 소통은 괴로울 정도로 느렸고 예측할 수 없었다. 어떤 경우는 계속해서 메시지를 보내야 했는데, 폴두에서 해독하기 전까지 24번이나 보낸 적도 있었다.

지금 마르코니는 자기 회사의 고용인이었다. 그의 마술상자들은 돌아갈 수 없는 지점으로 그를 데려왔다. 그는 자만하지 않고 글레이스 만에서 이탈리아에 있는 비토리오 에마누엘레와 영국에 있는 에드워드 7세에게 인사를 전하기 위해 미리 준비했던 계획을 실행에 옮겼다. 그는 이를 위해 먼저 메시지 송수신을 증언해줄 신뢰할 만한 기자를 불렀다. 뉴펀들랜드와 필라델피아호 선상에서 마르코니가 이룬 성과에 대해 많은 사람들은 여전히 확신하지 못하고 있었다. 근처에 숨어서 신호를 보낸 다음 2000마일 이상 메시지가 이동한 것처럼 가장하는 일은 너무도 쉬운 일이었던 것이다.

1901년 12월 마르코니를 믿었던 권위 있는 신문은 《타임스》였다. 마르코니는 전에 보여주었던 신뢰에 보답하고자 오타와에 있는 《타임스》의 통신원 조지 파킨(George Parkin)을 선택해 폴두로 보낸 메시지가 유선을 통해 런던으로 중계되는 것을 증언하도록 했다. 파킨은 이 역사적 송신의 밤을 뒷날 이렇게 묘사했다.

자정이 조금 지나자 모두 가벼운 식사를 하려고 앉았다. 젊은 남자들의 기운찬 이야기 뒤에는 일상적이지 않은 긴장이 흘렀는데, 그들은 이 순간을 위해 일했고 오랫동안 이때를 기다렸던 것이다. 우리가 오두막을 떠나 작업실로 간 것은 12시 50분쯤이었다. 아마도 내가 그 건물과 장비를 세밀히 볼 수 있었던 첫 외부인이었을 것이다.

아름다운 밤이었다. 땅을 덮은 눈 위에 달빛이 밝게 비추고 있었다. 온종일 해변에 심한 파도를 일으켰던 바람도 잦아들었다. 공기는 차갑고 깨끗했다. 모든 조건이 좋아보였다. 건물 내부와 다소 복잡해 보이는 장치들을 보고 내가 받은 첫 인상은 자기들의 일을 잘 이해하고 있는 사람들 가운데 그가 있다는 것이었다. 그들은 조심스럽게 기계를 조사했고 약간 조정을 가했으며 주의를 기울이면서 다양한 명령을 수행하였다. 전기충격의 힘을 완화하기 위하여 모두가 양털을 귀에 꽂고 있었는데, 그것은 마치 맥심기관총을 연발할 때의 모습과 비슷했다. 전류는 가장 위험한 힘 중 하나였기 때문에 작업에 참여하지 않는 사람들은 위험하지 않은 지역으로 옮겨야 했다.

송신하기 직전 마지막 순간에 정확한 확인을 위해 내가 구두로 메시지를 변경하는 것에 모두 동의했다. 그리하여 변경된 메시지가 발명가에게 전해졌고, 그는 곧바로 읽을 수 있도록 그것을 탁자 위에 놓았다. 불을 끄고 전류를 켜라는 간단한 지시가 내려지자 드디어 교신작업이 시작됐다.

나는 마르코니가 송신장치에 손을 갖다댈 때 그의 불안해 하던 모습이 완전히 확신에 찬 모습으로 변화되는 것을 보고 놀랐다. 그는 폴두에 있는 통신원들의 주의를 끌기 위해서 먼저 'S' 자를 보내는 게 필요하다고 말했다. 그러면 그들은 자기들의 장비를 조정하게 될 것이다. 이 일이 1분이나 그 이상 계속된 후 발명가는 한 손에는 종이를, 다른 손으로는 장비를 잡고 대서양 너머로 연속적인 문장을 보내기 시작했다.

점과 선으로 된 첫 마디가 명확히 발설되었다. "런던 타임스. 마르코니의 캐나다 기지국에서 발명가의 첫 대서양 횡단 무선 메시지를 영국과 이탈리아에 보내는 영광을 누리다. 타임스의 파킨."

에드워드 7세와 비토리오 에마누엘레로부터 짧은 축하 메시지가 왔다. 파킨은 이렇게 썼다.

밖에는 물론 아무런 징후가 없었으나 작업실 안에서는 번개가 번쩍이는 것 같은 짧은 순간에 말이 판독되는 것 같았다. 이번 일은 속도를 시험하는 것이 아니었기 때문에 천천히 진행되었다. 그러나 일이 끝났을 때, 섬광을 보는 순간부터 폴두에 기록되기까지 단지 90분의 1초가 소요된다는 말을 듣고 사람들은 무척 경이로워했다.

전혀 교신이 이루어지지 않은 때도 있었으나, 어두운 시간에는 더욱 많은 메시지를 주고받았다. 마르코니는 이탈리아인이었으나 그의 회사는 영국 회사였기 때문에 외교적으로 미묘한 점이 있었다. 그는 놀리스 경을 통해 에드워드 7세로부터 답장을 받았다. "저는 귀하의 전보를 폐하께 제출하는 영광을 누렸고, 폐하께서는 가장 중요한 발명을 발전시키기 위한 귀하의 노력이 성공한 것에 진심으로 축하를 보내라고 저에게 명령하셨습니다. 폐하께서는 1898년 왕실 요트에서 귀하께서 시작한 일을 기억하고 계시며, 귀하의 실험에 많은 관심을 가져왔습니다." 비토리오 에마누엘레로부터도 답장을 받았다. "폐하께서는 이탈리아 과학의 새롭고 영광스런 승리를 낳은 빛나는 결과에 만족해하고 있습니다."

플레밍과 켐프, 전부 영국인으로 이루어진 마르코니 회사의 운영진에게도 많은 찬사가 이어졌다. 영국 국기와 이탈리아 국기를 모두 게양한 카를로 알베르토호의 장교들과 축하식도 있었고, 노바스코샤의 시드니에서는 다시 한번 마르코니를 위한 잔치가 열렸다.

1903년 1월 14일 마르코니는 미국에서 영국으로 보내는 첫 송신을 지휘하기 위해 케이프 코드로 갔다. 4일 후 루스벨트 대통령의 메시지가 사우스 웰플릿 기지국에서 폴두로 보내졌다. "에드워드 7세 폐하. 무선전신 시스템을 성취한 과학적 연구와 발명의 놀라운 승리를 보면서, 미국 국민을 대신하여 폐하와 대영제국의 국민들에게 진심으로 축하드리며 마음 깊은 곳에서 행복을 빕니다."

케이프 코드에서는 폴두로 직접 송신할 수 없었으므로 글레이스 만 기지국을 통해서 메시지를 보내야 했고, 폴두 기지국도 케이프 코드나 글레이스 만으로 송신할 수 있을 만큼 강하지 못했기 때문에 에드워드 7세는 해저전신을 통해 답장을 보냈다. 그러나 이튿날인 1월 19일 케이프 코드에서 보낸 메시지를 직접 받은 마르코니는 미칠 듯이 기뻐했다.

마르코니와 그의 엔지니어들을 케이프 코드로 데려갈 준비를 하던 지역주민 한 사람은 이렇게 회상했다. "나는 갑자기 마르코니가 양손에 하얀 테이프를 가득 쥐고 나오는 것을 보았다. 나는 마차를 돌리고 준비했다. …그가 다시 나왔을 때 그의 손에는 두 개의 큰 봉투가 있었다. 그것들은 워싱턴과 뉴욕으로 보낼 메시지들이었다. 마르코니는 '바람처럼 달려갑시다'라고 소리쳤다."

미국에서 영국 서부 끝으로 직접 메시지를 송신한 것은 당시의 기술로는 놀라운 성취였다. 그러나 무선으로 보낸 모스부호는 대단히 불편했으며 속도나 정확성에서 유선의 경쟁상대가 되지 못했다. 비비안은 필라델피아호가 성공적인 항해를 하기 직전인 2월에 결혼했고 그의 아내는 미국과 글레이스 만에서 그와 함께 지냈다. 1903년 1월 3일 아내가 딸을 낳자 그는 런던의 《타임스》에 메시지를 보냈다. '1

월 3일. R.N. 비비안의 아내-딸을 낳다(Jan. 3rd. Wife of R.N. Vyvyan-a daughter).' 그런데 모스부호로 한 점인 알파벳 'E'가 대기의 방해로 수신 인자기가 작동되어 메시지는 '비비안의 세번째 아내 제인-딸을 낳다(Jane, 3rd Wife of R.N. Vyvyan)'로 바뀌었다. 이처럼 교정해야 할 실수들은 많이 있었다.

 3월 28일부터 《타임스》를 위해 간헐적으로 뉴스 서비스가 제공됐다. 그런데 4월 6일 재앙이 발생했다. 노바스코샤의 사람들이 '백색 해동'이라고 부르는 것으로, 계속 내린 차가운 비가 얼음으로 변하면서 거대한 안테나에 층층이 쌓여 전체 구조물이 무너져버린 것이다. 결국 마르코니는 너무 무리를 해서 실패했다. 앞으로 몇 년 동안 대서양 횡단 무선 서비스는 없을 것이지만, 방송인들이 '무선광(wireless mania)'이라 불렸던 미국에서 그의 명성은 이미 소동을 일으키기 시작했다.

꼭두각시가 된 디 포리스트

미국의 《석세스 Success》 잡지에서 일하던 프랭크 페이언트(Frank Fayant)는 1907년 무선전신 사기를 조사하다가 우연히 아브라함 화이트(Abraham White)를 발견하고 소리 질렀다. "몸과 피를 지닌 진짜 셀러스 대령이군. 내게 마크 트웨인(Mark Twain)의 펜이 있어 그를 그려낼 수 있다면!" 30년 후에 《새터데이 이브닝 포스트 Saturday Evening Post》는 이 파렴치한 무선전신 후원자를 이렇게 묘사했다.

화이트의 머리와 수염은 붉게 타고 있었고 눈은 푸른색이었다. 그는 에나멜 가죽구두를 신고 실크 모자를 썼으며, 단추구멍에는 꽃을 꽂고 멋진 금시계줄을 달았다. 배 모양으로 생긴 넥타이핀과 너무 크지 않은 다이아몬드 반지를 끼고 있던 그는 나사 모양의 시가를 피우며 거리낌 없이 건네주곤 했는데, 그것은 늘 100 달러짜리 지폐에 말려 있었다. 그는 마치 배우가 소품용 돈을 다루듯 대수롭지 않게 그것을 벗겨내곤 했다.

그리고 글을 마무리하면서 화이트의 실제 이름이 '검다'를 뜻하는 독일어, 슈바르츠(Schwarz)라고 언급했다.

1870년대 미국에서 철도가 폭발적 인기를 끌자, 트웨인은 셀러스 대령이라는 인물을 고안해냈다. 셀러스는 모든 중국인에게 안약을 한 병씩 파는 일 등 갖가지 엉뚱한 생각들로 돈벌이를 꿈꾸던 몽상가였다. 셀러스의 전형적인 계획은 그가 나폴레옹이라 불렀던 새 도시까지 철로를 연장시키는 것이었다. 완충장치를 앞에 단 증기기관의 첫 기적이 들리기까지 모든 일이 순조로웠고, 투자자들은 자신들이 돈을 벌게 되는 서막인 화려한 개통식을 상상하며 기다렸다. 마침내 그날이 왔고 단 한 가지가 빠져 있었는데, 그것은 바로 철로였다.

무선전신이 급속히 발전하던 시기에는 현실에서도 트웨인의 가상 인물인 셀러스 대령의 업적을 능가한 인물들이 많았다. 몇몇 사람은 공중의 이목을 집중시키고 귀 얇은 대중의 돈을 끌어모으기 위해 무선 기지국들을 세웠는데, 그들이 세운 기지국들은 보통 너무 멀리 떨어져 있어서 메시지를 교환할 수 없었다.

젊은 시절, 아브라함 블랙은 아브라함 화이트로 이름을 바꿨다. 그는 주식을 사기도 전에 이익을 내고 팔았는데, 소문에 의하면 우표 값 44센트를 투자해서 10만 달러를 벌어들인 후 텍사스에서 뉴욕으로 옮겨갔다고 한다. 주식 거래에 관한 그의 대담한 이야기들은 전설이 되었다. 심지어 점심을 먹는 한 시간이 채 안 되는 사이에 2만 5000 달러를 벌었다는 이야기도 전해온다. 1901년 12월 그는 뉴펀들랜드에서의 마르코니의 성공에 힘입어 무선전신 후원자로 수완을 발휘해보려고 하였다. 화이트는 시카고에 있는 젊은 미국인 디 포리스트와 동료 연구가들에게 깊은 인상을 받았는데, 그들이 차린 회사는 마르코니와 경쟁하면서 1901년 아메리카컵 경주를 중계했다. 1902년 1

월 3일 화이트는 디 포리스트를 점심식사에 초대했다.

디 포리스트는 어려서부터 줄곧 발명가로 부자가 되려는 꿈을 가지고 있었다. 그는 1873년에 태어나 외롭고 어려운 유년시절을 보냈다. 여덟 살 때, 조합교회 목사이던 그의 아버지가 앨라배마 탈라디가 흑인대학의 학장이 된 후 가족은 백인사회에서 유리되었고, 그는 대부분의 시간을 동네 백인아이들과 다투거나 과학실험을 하며 보냈다. 아버지는 자신의 뒤를 이어 목사가 되기를 바랐지만, 결국 매사추세츠의 가난한 어린이들을 위한 학교에서 공부하도록 허락했고, 디 포리스트는 예일대학 과학부로 진학했다.

페선던처럼 왕성한 발명가였던 그의 노트는 그가 생각해낸 기발한 착상들로 가득 차 있었다. 마르코니의 업적들에 깊은 인상을 받은 그는 헤르츠파에 대해 박사논문을 썼고 무선전신 분야의 선구자가 되리라고 마음먹었다. 하지만 마르코니와 달리 그는 언제나 돈에 쪼들렸기 때문에 화이트가 그를 점심에 초대해서 '착수금'으로 100달러를 건넸을 때, 고마움으로 눈이 휘둥그레졌다.

디 포리스트는 화이트가 찾고 있던 바로 그런 사람이었다. 그는 야심차고 가난의 쓴 맛을 아는 발명가였으며, 수수한 성과에 비해 부와 명성에 대한 넘치는 욕망을 가지고 있었다. 점심을 먹는 동안 300만 달러의 자본금을 갖춘 디 포리스트 무선전신회사가 세워졌지만, 이 자본금은 결코 나타나지 않았다. 화이트는 사장으로서 디 포리스트의 성공을 번드르르하게 치장해서 미국 일간지들의 지면을 채워줄 출판대행업자를 고용했다. 디 포리스트는 내내 주급 20달러를 받는데, 이것은 그때까지의 수입 중 가장 큰 액수였다. 화이트가 내건 가장 결정적인 광고전략은 공적으로나 사적으로 마르코니를 시시하게 만드는 것이었는데, 그를 '이탈리아놈'이라 부르거나 미국 자본가들의 민족주의적 정서에 호소하는 것이었다. 이를테면 그는 "미국의 두뇌와 자본으로 우리 고유의 시스템을 발전시키는 것이 우리 회사의 전략입니다"라는 광고 문구를 사용했다.

디 포리스트는 화이트의 꼭두각시가 되었다. 그는 맨해튼 스테이트 17번가 꼭대기의 한쪽 면이 유리로 된 실험실에서 지냈다. 잠재적 투자자들은 그가 스태튼 섬 캐슬턴 호텔에 있는 기지국으로 신호를 보내는 것을 지켜보라고 초대받았다. 1903년 2월 한쪽 면에 '무선 자동차 제1호'라고 등사된 우스꽝스러운 소형차가 월스트리트 지역에 주차되었는데, 그 옆에서 화이트는 지나가는 이들에게 디 포리스트가 근처 다우존스 사무실로 주식시세를 전송하는 것을 보도록 권고하고 있었다. 화이트는 가장 터무니없는 성공들을 조작해내는 데도 거리낌이 없었다. 그는 자기 회사의 주식시세를 부풀리기 위해 그 회사가 마르코니의 미국 특허를 사들였다는 거짓기사를 신문에 게재하려고 했다. 그는 문제가 되기 전에 갑작스레 치솟은 주식을 팔아치우고는 한 차례 태풍이 지나갈 때까지 자세를 낮추고 지냈다.

화이트는 미국 투자자들에게 디 포리스트와 함께 미국 전역에 기지국을 갖춘 '전세계적 무선전신회사'를 설립했기 때문에 삽시간에 많은 돈을 벌어들일 수 있다고 약속했다. 투자자들로부터 수백만 달러를 모금한 그는 다른 회사들을 매입했으며, 자기의 거대한 계획에 대한 관심을 지속시키기 위해 미국 곳곳에 무선기지국을 세웠다. 그는 새로 올린 안테나가 곧 전국을 연결시켜줄 것이라고 공포했으나 그 가운데 서로 연락이 닿는 기지국들은 거의 없었고, 있다고 하더라도 거리가 너무 멀어 디 포리스트의 기술로는 소통이 불가능했다. 결국 그 시설들은 철로가 없는 셀러스 대령의 기차역보다 나을 바가 없었다.

화이트가 엄청난 속도로 새 회사들을 등록시키며 자기만의 사상누

각을 짓는 동안, 디 포리스트는 마르코니가 3년 전 해냈던 것과 비슷한 일을 해냈다. 1903년 10월 아메리카컵 경기가 개최되었는데, 립턴 경도 자기 요트 샴락 3호로 재도전하고 있었다. 마르코니와 디 포리스트는 다시 한번 경쟁 신문사들을 통해 경기중계를 제공했는데, 방해꾼이 나타나 쇼를 망치고 말았다. 기만적인 미국 무선전신회사의 필라델피아 지부가 단순히 'AAAA'나 'BBBB' 같은 무례한 메시지를 내보냄으로써 두 사람 모두의 방송을 방해했던 것이다. 하지만 디 포리스트는 화이트의 도움으로 립턴 경의 관심을 끌어 후원을 약속받았고, 영국에서 시험해볼 수 있도록 초대도 받았다. 1904년 화이트는 사업계 거물의 후광을 업고 대서양을 건너 런던에서 무선전신회사를 설립하기 시작했다.

미국에서 화이트는 노골적인 자기 선전지 《무선전신 뉴스 Wireless News》를 설립하고 임의로 기사들을 실었는데, 1903년 4월호에는 다음과 같은 이야기가 실려 있다.

만일 미국 디 포리스트 무선전신회사의 계획들이 실행된다면 상업용 무선전신은 90일 안에 실현될 것이다. 그러면 일반인들은 한 글자에 1센트의 비용으로 시카고에서 미국의 주요 시역에 메시지를 보낼 수 있다. 시카고에서 호수 위의 기선들에게, 디트로이트, 클리블랜드, 버펄로, 뉴욕, 대서양 연안으로 메시지를 보내는 것은 60일 안에 가능하다. 거의 비슷한 시기에 우리는 세인트루이스, 오마하, 캔자스시티, 포트워스와 무선으로 연락을 취하게 될 것이다. 화이트 사장과 디 포리스트 박사는 어제 시카고 사무실에서 이러한 일이 이루어질 것이라고 발표했다. 그들은 디 포리스트 박사의 발명품들이 마르코니의 것들보다 앞섰다고 주장한다.

화이트에게는 분명히 무선전신 사업을 계속하려는 의도가 없었다. 그러나 수천 마일 떨어진 곳에서도 무선 메시지를 쉽게 보낼 수 있다는 주장에 대해 적절한 대응을 못했다는 것과 유선회사들이 심각한 경쟁상태에 빠졌다는 사실은 한 사기꾼의 삶을 상대적으로 쉽게 만들었다. 그 결과 그는 가장 부당한 사기를 마음껏 즐겼다. 화이트는 캐나다와 미국에서 유럽 왕족에게 성공적으로 메시지를 보낸 마르코니의 업적에 눌리지 않기 위해 서둘러 디 포리스트를 아일랜드로 보내 그에게서 소위 '무선전보'를 받고자 했다. 그것은 다음의 내용을 담은 800자로 된 전신 역사였다.

"인간 천재성의 응용과 하느님께서 주신 자연의 힘을 이용하는 것은 참으로 멋진 결합을 나타낸다. …이 환상적인 성과는 수년 전 유선을 통해 모스가 보냈던 역사적인 전보의 내용을 기억나게 한다. '하느님께서 이루신 일!'"

화이트의 기괴한 짓을 논평하면서 《석세스》는 이렇게 썼다.

화이트가 무선으로 글렌가리프 항구까지 보냈다는 800자로 된 무선전신 역사가 아일랜드로 항해하기 전 디 포리스트의 주머니에 있었다고 주장하는 것은 불친절한 일이 될 것이다. 무선전신에서 이 위대한 업적은 1년도 더 전에 기록되었다. 그때 이후 디 포리스트 회사에서 개발한 기술을 알려주는 소식은 전혀 들려오지 않는데 어쩌면 그들은 대서양 횡단 무선전신 기술을 잃어버렸을 수도 있다. 평범한 사람들은 800자 메시지를 대서양 건너로 보내놓고 그 메시지 외에는 아무런 소식도 없다는 점을 틀림없이 이상하게 여길 것이다. 유선회사들은 여전히 사업을 계속하고 있고, 유선 관련 주식을 보유한 사람들도 더는 무선전신에 대한 걱정으로 밤을 새거나 하지는 않는 것 같다.

그럼에도 디 포리스트와 화이트는 출판물을 통해 흔들림 없이 선전하면서 마르코니에게 계속 도전했고, 남지나해에서의 특종을 준비하고 있었다.

이 시기에 마르코니의 뒤통수를 친 사람은 디 포리스트가 가장 위대한 미국인 경쟁자로 여겼던 페선던이었다. 1902년 페선던과 그의 투자처인 미국 기상청의 관계가 악화됐다. 마르코니가 글레이스 만에서 폴두로 읽을 수 있는 신호를 보내려고 골몰하는 사이, 페선던은 그를 후원하고 특허를 사겠다는 두 명의 피츠버그 출신 백만장자를 맞았다. 한 명은 토마스 기븐(Thomas H. Given)으로 전국농민신탁은행의 사환으로 시작해서 은행장에 이른 자전적 인물이었고, 다른 한 명은 비누와 양초를 생산하는 회사의 소유주인 헤이 워커 주니어(Hay Walker Jr)였다.

기븐과 워커는 성실했으며, 허황된 부의 약속으로 투자자들을 기만하지는 않았다. 그들은 자비를 들여 페선던의 월급을 지불했고, 그의 실험적 무선전신 체계를 상업적으로도 유리한 사업이 되도록 자금을 투자해 1902년 11월 전기신호회사(NESCO : National Electric Signalling Company)를 설립했다. 처음 페선던의 생각은 버지니아와 그가 몇 년 전 가르친 적이 있었던 버뮤다를 무선으로 연결하는 것이었다. 하지만 이 모험을 시작하기 전에 그는 한 영국 전선회사가 버뮤다 지역의 통신권을 독점하고 있으며, 만약 그가 그 독점을 깨려고 했다가는 법정에 서게 될 수도 있다는 사실을 알게 되었다.

페선던은 자신의 시스템을 팔릴 만한 것으로 만들 방법에 대해 전혀 아는 바가 없었으며, 그의 후원자들 역시 그랬다. 그들은 자신들이 택한 무선전신이 점점 예측하기 어려워진다는 점에 당황하고 있었다. 워싱턴, 저지시티, 필라델피아에 기지국들이 세워져 신호들을 보냈고, 미국 해군의 관심을 끄는 시도들도 있었지만 특별한 일들은 아니었다. 당황하던 기븐과 워커는 페선던에게 자신들도 대서양 횡단 실험을 통해 마르코니에게 직접 도전하고 싶다는 뜻을 비쳤다.

그러나 페선던은 전혀 의욕을 보이지 않았고, 더욱이 자신의 무선전신 최고 기록은 120마일밖에 안 된다며 불평했다. 그는 곧잘 분위기를 타는 사람이었고 질투심이 많았으며 자만했다가는 이내 의기소침해졌다. 하지만 돈 문제가 걸려 있었고 후원자들이 열성적이었기 때문에 그는 결국 그 도전을 수용했다. 1904년 매사추세츠의 플리머스 남쪽 브랜트 록에 기지국이 설립되었고 페선던은 가족을 데리고 그리로 옮겨갔다. 영국 본토에 기지국을 세우려면 당시 무선전신 인가를 관장하고 있던 체신부 장관의 허가를 받아야 했다. 마르코니가 언제나 걱정했던 것처럼, 미국은 맹렬한 속도로 그의 뒤를 쫓아오고 있었다.

1903년 2월 미국잡지 《하퍼스 위클리 Harper's Weekly》는 "대중에게 마르코니와 무선전신은 거의 동일한 것이다. 그는 무선전신의 전부다. 그리고 여기에는 몇 가지 이유가 있다"라고 썼다. "마르코니는 처음으로 이 영역에 발을 들여 놓았고, 처음으로 수마일 밖으로 무선 메시지를 보냈으며, 수백 마일 거리를 지났고, 처음으로 바다를 건넜다. 그는 선두를 지켰고 지금도 그렇다. 많은 경쟁자들과 맞서 그가 이룬 것은 아직 서른이 안 된 젊은이에게는 큰 업적이다. 그는 그에게 향한 모든 영예를 받을 자격이 있다."

하지만 《하퍼스》는 이 무선전신의 거장이 디 포리스트와 페선던이라는 미국의 두 발명가에게 도전을 받고 있다고 경고했다. 《하퍼스》는 디 포리스트의 파렴치한 후원자 화이트의 이상하고 기괴한 주장들이나 페선던이 이미 발전시켰다고 주장하는 첨단기술에 대한 자랑 따위를 액면 그대로 받아들이면서도, 마르코니가 끝까지 무선전신의 선두를 지키는 대표자로 남을 것이라 예측했다.

마르코니의 삶은 이제 경쟁 기술이나 미국인 경쟁자들을 생각할 겨를이 거의 없는 단계로 접어들었다. 1903년 1월 그는 케이프 코드에서 글레이스 만을 지나는 첫 대서양 횡단 송신을 준비하고 있었다. 5월에는 로마의 시민이 되도록 이탈리아로 초대받았고, 돌아오는 길에 고향인 볼로냐를 방문해 열렬한 환영을 받았다. 로마 기차역에서 그는 시장의 마차를 타고 추종자들의 인파 속으로 지나갔는데 한 무리의 학생들이 말을 풀어놓고 마차를 그랜드 호텔까지 끌고 갔다. 마르코니의 부모도 함께 있었는데, 이때가 연로한 아버지를 마지막으로 본 시기였다. 거의 팔순에 이른 그의 아버지는 유명한 아들을 아주 자랑스러워했다.

독일 황제가 바티칸을 방문해 거리는 너무 혼잡했고 마르코니는 로마의 강의에 한 시간 반 정도 늦었다. 이탈리아 신문들은 굴리엘모(Guglielmo)와 빌헬름(Wilhelm), 이 두 '윌리엄'의 적대관계를 다소 재미있게 그렸다(굴리엘모와 빌헬름의 영어식 표기는 윌리엄이다). 그날 밤 비토리오 에마누엘레 왕이 황제에게 마르코니를 소개했는데, 마르코니가 독일 무선전신 서비스와 교류할 것을 거절했고 독일 통치자가 그 거절에 대한 자국의 불만을 표명했기 때문에 조금 어색한 자리가 되고 말았다.

그해 7월 웨일즈의 왕자 부부가 그 지역에서 첫선을 보이는 자동차를 타고 폴두 무선기지국을 공식 방문했다. 폴두 호텔과 기지국 기둥에는 국기가 게양되었고, 왕자는 근처 리저드 기지국에서 모스부호로 도착한 신호를 읽을 수 있었다. 마르코니는 장차 조지 5세가 될 이 미래의 왕 앞에서 펼쳐지는 쇼의 스타였다. 왕자를 포함한 몇몇은 전경을 보기 위해 네 개의 송신탑 중 하나의 꼭대기로 올라가기도 했다. 먼지 속을 달려 리저드에 도착한 일행은 하우젤 호텔에서 마르코니와 차를 마시기 전에 상쾌하게 산책을 즐겼다.

8월에는 독일인들에 의해 베를린 회의가 개최되어 솔라리가 마르코니 회사의 대표로 참석했다. 그는 무선전신 경쟁 시스템 간의 연결에 국제적 합의를 도출하려는 개최국의 시도에 항의하며 회의장을 박차고 나왔다. 도이칠란트호 사건에 노기가 가시지 않은 황제는 마르코니에게 독일 무선전신 사업에 협조하도록 외교적 압력을 행사하려고 했다. 그러나 마르코니와 솔라리는 이러한 요구를 무시하고 쿠나드 선박회사의 루카니아호에 무선전신 장비를 장착하여 8월 28일 뉴욕을 향해 출항했다. 그들은 영국과 이탈리아의 해군에서 뽑혀온 승객과 승무원들에게 그들이 대서양을 가로질러 폴두나 글레이스 만에서 온 신호를 받을 수 있다는 것을 보여주었다. 이러한 신호들 덕분에 그는 대서양 한가운데서 최초의 매일 신문을 발행할 수 있었다.

뉴욕에 머무는 동안 마르코니와 솔라리는 에디슨을 방문했는데, 그들은 에디슨이 자기들에게 점심 대접을 할 만한 처지가 못 된다는 사실에 놀랐다. 그의 부인은 출타중이었고 찬장은 비어 있었다. 하지만 에디슨은 선물을 주었는데, 그가 가진 특허권 몇 개를 마르코니에게 넘겨준 것이나. 그것들은 실세 가치는 없었으나, 미국 내에서 발생할 수 있는 야비한 소송의 방어막 구실은 할 수 있었다.

10월에 마르코니는 다시 루카니아호에 올라 장비들을 시험하며 사우샘프턴까지 항해했다. 그 여정에서 그는 아주 비범한 젊은 여성과 또 한번 선상 연애에 빠졌다. 이네즈 밀홀랜드(Inez Milholland)는 갓 열여덟 살이라는 사실을 빼곤 마르코니의 명성에 잘 어울리는 짝이었다. 사무실이나 가게들로 메시지를 보내는 기송관을 발명하여 부를 이룬 《뉴욕 트리뷴 New York Trubune》 기자의 딸인 이네즈는 교육을 잘 받은 아마추어 배우이자 훌륭한 육상선수였다. 그녀는 바사르 대학에서 투포환과 농구공 던지기 기록을 세웠지만 남자대학 입학을 거부당하자 좌절한 후 사회 차별의 희생자들에 관심을 가지면서 착실한 여성 참정권론자가 되었다. 그녀는 마르코니의 딸 데냐가 말한 것처럼, 마르코니가 그다지 좋아할 만한 여성은 아니었으나 루카니아호가 정박할 무렵 두 사람은 약혼했다.

1903년 말 마르코니는 케이프브레턴에 있는 테이블 헤드로 돌아왔다. 11월 병원으로 비비안의 부인을 방문한 그는 부인을 좋아하게 되어 글레이스 만 기지국을 구경시켰다. 런던에 있는 마르코니 회사의 이사 커스버트 홀(Cuthbert Hall)은 이 소식을 접하고 보안을 유지해야 할 필요성을 들어 그를 신랄하게 힐책했다. 그는 무선전신의 역사를 만든 사나이가 호기심에 찬 눈초리에 잡히지 않아야 한다는 규칙들을 위반해서 '일급 죄인'이 되었다고 비난했다. 마르코니 일생에서 그 시기는 그와 자주 접촉하는 일이 거의 불가능한 때였다. 그의 회사들은 전세계에서 운영되고 있었고, 간간이 풀에 있는 헤이븐 호텔에서 며칠씩 지내는 것을 제외하곤 그는 거의 쉬지 않았다.

그는 다시 루카니아호에 올라 오랫동안 미국에서 돌아오지 않고 있었는데, 그 사이에 영국 군함 던컨을 타고 지브롤터로 항해중이던 오래된 영국 해군 친구 잭슨 함장과 합류했다. 계속 진급해서 배의 통솔권자가 된 잭슨은 마르코니에게 폴두와 지중해의 통신 가능성을 테스트하는 데 그 배를 사용할 수 있도록 해주었다. 마르코니 회사는 1914년까지 영국 해군에게 장비와 전문가를 공급하는 장기계약을 체결하려던 중이었다. 잭슨과 헤어진 마르코니는 발칸 반도의 국가들에 무선전신 시설을 설치하고 피사 근처 콜타노에 강력한 기지국을 건설하는 안을 논의하려고 이탈리아로 갔다. 그후 스코틀랜드에는 폴두에서 육상을 관통하는 신호를 시험하기 위한 새 기지국이 들어섰다.

그가 연루된 다른 모든 일들을 감안할 때 1903년 말 마르코니가 무선전신의 새로운 사용법을 고안하는 데 있어서 자신의 위치를 박탈당한 것은 그리 놀라운 일이 아니었다. 마르코니의 엔지니어들은 1900년 보어전쟁에 장비들을 가져갔지만 제대로 작동하지 않았고 기자들은 그것들을 사용하지 않았다. 이제 지구 반대편에서 벌어진 전쟁은, 교전 중인 군대와 해군, 그리고 종군기자들에게 무선의 가치를 입증할 수 있는 첫번째 기회가 될 것이다. 당시 운영중이던 회사들 가운데서 마르코니 회사는 가장 나은 전문가와 장비들을 기자들에게 제공할 수 있었다. 그러나 대서양 횡단 선박회사의 폐쇄적인 분위기 때문에 마르코니는 다시 한번 역사적 선두를 장식할 기회를 잃었다. 대신 이 행운은 그의 미국인 경쟁자 디 포리스트의 손에 넘어가게 된다.

황해에서의 패배

1903년 12월 말, 화이트 스타 라인의 마제스틱호는 보어전쟁에서 군대 이송을 담당한 후 뉴욕으로 가는 도중에 리버풀에 정박해 있었다. 일등석 승객 가운데는 미국 무선전신업계의 대표적 주자로 자처하던 페선던 교수와 디 포리스트도 있었다. 그러나 그들은 페선던이 새로운 전해검파기(electrolytic detector) 혹은 버레터에 대한 자기의 특허권을 침해했다고 디 포리스트를 고소해놓은 상태였기 때문에 서로 말을 수고받을 만한 상황이 아니었다.

그들은 자기들의 무선전신 장비를 영국에 설치할 수 있는지 알아보고 돌아가던 중이었다. 페선던은 대서양 횡단 모험을 위한 기지국 설치장소를 물색했고, 디 포리스트는 영국 체신부에서 벌인 무선전신 경진대회에 참가했다. 하지만 체신부는 페선던에게 스코틀랜드의 외딴 장소를 제안했고, 디 포리스트는 영국인의 오만함에 거절당해 성과가 전혀 없다고 느꼈기 때문에 모두 만족한 상태가 아니었다.

그러나 디 포리스트는 영국 종군기자 라이오넬 제임스(Lionel

James)를 만남으로써 기분이 좋아졌다. 제임스는 러시아와 일본이 만주와 한국을 놓고 영토 전쟁을 벌이고 있는 극동지역으로 첫 출장을 나선 길이었다. 그는 전형적인 영국의 인도 통치시대 인물로, 전직 차 재배농장주이자 경주마 소유주였다. 4년 전에 《타임스》를 위한 특별 종군기자가 됨으로써 모험을 시작한 그는 보어전쟁 때 기자로 일했고, 세계 언론계에 최전방 요원으로 이름을 알리게 된 아프리카 수단에서는 키치너 장군과 함께 있었다.

디 포리스트나 제임스 모두 러시아와 일본의 전쟁을 알리는 데 무선전신을 이용하자는 생각을 자신이 처음 했다고 주장하고 싶겠지만, 사실 그 얘기는 그 둘이 만나 이야기하는 도중에 우연히 나온 것일 가능성이 크다. 제임스는 뉴욕에 있던 그해 10월 아마도 화이트를 통해 디 포리스트에 대해 들었을 것이고 무선전신에 관해서는 그가 훨씬 앞서 있다는 인상을 받았다. 디 포리스트는 자서전에서 자신은 제임스에 관해 들은 적이 있었고, 극동지역에서 자기의 무선전신 기술을 사용하자며 그를 설득했다고 밝히고 있다. 그리하여 만약 제임스가 《타임스》를 설득해 투자를 이끌어낸다면, 디 포리스트는 중국 해안 어디에든 기지국을 설치할 장비와 기술자들을 제공하겠다는 협의가 이루어졌다.

제임스는 반일 선생이 발발하면 싱딩 부분의 해군 진두기 민주, 한국, 중국의 해안으로 둘러싸인 황해에서 발생할 것이라고 예측했다. 북쪽 뤼순(旅順)에는 러시아 해군기지가 있었다. 만약 그가 충분히 빠른 증기선을 빌리고 일본 함선들 사이를 왕래할 수 있다는 일본 해군의 허락을 얻는다면, 그는 다른 통신원들이 기사를 보내기 위해 유선전신국들을 찾아다니는 동안 디 포리스트의 무선전신 장비를 이용해 몇 시간 혹은 며칠이나 일찍 기사를 송출할 수 있을 것이다.

제임스는 뉴욕에서 런던으로 이 소식을 알렸고 《타임스》의 회계사는 디 포리스트의 인부들과 장비를 위해 1000파운드를 지불하고 적절한 증기선을 구하는 데 쓸 돈을 마련해보기로 했다. 또한 제임스는 후배기자인 데이비드 프레이저(David Fraser)에게 해변기지국을 세울 장소를 물색하라고 했다. 프레이저는 다른 기자들에게 항해 목적을 감추기 위해 제임스의 '시종' 처럼 여행하고 있었다. 제임스와 프레이저는 전쟁이 끝나기 전에 황해에 도착하기를 바라면서 미국 횡단열차를 탔고 샌프란시스코에서 시베리아호에 승선했다. 그들은 1904년 1월 말 일본 요코하마에 도착할 때까지 어떤 교전의 흔적도 목격할 수 없었다.

제임스가 모든 장비와 선박의 비용만을 《타임스》가 지불한다는 사항을 준수하자, 디 포리스트는 곤란에 처했다. 왜냐하면 그가 가진 유일한 송수신기는 아일랜드에 있었기 때문이다. 그는 그것들을 싸서 뉴욕으로 부쳐달라고 조력자들에게 애걸하고 그들을 매수해야 했다. 그리고 그 장비들을 교전지역까지 가져다줄 다섯 명의 지원자들도 찾았는데, 그들 중 애던과 해리 브라운 두 사람은 시애틀까지 기차를 타고 와서 요코하마로 오는 마지막 배에서 간단하게 변형된 송신기를 조립하여 제임스가 장만한 증기선에 이들 설치했다. 이제 디 포리스트는 모든 일이 순조롭게 진행되어 자신이 한번만이라도 역사적인 일을 이룸으로써 그토록 갈망하던 존경과 신망을 얻을 수 있기를 바라면서 기다릴 뿐이었다.

제임스가 요코하마에서 일본 책임자들에게 향후 교전의 취재요청을 허가받는 동안 프레이저는 시베리아호에 남아 있었는데 그의 주머니에는 다음과 같은 전보가 들어 있었다. "산둥반도 물가에서 30피트, 180피트 높이의 장대를 최고도에 세울 것, 디 포리스트." 비록 지도에서는 황해를 정찰하기에 알맞은 장소로 중국의 동쪽 해안에 자리한 산둥반도를 볼 수 있었지만, 프레이저는 모든 면에서 무지한 상태였다.

프레이저는 훗날 자신의 모험기를 담은 《현대의 종군A Modern Campaign》에서 "무선전신에 대해 그리고 그와 관련된 어떤 것에 대해서도 나는 전적으로 무지했다"라고 적었다. "내가 받은 명령은 산둥으로 가서 미국에서 오는 장비와 기술자들을 위해 준비하는 것이었다. 어디에 기지국을 세울지 그리고 어떻게 지시된 것처럼 그렇게 단단한 장대와 전선의 자리를 정할지 나는 결정을 해야 했다. 하지만 어떻게 그 장대를 세울지, 어떻게 재료들을 마련할지, 그 장대가 세워졌을 때 거기에 오를 만큼 미친 사람을 어디서 찾을지는 도무지 풀리지 않는 숙제들이었다."

프레이저는 걱정스럽게 산둥으로 접근했는데 그곳은 "선교사를 먹어치우는 원주민과 다른 막연한 공포를 연상시켰다. 돌출지점에서 멀지 않은 지도 위의 붉은 점은 확실히 작전의 근거지가 될 장소였다." 이 '붉은 점'은 대영제국이 중국에서 조차한 해군기지인 웨이하이(威海)와 멀리 떨어져 고립된 전진기지로, 즉 북쪽의 홍콩인 셈이었다. 여기서 프레이저는 일을 도와줄 사람들과 장대를 세우는 일을 감독할 기술자를 찾아냈다. 그는 마땅한 장소를 물색하기 위해 말 한 필을 빌렸다. 중국인들이 영토 사용을 허락하지는 않을 것이기 때문에 그는 영국인들의 거주지나 유흥가에서 멀리 떨어진 웨이하이의 삭막한 해안에서 적절한 곳을 찾아야 했다.

장소를 결정하기 전에 프레이저는 제임스에게서 다음과 같은 전보를 받았다. '산림 관리 진척시킬 것 싸움 임박.' 바꿔 말하면, '디 포리스트가 기지국을 설치하게 할 것: 전쟁이 시작하려고 함.' 사실 어느 쪽에서도 먼저 선전포고를 하진 않았지만 당시 교전은 이미 시작되고 있었다. 프레이저가 웨이하이에 도착한 이틀 뒤인 1904년 2월 8일, 뤼순에 정박해 있던 러시아 전함 세 척이 일본군 어뢰에 맞아 좌초되었다.

프레이저가 고용한 엔지니어는 그리핀이라는 사람으로, 그는 일본 폐선에서 낡은 돛대들을 사들여 공중에 세워 올릴 장대의 재료 문제를 훌륭하게 해결했다. 그것을 세우기 위한 허락은 프레이저의 형 팀과 안면이 있는 웨이하이의 영국관리 중 한 사람을 통해 얻어냈다. 프레이저는 제임스에게서 전보 한 통을 더 받았는데 자기가 하이문이라는 증기선 한 척을 세냈고 그 배가 약 열흘 내에 도착할 것이라는 내용이었다. 그는 '산림관리를 진척' 시키라는 명령을 되풀이했다.

프레이저에 의하면, 장대를 세우는 데에는 '중국인 남자 50명' 과 호의적인 영국인 장교를 통해 데리고 온 100명의 해군 사병이 참여했다. 운반하고 들어올리는 데만 열흘이 걸렸는데, 장대가 거의 다 세워졌을 무렵 뚝 끊어지면서 쓰러져 마치 줄다리기에서 패한 참가자들처럼 150명의 인부를 이리저리로 갈라놓았다. 하이문호가 닻을 내릴 때까지도 장대는 제자리를 잡지 못했다. 그 배의 정규 선원들은 항해가 얼마나 위험한지 일자나사 사라져버렸고, 프레이서는 그들 대신 '인력거꾼들과 막일꾼들' 을 모아 미봉책으로 썼다. 그러나 경험 많은 선장이 지휘를 맡고 여섯 명의 영국관리들과 여성 통역관은 배 위에 남아 있었다.

제임스가 꾸미고 있는 일을 알게 된 다른 종군기자들이 일제히 항의했다. 도쿄에 있는 영국공사 클로드 맥도널드(Claud Macdonald) 경은 제임스에게 그가 지금 무선전신에 시간을 낭비하고 있는 것이라고 말했다. 제임스는 전함들 사이로 증기선을 띄우기 위해 일본에 허가를 구하는 어떠한 시도도 중립성을 심각하게 위반하는 것이며, 결국 일본 해군은 하이문호를 침몰시킬 것이라는 영국 해군제독의 경고도 받았다. 그러나 제임스에게는 국가간의 외교보다 특종이 더 중요했기 때문에 그는 일본 해군을 관할하는 정부 관료에게 하이문호가 해군 정보를 제공하는 대신 런던에 있는 《타임스》로 기사를 보낼 수 있는 자유를 달라고 요구해 합의를 보았다.

실제로 그는 25년 후 회고록을 통해 러시아인들에 대한 첩보를 제공했다고 밝혔다. 웨이하이 기지국과 하이문호에 있는 수신기는 러시아와 일본 무선전신 신호를 모두 받았고, 제임스는 러시아 기지의 위치를 일본군에 알려 신속한 공격으로 무력화시킬 수 있도록 함으로써 일본과 맺은 협약을 지킨 것이다.

1904년 3월부터 6월까지 제임스는 해군 작전에 관해 직접 얻은 기사들로 경쟁자들을 물리칠 수 있었다. 결과적으로 제임스와 《타임스》는 마르코니의 미국인 경쟁자 디 포리스트에게 그가 그토록 절실하게 원하던 명성을 가져다주었다.

제임스가 극동에서 디 포리스트의 무선전신을 이용하리라는 것을 알게 된 마르코니 회사는 그를 앞지르기 위한 시도를 했다. 마르코니와 솔라리는 황해로 장비와 기술자들을 실어 나를 배를 구할 수 있는지 이달리아 해군의 의향을 알아보았고, 《데일리 메일》 소유주인 알프레드 함스워스(Alfred Harmsworth)는 그들이 디 포리스트를 이길 자신이 있다면 자금을 투자하겠다고 했다. 하지만 그들은 너무 늦었다. 더욱이 그들의 상처에 소금을 대고 문지른 일은, 제임스가 진남포 항의 일본인 저택에 감금되어 있던 《데일리 메일》의 통신원 메켄지(F. A. Makenzie)를 발견하고 효과적으로 끌어들인 것이었다.

메켄지는 1904년 5월 만주-한국 국경의 전투에서 처음으로 일본군이 러시아 카자흐인들과 마주쳤을 때 일본군과 함께 있었다. 그는 제임스에게 자신이 '그 전쟁에 관한 이야기'를 가지고 있다고 말했으나 당시 그는 오도가도 못할 상황이어서 송신시설에는 근접할 수도 없었고, 일본군은 그가 어떤 기사도 전송하지 못하도록 금지한 상태였다.

메켄지를 돕는다는 구실로 그를 하이문호로 데리고 간 제임스는 그에게 중국에 있는 송신시설을 찾을 수 있도록 해주겠다고 약속했다. 그 대신 그는 자기가 무선전신으로 송고하는 동안 《데일리 메일》 기자가 아무것도 하지 못하게 확실하게 잡아두었다. 증기선이 웨이하이에 접근하는 동안 제임스는 만찬을 열었는데 그는 몇 년 후 매우 흡족하게 당시를 회고했다.

"우리는 메켄지에게 마실 수 있는 만큼의 샴페인을 마시도록 권했고 간간이 칵테일과 단맛의 술을 들이대었다. 지난 2주일 동안 일본식의 굳은 스테이크와 무른 밥으로 연명했던 만큼, 그는 이렇게 좋은 것들을 맛볼 만했다. 하이문호에서의 안락함은 그에게 즐거움이었다."

메켄지는 일단 잠든 후 자기의 선실에 갇혀버렸다. 제임스는 보트로 웨이하이에 상륙해서 자기의 기사들이 송고되었는지 확인한 후 하이문호로 돌아왔다. 그는 "사랑에서처럼 전쟁에서도, 특히 종군기자의 경우 모든 것이 정당하다"고 썼다.

하지만 러시아군은 이내 하이문호를 따라잡았고 제임스의 생사는 불확실해졌다. 프레이저는 만주의 전장을 취재하도록 파견되었고, 일본군은 무선전신을 처음 이용한 종군기자와의 짧지만 영웅적이고 다분히 사기성이 있는 협약에 종지부를 찍었다. 웨이하이 기지국은 다음해에 일어난 러일 교전 훨씬 전에 이미 해체되었으나 디 포리스트와 화이트는 미국에서 멋진 성공을 거두고 있었다.

한편 마르코니는 1903년에 다시 한번 수모를 겪게 되는데, 이번에는 자기의 본거지라 할 수 있는 런던의 가장 권위 있는 과학재단들 가운데 한곳에서였다.

무선 쥐

20세기 초 런던 사람들에게 과학발명 전시회는 아주 인기가 있었고, 강의실로는 피커딜리를 지나 앨버말에 있는 화려한 영국 왕립과학연구소가 가장 유명했다. 19세기에는 어린 시절 마르코니의 영웅이었던 패러데이 같은 이들이 거기서 엄청난 군중을 모았고, 1900년에는 마르코니도 자신이 고안한 소형 코히러를 보여주기 위해 그 연단에 섰었다. 《일렉트리션》은 영국 왕립과학연구소의 청중들 가운데는 주제에 관해 브리태니커 백과사전에 나오는 항목을 미리 읽어볼 시간이 없어서 안타까워하는 사람들과 새로운 발견에 대해 듣고 싶어하는 과학자들, 그리고 '대부분 여성들인 오래된 단골손님들'이 있었다고 묘사했다.

플레밍은 그곳에서 유명한 연사였다. 1903년 6월 3일 이른 저녁, 그는 특히 특정한 파장을 맞출 수 있는 능력과 관련하여 무선전신의 진보를 주제로 연설을 준비했다. 그리고 폴두에서 출발해 에식스의 첼름스퍼드에 있는 마르코니 기지국을 거쳐 전송된 메시지가 예정된 시간에 연단에 마련된 전신 수신기 테이프 위로 도착되는 것이 시연될 계획이었다. 그런데 플레밍이 '전기공명과 무선전신'에 관한 강의에 열을 올리고 있을 무렵, 그의 조수들은 뭔가 잘못되고 있음을 알아챘다. 그들 가운데 있던 블록은 다음과 같이 회고했다.

마르코니 회사 직원 가운데 한 명은 모스 인쇄기 앞에서 기다리고 있었고 나는 여러 실험들을 하느라고 바빴다. 그때 나는 놋쇠로 만든 등대처럼 우뚝 서 있던 고상한 금관환등기의 아크등에서 규칙적으로 딸각거리는 소리를 들었다. 신호는 아크등에서 나는 게 확실했고 우리는 첼름스퍼드 사람들이 마무리 준비작업을 하고 있는 것이라 짐작했다. 하지만 내가 모스 기계에서 한 자 한 자 들리는 '쥐들(rats)'이라는 놀라운 소리를 들었을 때, 문제는 새로운 양상을 띠게 되었다. 그리고 이 부적절한 단어가 반복되자 의심은 공포로 변했다.

플레밍은 잘 듣지 못했기 때문에 방해받지 않고 강의를 계속할 수 있었지만, 블록과 다른 조수들은 모스부호로 이렇게 들었다. "분명히 대중을 속인 이탈리아 젊은이 한 사람이 있다." 그리고 셰익스피어를 인용한 몇 구절이 이어졌다. 이 모든 것이 도착 예정인 신호가 도달하기 전에 쏟아져 나와 테이프 위에 기록되었다. 첼름스퍼드에서 메시지가 올 시간이 가까워오자 블록은 걱정스레 청중을 둘러보며 혹시 이 반갑잖은 메시지를 해독할 수 있는 전신기사가 그 가운데 있지 않은지 살폈다. 모두들 플레밍에게 매료되어 있어 아무도 무엇을 눈치 챈 것 같지는 않았다. 하지만 그때 누군가를 알아보고 블록의 눈이 반짝거렸다. 네빌 매스켈린(Nevil Maskelyne)과 연관이 있는 한 젊은이, 이집트 홀에서 공연한 유명한 마술사의 아들,* 그리고 마르코니의 야심

찬 경쟁자.

플레밍은 뒤편에서 무슨 일이 벌어졌는지 알아차리지 못한 채 강연을 마쳤다. 청중들은 박수를 쳤고 기술 관련 잡지들과 뉴스는 행사가 대성공이었다고 전했다. 런던대학에서 플레밍은 괄괄한 성미로 유명했기 때문에 하루이틀 후까지도 그에게 감히 '쥐들'의 침입에 대해 언급한 사람은 아무도 없었을 것이다. 블록이 그에게 불쾌한 내용이 적힌 모스 테이프를 건네자 그는 잽싸게 이를 주머니에 쑤셔넣었다. 이 저명한 과학자는 분노로 타올랐다.

마르코니의 송신기가 외부 침입에 무방비라는 점을 들추어냄으로써 그를 비방하려는 이 시도는, 밖으로는 알려지지 않은 상태였으므로 조용히 덮어질 수도 있었다. 하지만 화를 감출 수 없던 플레밍은 《타임스》로 편지를 보내 그 행위를 '과학적 폭력행위'로 묘사하고 '원숭이 같은 장난질'을 맹렬히 비난했다. 이 문구는 그의 학생들 사이에서 바로 유명해졌고, 플레밍은 누구라도 '영국 왕립과학연구소의 전통에 대한 모욕'을 저지른 자가 누구인지 안다면 나서달라고 호소했다.

일이 벌어지고 나서 범인이 자수했다. 그러나 그는 단지 무선전신 신호가 외부의 방해에 얼마나 무기력한지를 보이고, 주피수를 맞춤으로써 기밀을 보장할 수 있다는 주장이 터무니없는 것임을 밝혔을 뿐이라고 해명했다. 6월 16일자 《타임스》에 실린 편지에서 매스켈린은 '과학적 폭력행위'에 대한 혐의를 부인하지 않은 채 다음과 같이 밝혔

---

* 1812년 전세계에서 수집된 예술품과 진기한 물건들을 전시하기 위해 지어진 이집트 홀은 나중에 연예공연장이 되었다. 미국 흥행사 피니어스 바넘(Phineas T. Barnum)은 1844년 그곳에서 '난쟁이 톰 섬'을 선보였고, 매스켈린은 1905년 그곳이 붕괴되기 전 여러 해 동안 마술공연을 했다.

다. "플레밍 교수는 자기 실험들이 고의적으로 망치려는 시도에도 불구하고 수행되었다고 말한다. 그것은 거짓이다. 그의 시연은 그것을 망칠 수 있지만 그렇게 하지 않은 사람들의 호의 때문에 성공했다." 매스켈린은 자신들이 '원숭이 같은 장난질'을 하기는커녕 설득력 있는 지적을 한 것이라 주장했다. 말하자면, 폴두에서 송신된 무선전신 파장의 조율 혹은 '동조(同調)'에 대한 모든 주장은 허구이며 대중들도 그것을 알아야 한다는 것이다.

"우리는 마르코니의 메시지가 방해를 극복한 증거라고 믿도록 이끌려왔다. 최근 마르코니의 '업적들'은 모두 이런 방식이었다. 플레밍 교수 자신이 마르코니 동조의 신빙성과 효과를 단언했고, 그의 강연주제도 이를 보여주는 것이었다. 만일 우리가 어떤 주장들을 믿도록 예견된 것이라면, 우리가 그 주장들을 시험한 것에 대해 어느 누구도 불평할 수 없을 것이다."

플레밍 교수를 불편하게 한 사실을 즐기면서 매스켈린은 신문기자들에게 자기는 그 강연을 망치고자 하지 않았으며, 단지 잘못된 주장들을 내세우는 학문적 과시를 비판한 것일 뿐이라고 말했다. 그는 《일렉트리션》에 다음과 같이 알렸다.

"이 장치는 완벽하게 성공했다. '쥐들'이라는 단어의 단순한 개입은 실제로 플레밍 교수 자신을 묘사했다. 그것은 불신을 암시하는 무해한 표현이다. 나는 때때로 대학교수들이 이 말을 사용하는 것을 들은 적이 있다. 그리고 실제로 대부분은 적절한 사용이었다. 예를 들면, 사실을 인식하는 사람이 아무도 없는데도, 강연자가 광대한 지역을 통과해 폴두에서 날아든 신호들에 대해 말하는 경우에도 그렇다. 분명히 그는 '매스켈린' 수신기의 형태를 띤 '작고 귀여운 천사'가 보통 폴두에서 벌어지는 일들을 지켜보고 있다는 것을 알았다."

마르코니는 한 신문사와의 인터뷰에서 폴두가 콘월에 있는 한 해적 기지국에 의해 '도청' 당했음을 인정했다.

매스켈린은 플레밍과 마르코니 회사를 궁지에 몰아넣었다. 《익스프레스》,《텔레그래프》,《세인트 제임스 가제트》,《타임스》 등과의 일련의 인터뷰에서 플레밍은 필사적으로 매스켈린을 깎아내리려고 애썼다. 그의 주장은 강의에서 사용한 수신기는 동조가 아니며 그것은 장치를 사용했다기보다 '시연' 한 것이었고, 방해하는 것을 그의 조수들이 멈추게 할 수 있다는 것이었다. 그는 또한 이러한 일은 그들이 파장을 맞추고 있을 때만 발생했고 더구나 그것은 무선전파 방해가 아니라 단지 지전류(地電流)를 사용한 것에 불과하다고 역설했다. 그러나 매스켈린이 지적한 것처럼 이 뛰어난 교수는 자기의 의견을 말할 때마다 거의 매번 자승자박하는 꼴이었다.

《모닝 리더 Morning Leader》는 '무선 쥐들—매스켈린과 그의 의문의 메시지' 라는 표제의 기사를 실었는데, 이는 마르코니 무선전신 시스템의 실제 상태에 대해 대중적 토론의 기회를 제공했다. 매스켈린은 그가 '천둥 공장' 이라고 부른 폴두를 은밀히 관찰한 결과, 50마력의 송신기가 매분 두 글자 반의 메시지를 보내는 것이 드러났다고 지적했다. 그는 《모닝 리더》에 이렇게 말했다. "만약 같은 마력의 힘이 자동차에 주어졌다면 메시지는 도로를 통해서도 똑같이 빨리 도착했을 것이다."

일부 언론들은 무선전신을 파괴하려는 한 유선회사가 매스켈린의 배후에 있을 것이라고 주장했다. 있을 수 있는 일이었지만 확실한 증거는 아무것도 없었다. 오히려 매스켈린은 마르코니를 폄하하려는 또 한 명의 질투심 강한 경쟁자일 가능성이 더 컸다. 1904년 화이트가 런던에서 마르코니와 경쟁을 시도하고 있을 때, 매스켈린은 그 미국인 사기꾼과 잠시 관계를 가졌다. 그의 실제 동기가 무엇이었든 간에 매스켈린의 비판은 정당했다. 무선전신을 통한 모스 신호는 여전히 느렸고 기밀을 보장할 수 없었다. 그러나 마르코니 회사가 진실을 밝히는 데 약간 부주의했다 하더라도, 대서양 반대편에 있던 경쟁자들의 과장에 비하면, 그 회사가 장담하는 무선전신의 환상적인 미래는 아무것도 아니었다.

대중 현혹하기

1904년 4월 30일 세인트루이스에서 열린 세계박람회의 수백만 방문객은 각각 8피트 높이로 반짝이는 글씨가 세로로 '디 포리스트'의 이름을 적어놓은 탑 앞에서 경이로움을 느꼈다. 세인트루이스의《포스트 디스패치》한 기자는 다음과 같이 묘사했다.

박람회장에서《포스트 디스패치》사무실까지 공간을 통해 번쩍이는 메시지를 보내는 것은 아침부터 밤까지 그 과정을 지켜보는 방문객과 군중에게 계속해서 경탄을 자아냈다. 통신원이 키를 누를 때마다 매번 2만 볼트의 빛을 만들어내는 과정은 사람들을 매혹시켰다. 그들은 그곳으로부터 눈을 돌려 거대한 디 포리스트 탑에서 큰 도시를 가로질러 동편으로 바라본다. 그러나 그들의 눈에는 딸각거리는 도구가 공간을 통해 메시지를 보내는 어떤 흔적도 보이지 않는다. 가끔 그들은 통신원에게 실제로 그런지 물어보느라 그의 일을 멈추게도 한다. 통신원이 그렇다고 대답하며,《포스트 디스패치》의 사무실에 있는 다른 장비가 자기의 신호에 반응하며 딸각거리고 있고, 이렇게 해서 박람회에 관한 뉴스가 신문사와 세계 곳곳에 전해진다고 설명하면 그들은 놀라움을 금치 못해 고개를 갸웃거린다. 디 포리스트 탑 안에는 강력한 장비가 통신원을 둘러싸고 엄청난 소음을 만들어냈지만, 이것이 몰려드는 관객들을 막지는 못했다. 그 소음은 통신원이 귀를 솜으로 막아야 할 정도로 커서 조금이라도 오래 머물면 귀를 멍하게 하고 두통을 유발할 정도였지만 그들은 신비의 힘에 압도되어 계속 거기에 있었다. … 점과 선들은 제법 들을 만한 소리를 내서 무선전신 탑 주변 두 블록 안에 있는 전신회사들, 경찰이나 소방서에서 근무하는 전신기사들은 송신기사가 만들어내는 무선전신 메시지를 읽으며 즐거워했다.

화려한 이야기가 마치 언론에서 발표한 것처럼 나타났다. 이것은 물론 휘황찬란하게 꾸미기를 좋아하고 콧수염까지 단 가공할 화이트의 작품이었다. 그의 무선전신회사들은 투자된 수백만 달러의 자본에 비해 여전히 보여줄 것이 없었다.

세계박람회가 나폴레옹의 미국 루이지애나 항해 100주년을 기념하도록 계획되었을 때, 무선전신에 대해 아주 미미하게만 알고 있던 미국 국민들에게 이 놀라운 새 발명품의 작동을 보여주도록 마르코니 회사가 초대되었다. 그러나 화이트가 '완전히 미국적인' 시스템을 선전하려고 안간힘을 썼고, 경쟁이 있을 것이라는 점이 인지되자 마르코니 회사는 손을 뗐다. 경쟁적인 흥행판에 끼어드는 것은 그들의 방식이 아니었다. 이로써 판세는 화이트와 디 포리스트에게 유리하게 펼쳐졌고, 그들은 당시 이미 무선전신의 역사 속으로 들어와 있던 신상품을 죽 늘어놓고 그에 대한 권리를 주장했다. 또한 화이트는 전에 나이아가라 폭포 전망대로 사용되던 낡은 탑을 사들여 그 위에 디 포리스트의 이름을 새기고 세계박람회장에 세워 기초적인 무선전신 수신기로 사용했다. 무선전신을 통해 러일전쟁의 상황을 보도했던 회사의 개척자적 역할은 디 포리스트 전시관 안의 커다란 황해 지도에 표현되었다.

당시 디 포리스트 회사는 매우 건실하며 충분한 직원을 두고 있다는 인상을 주었다. 몇 주일간 디 포리스트는 하인과 마차를 가진 신사로 설정되었는데 이는 단지 겉보기에 불과했다. 화이트는 엄청난 자산을 늘리고 있었음에도 디 포리스트에게는 약간의 연구비만 제공했다. 세계박람회에서 그는 단 한 명의 보조원과 함께 시작했다. 젊은 전신기사 프랭크 버틀러(Frank Butler)가 일을 하겠다고 나섰을 때도, 그는 다른 조수와 한 사람 몫의 월급을 나누어 갖는다는 데 동의한 후에야 채용되었다.

화이트는 무선전보를 '에어로그램(aerogram)' 이라고 부르기를 좋아했는데, 이 에어로그램이 지역신문사들로 보내졌을 때 회사의 실태는 전혀 외부로 알려지지 않았다. 단지 디 포리스트가 만든 시스템에 대해 엄청난 주장들을 다룬 소식만 발표되었을 뿐이었다.

마르코니도 세인트루이스 세계박람회에 갔는데 거기서 그는 박하술을 너무 많이 마셔 제대로 걷지도 못할 지경이었다. 무선전신 분야에서 이룬 그의 선구적 업적이나 수천 마일 넘어선 곳에서의 선송, 구나드 선박회사에서 발행한 선상 신문들이 마치 없었던 일인 것 같았다. 세계박람회 관람객들에게 이 새롭고 놀라운 통신설비는 처음 선뵈는 것처럼 여겨졌다. 디 포리스트의 조수 버틀러는 1924년 《라디오 브로드캐스트 Radio Broadcast》에서 이렇게 회고했다.

밤에 수천 개의 전구가 켜진 그 탑은 멀리서도 보였다. 이 기지국 말고도 일렉트리시티 빌딩에서 다른 전시가 열리고 있었는데, 양쪽에서 우리는 끝없이 밀려드는 호기심 가득한 사람들에게 '무선전신'을 선보였다. 옆 칸에는 최초의 무선전신 자동차인 '무선자동차 제1호(Wireless Auto No. 1)'가 전시되었다. 운행 거리는 불과 몇 블록이었지만 그 차가 거리를 달리거나 전시관에 놓이면 언제나 많은 관심을 끌었다.

디 포리스트는 무선전신에 대한 대중적 관심에 고무되어 더 큰 송

미국 무선통신 개척자들과 그들의 파렴치한 후원자는 자기들이 마르코니와 싸워서 이겼다고 대중에게 확신시키고 싶어했다. 디 포리스트에게 자금을 대주었던 사기꾼 아브라함 화이트는 1904년 세인트루이스 박람회에서 이 차를 전시했다. 그는 무선전신 자동차와 러일전쟁에서 무선통신을 사용한 것, 이 두 가지를 자기 회사가 '최초'로 이루었다고 주장했다.

신기를 만들려고 작정했다. 케이프브레턴에 있는 마르코니의 새 기지국과는 비교할 수 없는 크기지만, 그동안 자기가 만든 것들보다는 훨씬 큰 이 송신기는 세인트루이스에서 300마일 떨어진 시카고까지 신호를 보내기 위한 것이었다. 거대한 불꽃을 발생시키기 위해 엄청나게 크고 불안정한 전지들이 현장에서 조잡하게 맞추어졌는데, 이 불꽃은 전시장을 가로질러 벼락 같은 소리를 내보냈다. 또한 신호들을 내보내기 위해서는 일종의 펌프 손잡이를 설치해야 했다. 버틀러는 그 위에 메시지를 보내는 것이 마치 '마을 우물에서 한번에 반시간씩 일하는 것' 같다고 말했다.

디 포리스트는 일을 하는 데 참을성이 없고 능률적이지 못해서 그가 쓰는 전지들이 자주 터져버리곤 했다. 대기는 정전기로 가득 차서 버틀러의 머리를 곤두서게 했다. 그는 "불꽃 간의 거리에서 들리는 굉음은 한 블록 밖에서도 들을 수 있었고, 소음의 강도는 한편으로는 예루살렘 전시회를 요란하게 선전하는 백파이프 같고, 다른 한편으로는 보어전쟁 전시회에서 있었던 연속 포성처럼 들렸다. 공기는 늘 등유 냄새와 섞여 있었다"고 회상했다.

마침내 9월 송신기가 준비되었고 박람회 중 '전기의 날'에 디 포리스트는 시카고 철도빌딩에 신호를 보낼 수 있있다. 사기가 아님을 입증하기 위해 전문가들이 시카고와 세인트루이스에 배치되었고, 디 포리스트는 육지 위에서 최장거리 무선전신을 보내는 신기록을 세웠다고 주장해 대상을 받았다.

여론 홍보를 통해 화이트는 보스턴에 기반을 두고 남아메리카 농산물을 미국으로 실어오는 선단을 가진 유나이티드 과일회사에서 설비 주문을 받아냈다. 디 포리스트의 모든 장비가 그랬듯이 이번에도 그 회사로 배달되는 시스템은 조악했고 남쪽바다의 매우 정적인 공기 속에서도 불규칙적으로 작동했다. 그러나 소속 화물선들과 연락을 취할 수 있다는 점을 높이 산 그 회사는 코스타리카, 파마나, 니카라과, 쿠바, 루이지애나와 몇몇 서인도제도 섬들의 해안에 기지국을 건설하고 모든 선박들로 하여금 무선전신 설비를 갖추도록 하였다.

화이트의 허풍은 미 해군에도 먹혀들어, 디 포리스트는 서인도제도에 기지국을 세워달라고 요청받았다. 해군 당국은 무선전신의 잠재력은 인지했지만 어떤 설비를 사야 좋을지를 3년간 결정하지 못했다. 유럽에 있던 그들의 대리인 프랜시스 바버(Francis M. Barber)도 도움을 주지 못했다. 그는 은퇴했지만 1901년 경쟁 발명가들의 상대적 이점들에 대해 미 해군에 조언을 해주는 임무를 받고 복귀했다. 바버 중령은 당시 파리에 살았고 프랑스어와 독일어를 유창하게 구사했으며 고위층에 진입했으나 발명가들이 언제나 잘못된 주장만을 한다며 그 부류를 좋아하지 않았다.

바버는 오랜 친구인 브래드포드 제독에게 공식적 입장을 보고했다. 설비 부서 책임자였던 제독은 처음에 마르코니 회사에 호감을 가지고 있었다. 그런데 바버의 보고서는 무선전신 산업에서 우위를 차지하려고 혈안이 된 대부분 유럽인 경쟁자들을 경멸하는 듯한 이야기로 작성되어 있었다. 그는 독일 슬라비-아르코 시스템의 아르코를 "커다란 머리의 작고 변변치 못한 녀석으로 올챙이처럼 보인다"고 묘사했다. 그리고 번갈아가며 서로를 헐뜯던 프랑스의 두 경쟁자 뒤크레테와 로슈포르 사이를 오가며 편들었다.

그러나 그가 누구보다도 경멸했던 사람은 마르코니였다. 로지와 프리스가 '무선의 발명가'에게 가한 모든 비난은 일종의 악의적인 조소와 함께 대서양 건너까지 전달됐다. 마르코니는 다른 모든 사람들의 생각을 훔쳤기 때문에 실패할 수밖에 없다. 그가 실제 대서양 건너로 메시지를 전송했는지도 의심의 여지가 아주 많다. 바버는 마르코니 회사와 새로운 계약을 협상중이던 런던 로이드사의 사무관 호지어 대령의 말을 인용하기까지 했다. "그는 마르코니가 아직까지 대서양을 건너거나 해상 2000마일을 가로질러 신호를 보내지는 못했다고 생각한다. 그 모든 것은 '많은 유대인들'의 이익을 대변해 주가를 끌어올리려 조작됐다." 바버는 마르코니 회사의 미국 지부가 사업에서 퇴출되기를 바랐다.

1901년부터 1904년 사이 미 해군은 가능한 모든 무선전신 시스템을 시험했고, 이 신기술이 어느 정도 정부의 통제 아래 유입되도록 압력을 가하기 시작했다. 그리고 국제회의가 개최될 때면 '악성 마르코니 혐오증'이 있는 독일 편에 섰다. 마르코니 회사 미국 지부는 정부 규제에 맞서서 단호한 행동을 취하려고 안간힘을 썼다. 불과 3~4년 전만 해도 신기하고 매혹적이며 흥미롭던 무선전신이 이제는 관료주의적 시스템 안에서 복잡하게 얽히고 있었다.

마르코니 자신에게도 성취해야 할 새롭고 '대단한 일들'이 더 이상 없었다. 글레이스 만과 폴두의 기술자들은 정기적인 대서양 횡단 서비스를 만들지 못했고, 그 실패로 회사 주식의 가치는 곤두박질치고 있었다. 더 크고 새로운 송신기가 어마어마한 비용으로 케이프브레턴의 루이스버그에 지어지고 있었으나, 마르코니가 감당해야 할 책임감은 참을 수 없을 만큼 컸고 그는 계속해서 떠돌이에 가까운 삶을 살고 있었다. 그는 아주 가끔씩만 빌라 그리포네를 방문했고 영국에도 영구 주거지를 갖지 않았으며, 약혼녀인 밀홀랜드를 만나는 일도 드물었다.

거절당한 청혼

마르코니가 가끔씩 돌아가 쉴 수 있는 유일한 장소는 풀에 있는 헤이븐 호텔이었다. 거기서 그는 저명한 방문객들에게 남부해안 휴양지로 인도되어 술과 음식을 대접받았다. 그는 네덜란드 부자인 찰스와 플로렌스 반 랄트(Florence van Raalte) 부부의 귀한 친구가 되었는데, 1901년 그 부부는 풀 항구 바로 건너에 있는 브라운시 섬 전체를 샀다. 수세기 동안 여러 번 바뀐 그 섬의 주인은 이런저런 방법으로 그 섬을 이용하려다 돈만 잃고 말았다. 그러나 랄트 부부는 순전히 자기들의 여가와 오락을 위해서 또는 상류사회 친구들과 당시 명사들을 대접하기 위한 개인적 휴양지로 그 섬을 쓸 요량이었다.

헤이븐 호텔에 머물 때 마르코니는 브라운시로 잠깐씩 건너가 랄트 부부가 새롭게 단장한 성에서 환대받았고, 그들의 10대 딸들과도 친해졌다. 그 장소는 마르코니에게 그가 영국인 사촌들과 많은 시간을 함께 보낸 빌라 그리포네를 연상시켰던 것 같다.

랄트 부부의 딸들 가운데 하나인 마거리트는 몇 년 후 헤이븐 호텔에서의 즐거움을 회상하며, 마르코니가 브라운시에 머물면서 얼마나 좋아했는지를 말했다.

반대편 헤이븐 호텔은 풀랭이라는 프랑스인과 그의 아내가 멋지게 운영하고 있었고, 그 딸에게는 노란 술이 달리고 길게 끈으로 묶게 되어 있는 프랑스식 장화가 있었다. 요리는 대부분 아주 맛있었다. 그리고 그곳의 방 몇 개와 큰 연구실이 무선전신 발명가인 마르코니를 위해 늘 준비되어 있었다. …혈통의 영향과 타고난 기계공이었던 우리 오빠는 거듭되는 발견과 일련의 새로운 발명품에 열광했고 나 역시 매료되었다.

랄트 가족 손님들 모두는 각각 '품스'나 '윙클' 따위의 별명을 가지고 있었는데, 오래지 않아 마르코니도 '마키(Marky)'라는 애칭을 갖게 되었다.

마키는 우리와 아주 친한 친구가 되었고 그가 내키면 언제든지 브라운시로 왔다. 노니(그녀의 오빠)와 나도 이따금 배를 타고 건너가 마르코니의 연구실에 가서 그의 수석기술자이자 오른팔 노릇을 하는 켐프에게 무슨 일을 하고 있는지 물어보곤 했다. …사실 난 그가 말해주는 것들을 제대로 이해하지 못했지만 어느 크리스마스에 마르코니가 우리에게 준 선물에 깊은 인상을 받았다. 그것은 작은 나무상자로, 1제곱 피트 넓이에 6인치 깊이였고 3~4피트 높이의 안테나가 달려 있었으며 똑딱거리는 장치가 상자 위에 있었다. 간단하게 생긴 그 상자가 작동할 것 같진 않았다.

노니와 토미는 곧 그 기계의 작동법을 익혔고 우리는 이것을 망루에 있는 침실과 빌리노(노니가 일하는 정원에서 벽 하나 너머에 있는 작은 집)에 있는 노니의 작업실 사이에 설치했다. 우리는 서로에게 '모스' 메시지를 보냈고, 모스부호에 아주 익숙해져서 점심을 먹으면서도 식탁을 사이에 두고 '오른쪽 눈 왼쪽 눈'으로 신호를 보낼 정도가 되었다.

소나무와 호수가 있는 브라운시의 편안한 분위기에서 재치 있고 신중하며 신비로운 명사였던 마르코니는 랄트의 딸들에게 아주 호의적인 인상을 남겼다. "마르코니는 편하고 유쾌했다"고 마거리트는 회상했다. "그는 발명품들을 고안해낼 정도로 똑똑하면서도 그것들에 대해서는 결코 설명하지 못했다."

풀과 브라운시의 생활에 아주 만족했던 만큼 마르코니는 짤막한 외유만을 하곤 했다. 1904년 3월 디 포리스트의 무선전신기사들이 황해에서 역사의 획을 긋고 있는 동안, 마르코니와 기술진들은 이탈리아에 있었다. 거기서 회사는 피사 근처 평평한 습지대에 위치한 마을 콜타노에 세계에서 가장 큰 송신기지국을 세워달라는 요청을 받았다. 당시 마르코니는 대부분의 시간을 아버지와 함께 볼로냐에서 지냈다. 연로한 아버지는 중병중이었고 식구들은 그가 오래 살지 못할 것이라는 걱정 속에 함께 모여 있었다. 3월 25일 갑자기 상태가 나빠진 아버지는 다음날 이른 아침 운명했다. 바쁜 일정 속에서 마르코니는 며칠 후 간신히 장례식에 참석할 수 있었다.

5월에 마르코니는 왕에게 훈장을 받기 위해 다시 이탈리아로 갔다. 미국에서 그의 별이 지고 있었을지라도 유럽은 여전히 그에게 경의를 표했다. 그는 아주 새롭고 몹시 위험천만한 스포츠인 자동차 운전을 포함하여 고위층과 귀족들이 가장 총애하는 생활방식을 누렸.

마르코니는 1903년 여름에 벌써 오토바이가 아니라 네 바퀴가 달린 탈 것에 올라 시골길 위의 먼지구름 속에서 부릉거리며 폴두 호텔에 도착했다. 켐프는 7월 30일 일기에 이렇게 기록했다. "나는 오후에 리저드 기지국에 갔다가 마르코니와 함께 그의 새 네이피어 차를 타고 세인트 케번으로 향했다." 불길하게도 다음날의 짧은 서두는 다음과 같았다. "나는 그 차가 산산조각 나서 차고에 있는 것을 보았다. 그날 오후 마르코니는 나와 같이 건왈로 교회에 갔다." 마르코니가 사고를 낸 것일까? 그럴 수도 있는 것이 영국에서 자동차 운전은 아직 시기상조였고, 마르코니는 귀족들이나 백만장자 같은 상류층과 어울렸는데, 그들은 자갈이 깔리지 않은 길 위에서 사람이나 가축의 안전을 위협할 수 있는 최초의 존재들이었다.

1903년 12월 켐프는 마르코니가 '차를 타고' 두 명의 운전사와 함께 도착했다고 기록했다. 당시에는 당연히 운전면허시험이 없었다. 더욱이 초창기 운전자들은 멋지지만 치명적일 수 있는 개방된 도로에서의 자유를 제어하기 위해 의회가 재빨리 만든 법률을 무시해버리기로 악명이 높았다.

실용적이고 휘발유로 움직이는 자동차는 마르코니가 무선전신의 발전을 이루어낸 것과 거의 같은 시기에 발명되었다. 초기 자동차 모델들은 프랑스와 독일 산이었는데 그곳에서는 속도제한이 없었다. 하지만 영국에는 1896년 11월 시속 12마일 제한이 도입되었고, 첫 런던-브라이턴 구간 경주가 열렸다. 삼륜차를 포함한 33종의 자체동력 자동차가 수도에서 해변까지 60마일의 속도를 목표로 달렸다. 이들 중 14대만 결승점을 통과했는데 대부분 외국차였다. 참가자들은 다음과 같은 주의사항을 들었다. "자동차 소유주들과 운전자들은 영국에서는 자동차가 시험중이라는 점과 따라서 조금이라도 경솔하거나 부주의하면 이 나라의 산업을 해칠 수 있다는 점을 기억해야 한다."

자동차 경주는 처음에 개인적으로 조직된 시합이었다. 1900년 《뉴욕 헤럴드》의 멋쟁이 소유주 베넷 주니어가 파리-보르도 구간 경주의

승자를 위해 국제컵 트로피를 내걸었다. 1903년 경주 때 너무 많은 인명 피해와 기물 파손이 있었기 때문에 더 엄격한 규칙들이 도입되었다. 그러나 당시 유럽과 영국 모두 자동차를 소유한 이들이 급격히 늘고 있었고, 그들을 제어하려고 새 법률들이 제정되었다.

영국에서 1904년 1월 발효된 자동차 법령은 시속 20마일을 제한속도로 정했다. 그해 말에는 8500명이 운전하고 있었고, 그 가운데 한 명이 마르코니였다. 그는 흰색 메르세데스를 구입해 런던에서 풀까지 운전해 갈 작정이었다. 독일 다임러사가 만든 1904년형 메르세데스는 누구나 인정하는 가장 빠르고 앞선 자동차였다. 가끔 마르코니는 브라운시 랄트 집에서 어울렸던 하워드 드 발덴(Howard de Walden) 같은 부유한 귀족 친구들과도 경주했다.

메르세데스를 탄 마르코니는 늘 '함정'에 주의해야 했다. '함정'이란 지역경찰이 스톱워치를 가지고 길 한쪽에 숨어 과속하는 운전자를 기다리던 것을 말하는데, 이것은 경찰들에게 일종의 놀이가 되어버렸다. 자동차 운전을 지지하는 사람들은 이런 자세는 경찰의 임무로서 적절치 않으며 '정확하지 않은 스톱워치들' 때문에 법이 적용될 수 없다고 주장했다. 그럼에도 1904년과 1905년 사이에 '난폭하게, 부주의하게, 무모하게, 혹은 시민들을 위험에 빠뜨리게' 운전한다는 이유로 1500명의 운전자에게 벌금이 부과되었다.

자동차가 다니기 전 영국의 시골길은 한적했다. 철도가 교통량의 상당 부분을 감당했기 때문에 농장 우마차들은 우편마차의 우레 같은 말발굽 소리를 걱정하지 않고 천천히 다녔다. 1890년대 자전거를 타는 사람들이 대규모로 등장해 어느 정도 경각심을 불러일으키긴 했다. 하지만 그것들은 '용 같은 괴물'이 자아내는 두려움에 비하면 아무것도 아니었다. 1909년 매스터맨(C F. G. Masterman)은《영국의 생활상*The Condition of England*》에서 그 상황을 다음과 같이 묘사했다.

"엄청난 속도로 움직이며 이리저리 돌아다니는 자동차들이 시골길을 따라 선두를 다투고 충돌하며 괴성을 만들어낸다. 일요일 오후 새로 생긴 대중여관 주변에서 그것들을 볼 수 있는데, 여관 안에서는 운전자들이 휴식을 취하고 밖에는 자동차가 2, 30대씩 모여 있다. 울타리가 먼지로 덮여 있고 푸른색이라고는 찾아볼 수 없는 회색빛 시골길을 본다면, 그것들이 어떻게 마을을 헤집고 다녔는지 알 수 있다."

마르코니 역시 런던에서 풀까지 다니며 몇 군데의 농가 마당을 휩쓸었을 것이다. 그러나 그가 운전에 심취하던 이 무렵 그에게 심각한 문제가 있었다는 증거는 발견되지 않는다. 그에게 자동차는 편리할 뿐 아니라 바다 위에서와 같은 자유를 땅 위에서도 느끼게 해주었다. 그것은 상류사회에 속해 있음을 확인시켜주는 의미이기도 했다. 이제 그는 런던에서 연회에 참석하고 남쪽 연안에서 귀족이나 부유층의 초대를 즐기며 스스럼없이 그들과 어울리게 되었다.

마르코니가 브라운시를 방문했던 한 여름, 그는 부두에서 한 소녀와 인사했다. 유명인사 앞에서 무척 쑥스럽고 어색해하던 헝클어진 머리의 소녀는 '베아(Bea)'라고 불리는 열아홉 살 베아트리체 오브라이언(Beatrice O'Brien)으로 반 라첼가 딸들의 친구였다. 서른 살이었던 마르코니는 한눈에 사랑에 빠졌다. 베아는 아일랜드의 가장 저명한 귀족 중 하나인 인치퀸 경의 딸이었다. 가계로는 마르코니의 어머니와 비슷했지만 더 명문이었던 인치퀸가는 수백 년의 전통을 가진 귀족가문으로 런던의 저택을 비롯해 클레어주에 드로몰랜드라는 가족별장을 소유하고 있었다. 그러나 당시에는 가세가 기울고 있었다.

오브라이언의 아버지 바론 인치퀸은 많은 점에서 초기 빅토리아시대로 돌아간 듯한 사람이었다. 드로몰랜드 성에서 대규모의 하인들을 거느리던 그에게는 고기 소스와 빵 소스를 담당하는 하인도 각각 한 명씩 있었다. 베아는 6남 8녀, 14명의 아이들 가운데 하나로 그의 남자 형제들은 모두 공립학교를 거쳐 옥스퍼드나 케임브리지에 진학했다. 장남만 상속을 받을 수 있었기 때문에 다른 아들들은 학벌을 통해 전문직을 가져야 했다.

반면에 교육을 거의 받지 못하는 딸들이 가질 수 있는 야망이란 단순히 결혼을 잘 하는 것뿐이었다. 어린 오브라이언도 결혼상대로 적합한 젊은 남자들과 어울려야 했는데 어머니는 영국의 가장 멋진 저택들에서 열리는 화려한 사교모임들에 그녀와 자매들을 데려갔고, 여름에는 노퍽의 홀캠 홀에 머물기를 좋아했다. 에드워드 7세가 웨일스의 왕자였을 때 사들였던 교외별장 샌드링엄도 그 근처에 있었다. 오브라이언은 1910년 에드워드 7세의 사망 후 왕위에 오르는 어린 조지 왕자와 놀아주도록 초대받았다.

오브라이언이 브라운시의 한 부두에서 마르코니를 만났을 때 그녀는 이미 그에 대해 조금은 알고 있었다. 마르코니가 와이트 섬에서 처음으로 명성을 떨쳤을 때와 카우스와 킹스턴의 요트 경기를 중계했을 때, 그녀의 아버지는 그녀와 언니 라일라에게 그 뛰어난 젊은 이탈리아인 발명가에 대해 이야기했다. 인치퀸 경은 마르코니가 본격적으로 세계적 명성을 얻기 전인 1900년에 세상을 떠났지만 오브라이언은 그가 발명가에 대해 감탄했던 것을 기억했다. 브라운시에 오기 전 그녀는 다른 귀족인 드 발덴 가족과 함께 웨일즈에 있는 처크 성에 머물러 있었다. 거기서 그녀는 청년 드 발덴이 시속 15마일로 오래된 성벽에 충돌했을 때 그 차에 타고 있었는데, 그녀의 첫 자동차 경험은 두려운 것이었다.

오브라이언이 브라운시에 머무는 동안 마르코니는 정기적으로 그곳을 방문했고 그녀가 참석할 것이라는 것을 알았기 때문에 앨버트 홀에서 열리는 무도회의 표를 샀다. 그는 보석으로 치장한 군중들 틈에서 그녀를 찾아 청혼을 했다. 그녀는 망설이다가 며칠 후 런던에서 그를 다과회에 초대해 그의 청혼을 거절했다. 그가 비록 유명인사이긴 했지만 반드시 훌륭한 결혼 상대자로 여겨진 것은 아니었다. 오브라이언의 어머니에게는 출가시킬 딸이 여덟이나 있었으나, 그녀는 분명 독창적인 것과는 상관없이 이방인보다 같은 혈족을 선호했다. 홀만은 '왕'보다 무선전신 마법사를 선호한다고 말했으나 그것이 인치퀸 부인의 의견은 아니었다.

오브라이언에게 청혼하기 위해 이미 밀홀랜드에게 파혼 동의를 요청했기 때문에 이제 마르코니는 매인 곳이 없게 되었다.

마르코니는 다시 살인적인 일정을 계속했다. 그는 헤이븐 호텔에서 실험을 했고 그해 가을 다시 뉴욕으로 가서 법률적 문제들을 처리했으며 이탈리아를 여행했다. 그곳에서는 그가 이탈리아 공주 한 명과 가까워졌다는 소문이 떠돌았다. 그 소문은 오브라이언에게 힘든 시간이 되었던 일들에 종지부를 찍어주었다. 그녀가 랄트 가족과 다시 머물렀을 때, 그녀는 그들에게 마르코니가 자기 곁에 오지 못하도록 확실히 해줄 것을 청했다.

마르코니가 거의 쉬지 않고 일을 계속했음에도 그의 이름을 딴 회사들은 그가 회사의 모든 분야에 참가하는 게 불가능할 정도로 성장했다. 그의 지위와 전문적 기술은 특허권 소송분쟁이나 정부와의 협상에 필요했고, 그가 기술연구에 들일 수 있는 시간은 점점 줄어들었다. 1904년 12월 영국과 해외에는 69개의 마르코니 해안기지국이 설립되었고, 124척의 배들이 무선전신 설비를 갖추고 있었다. 영국 마르코니 회사 외에 국제해양회사가 선박들에게 장비를 제공했고, 미국과 캐나다 그리고 유럽의 여러 국가에 자회사가 있었다. 선박과 연안 기지국의 설비들을 제조하고 작동하는 수백 명의 직원들이 집단적으로 하던 이 일은 당시 세계 최대의 무선전신 사업이었으며, 여기에 경쟁할 수 있는 회사는 독일 텔레푼켄밖에 없었다.

마르코니가 1902년 코히러를 대신하기 위해 발명했던 불꽃 송신기와 자기수신기, 즉 '매기(Maggies)'라는 애칭으로 알려진 이 기구들은 더 이상 무선전신의 최전선에 있지 않았다. 그러나 이것은 여전히 쉽게 공장에서 만들어낼 수 있었고 무엇보다도 믿을 만했다. 다른 어떤 무선전신 시스템도 조직 면에서 마르코니 회사만큼 진보되지 않았고 또 그만큼 확실히 상품을 실어 나르지도 못했다.

1904년 영국 의회는 마침내 마르코니 회사에 확실한 기반을 제공했다. 이듬해 발효될 새로운 법령은 무선전신을 위한 허가 발급을 체신부 책임으로 정했는데, 마르코니는 당연히 허가를 받았다. 마르코니의 기술자들은 슬라비-아르코 장비를 설치한 선박들과는 메시지를 주고받으려 하지 않았기 때문에 독일인들은 여전히 분노하고 있었다. 독일의 요구로 마르코니 회사에 가해진 압력에도 불구하고 그들은 거부했다. 그렇긴 해도 교신이 기술적으로 불가능하다는 그들의 오랜 주장은 더 이상 유지될 수 없었다.

회사는 계속해서 그 분야의 선두를 지켰다. 그러나 마르코니에게는 무척 힘든 해였다. 혼자가 된 그의 어머니는 검은색 테를 두른 편지에 어떻게 지내냐고 쓰곤 했다. 그녀는 마르코니의 직원 중 한 사람인 커쇼에게 자기 아들에 대한 소식을 자주 물어보았다. 마르코니는 대서양 횡단 서비스와 지역민들이 '마르코니 탑'이라고 부르던 케이프브레턴의 새로운 기지국에 관한 문제들에 골몰해 있었다. 그는 사랑에 빠졌고 거절당했다. 그러한 그가 그해 말 뉴욕에서 돌아온 후 누렸던 유일한 낙은 위험한 것이기는 했지만 자동차 운전이었던 것으로 보인다. 성실한 켐프는 그의 일기에 일련의 타이어 펑크를 기록해 두었다.

1904년 12월 헤이븐 호텔 기지국에 베아의 오빠와 어머니가 방문했다고 켐프는 언급했다. 크리스마스 이후에는 마르코니가 오브라이언과 함께 차로 런던을 향해 출발했다는 기사가 났다. 발명가와 걱정스런 10대 귀족이 흰 메르세데스 안에서 시골길의 먼지를 덮어쓰고 말들에게 겁을 주면서 관습을 무시하고 미래를 향해 함께 질주했다. 그들 앞에 놓인 미래가 무엇이든 그것은 마르코니의 놀랍도록 파란만장한 생애만큼이나 신기하고 불확실한 것이었다.

페선던과 디 포리스트

　페선던은 부인과 어린 아들과 함께 외딴 시골집에 살면서 자신만의 방법으로 송신기를 세우느라 거의 1년을 매사추세츠 브랜트 록에 있는 실험기지에서 보냈다. 그의 조수들은 다른 오두막에서 지냈고 전 지역을 담으로 둘러싸 연중 조심스럽게 보호했다. 특히 그들은 해변에 온 휴가객들이 이상하게 생긴 로켓모양 안테나에 집요한 호기심을 감추지 않았기 때문에 여름철 경계를 강화했다. 그들은 관으로 된 강철 기둥 속을 타고 꼭대기까지 올라가 주변 경관과 해안을 둘러볼 수도 있었다. 풍채 좋은 페선던은 정상까지 쉽게 올라갔지만, 내려오는 길에는 가끔 미끄러져 그만 끼어버리는 경우도 있었다. 조수들의 놀림을 받으며 '그 늙은이'는 옷을 벗고 온몸에 공업용 윤활유를 바르고서야 땅으로 다시 내려올 수 있었다.
　페선던은 매우 실제적인 발명가였다. 그는 또한 가장 과학적이었고 이론적으로 통달한 무선전신 귀재였으며 상업세계에 그러한 점이 통했다. 전자기파 송수신 방법에 대한 그의 생각들은 아주 참신했다.

점과 선을 만들어내는 불꽃 대신 그는 강력한 '발전기'가 연속적인 파장을 내보낼 수 있으리라고 믿었다. 그리고 그러한 연속파장이 소리를 송신할 수 있다는 신나는 가능성을 약속했다. 페선던이 정말 이루고자 한 것은 대서양 횡단 전화통신이었다. 그의 전해수신기 혹은 '버레타'는 마르코니의 자기검파기보다 훨씬 민감했는데 그 점이 그 수신기의 가장 큰 약점이기도 했다. 즉 수신기는 대기 중의 정전기를 너무 많이 빨아들여 어떤 조건에서는 신호가 실제로 포착되지 않았다. 페선던은 이 문제 때문에 너무 골치가 아파 필사적으로 해결책을 찾고자 했다.

마르코니가 헤이븐 호텔에서 멀지 않은 곳에 살던 헤비사이드의 재능을 무시했던 데 반해, 페선던은 그에게 편지를 보내 그를 기술고문으로 채용하고 싶다고 말하며 100파운드의 보수를 동봉했다. 마을에서 완전히 미친 사람 취급을 받던 헤비사이드는 그 제의를 거절하고 보수도 사양했다. 페선던이 다시 청했지만 전자기학 분야에서 자기의 일이 어느 정도 끝났다고 여긴 헤비사이드는 자신의 창조적 정신을 페선던의 문제 해결에 쓰려고 하지 않았다.

페선던은 대서양의 다른 쪽에서 장소를 찾고 있었고, 이를 위해서 영국 체신부 장관의 허가가 필요했다. 체신부 행정관장은 서부해안을 조사해본 다음 마지못해 가장 멀리 떨어진 지역을 페선던에게 할당해주었다. 스코틀랜드 고원지대인 글래스고 서부는 협만, 계곡, 그리고 바위투성이의 만에 둘러싸여 있었다. 남쪽으로 돌출해 긴 손가락 모양을 한 킨타이어 반도는 히스(heath : 황야에 자생하는 갖가지 종류의 키가 낮은 철쭉과 식물)가 무성한 땅이었는데, 한쪽으로는 클라이드 강과 다른 쪽으로는 대서양과 접해 있었다.

페선던은 반도 서쪽 해안에 있는 매크리해니쉬 마을에서 작업하도록 허가를 받았다. 이곳은 철로도 닿지 않는 지역이어서 그의 일행은 글래스고에서 말과 수레로 이동했다. 매크리해니쉬 기지국은 차츰 자리를 잡아갔고, 대서양의 폭풍우에도 견딜 수 있게 바위 위에 거대한 선들로 고정되었다. 더욱이 하도 외진 곳이어서 페선던의 일을 감시하려는 사람이 없었기 때문에 브랜트 록의 기지국에서처럼 신경과민이 될 필요도 없었다. 페선던을 후원하던 백만장자 헤이 워커 주니어는 "디 포리스트나 다른 기분 나쁜 인간들이 당신이 무엇을 하는지 알아서는 절대로 안 된다"고 경고했다.

비록 디 포리스트가 다른 이들의 발명을 훔쳐다 약간 변형을 가한 후 자기 것이라 주장한다는 평판을 얻었지만, 이번에는 제법 바빴고 그래서 사실상 페선던이나 마르코니 누구에게도 위협이 되지 못했다. 만약에 위협이 있었다면 그것은 무선전신에 접근하려는 비열한 디 포리스트 때문에 위험에 처했을 그의 충실한 일행들이었을 것이다. 세인트루이스의 세계박람회에서 성공을 거둔 후 미 해군은 디 포리스트에게 플로리다의 펜서콜라와 키웨스트, 그리고 쿠바를 포함한 서인도제도 몇몇 섬에 일련의 기지국들을 세우는 일을 주었다.

그후 디 포리스트 편에 선 버틀러는 주로 산호로 이루어진 황량한 만에 구바 기지를 건실하도록 파견되었나. 아바나에서 산니아고까시의 피곤에 찌든 기차여행에 이어 배를 타고 숲을 관통하는 강행군 후에야 버틀러는 관타나모의 정글에 도착했다. 그의 수하에는 몇몇 해군 병사들과 정부 검열관도 함께 있었는데, 그는 한마디 말도 없이 그저 앉아서 아침 9시부터 오후 5시까지 무슨 일이 벌어지는지를 지켜보았다.

버틀러는 회교로 개종한 한 프랑스인을 포함해 지역 인부들도 고용했다. 프랑스인은 취사 및 온갖 허드렛일을 담당했다. 그들은 내내

페선던과 디 포리스트 245

벌레와 전갈과 들고양이나 뱀 따위에 시달렸다. 기지국 건물이 지어지고 나서 오래지 않아 다음과 같은 글귀가 문 앞에 매달렸다. '희망을 버려라, 여기 들어오는 모든 이여, 참으로 이곳은 지옥이니.'

버틀러는 1905년 여름, 가을, 겨울 동안 다음과 같은 일지를 썼다.

6월 5일 50마력의 큰 동력 발전기가 터져 전기자(電機子) 손상됨.
6월 26일 뒷마당에서 8피트 되는 모하 뱀을 죽임. 그 많은 닭이 없어진 이유는 이 뱀 때문이었다.
7월 13일 오전 2시 30분 엄청난 폭풍우. (2주간의 고된 노동이 막 끝난 직후) 번개가 기지국을 때려 콘덴서가 가득 들어 있는 방을 날려버림. 기름이며 판유리가 온 방과 벽으로 날아갔다.
8월 21일 경미한 사이클론 상륙.
8월 31일 오후 4시 15분 번개가 기지국을 때림. 콘덴서 한 짝이 터짐.
9월 5일 신선한 물이 없어서 하루 종일 짠물만 마셨음.
9월 24일 전체 길이가 1만 5000피트나 되는 안테나선이 날아갔음.
9월 27일 기지국이 다시 폭발해 송풍기 모터가 터짐.
10월 8일 밤에 일꾼들의 숙소에서 말들이 우리를 부수고 뛰어나와 전선들을 심하게 뒤틀어놓고 전체 안테나들을 지탱하고 있는 받침줄을 망쳐놓음.
10월 15일 오후 4시 43분 저녁을 먹는 동안 지진 발생.
11월 17일 키웨스트와 펜서콜라로부터 첫 소식을 들음.
12월 15일 2톤짜리 커다란 송신기 터짐.

간신히 관타나모 기지가 운영되기 시작할 무렵, 이번에는 열대기후로 말미암아 정전기가 생기고 신호를 읽기가 어려워졌다. 그러나 버틀러는 자기 자리를 지켰고, 디 포리스트가 보낸 격려의 편지로 위로를 받았다. 8월 9일, 그는 다음과 같이 적힌 쪽지를 받고 기뻐했다.

"당신은 현재 무선전신 운동에서 빼어난 순교자이며, 이렇게 말하는 것이 당신에게 어떤 도움이 될지 모르지만 우리가 이 점을 충분히 이해하고 있다는 것을 알아주길 바랍니다. 우리 가운데 누구도 마냥 행복에 젖어 있거나 손쉽게 꽃방석에 앉아만 있는 것은 아닙니다. 이것은 어려운 문제입니다. …그러나 풀릴 때까지 계속해서 여러 새로운 방법들을 시도해야 할 것입니다. 당신도 아시다시피, 무선전신업계의 두 가지 대명제는 '절대 죽는다는 소리는 하지 않는다' 와 '너는 미국인을 멈출 수 없다' 입니다."

디 포리스트는 자기가 부자가 될 것이라고 믿었다. 세계박람회 때 그는 자신이 동경했던 종류의 삶을 맛보았다. 비록 그것이 미래의 투자자들을 설득하기 위해 화이트가 끌어다 붙인 설정의 한 부분처럼 한 순간의 꿈으로 끝났으나 그는 연애에도 마음을 쏟았다. 그러나 그는 자신이 택했던 기술처럼 딱할 정도로 판단력이 부족했다. 1905년 11월 그는 루실 쉐어다운이라는 여성과 결혼했다. 하지만 알고 보니 그녀는 다른 사람의 부인이었고 신방에조차 들려고 하지 않았다. 일기에서 그녀를 '매춘부' 라 부른 그는 5개월 후 그녀와 헤어졌다.

디 포리스트의 삶은 급속도로 망가졌다. 버틀러는 쿠바에서 황열병으로 쓰러졌고, 불안정한 장비 때문에 미 해군과 계약을 이행하는 데도 심각한 문제가 생겼다. 디 포리스트는 미국과 영국 사이에 무선전신을 설립하는 경주에서 마르코니의 두번째 경쟁자로 대서양을 건넜다. 마르코니 회사는 이 분야에서 앞선 정보를 가지고 있었고 합법적으로 그를 제압할 만반의 준비가 되어 있었다. 그러나 디 포리스트가 실행했던 실험들 가운데 몇 건이 완전히 실패로 끝나는 바람에 마르코니 측의 준비는 더 이상 필요가 없었다.

1906년 4월 뉴욕으로 돌아온 디 포리스트는 구치소에 갇혔다. 페선던이 특허등록을 한 전해검파기의 무단 사용 때문에 그와 화이트가 법정 모독죄를 선고받은 것이다. 디 포리스트는 캐나다로 잠시 피신해 있으라는 충고를 들었지만, 화이트가 벌금을 물어 두 사람은 풀려날 수 있었다. 화이트는 500달러만을 주고 디 포리스트를 해고했다. 화이트의 푸대접에 비통함을 느낀 디 포리스트는 일기에 이렇게 썼다.

"그(화이트)는 지난 수년간 나를 급사로 만들어 사람들을 만나고 기대를 북돋우고 불가능한 기지국들을 짓고 운영하도록 전국을 떠도는 사람으로 만들었다. 그래서 그의 주식 거래인들은 엄청난 수수료를 챙겼을 것이고 그는 나머지를 착복했다."

절망에 빠진 디 포리스트는 헤이 워커에게 페선던의 NESCO에 자신이 합류할 수 있는지 물어보았다. 거기에는 그가 마르코니와 손잡는 것만큼이나 많은 기회가 있었다. 어쨌든 마르코니는 자기의 개인적인 일상에 푹 파묻혀 있었다.

마르코니 결혼하다

1905년 3월 16일자 런던의 《데일리 미러Daily Mirror》 1면은 온통 마르코니와 그의 신부 오브라이언의 사진들로 도배되었다. 그들은 그날 메이페어의 하노버 광장에 있는 세인트 조지 교회에서 결혼하기로 되어 있었다. 신문이 비록 오브라이언의 '사랑스럽고 아주 흔하지는 않은 의상' 같은 세세한 관심거리들을 많이 소개했지만, 표제는 '무선전신의 발명가 오늘 결혼하다'였다. 신문 1면의 내용을 재현한 마르고니오그램(marconiogram : 마르코니 회사의 통신원들이 송수신한 메시지)이 플리트가에서 모스부호로 그들에게 보내졌다. "굴리엘모 기사님께. 기사님과 신부에게 마음 깊은 곳으로부터 축하를 드립니다. 데일리 미러." 각 단어는 '마르코니'의 철자에 해당하는 모스부호 메시지의 점과 선(--／·-／·-·／-··／---／-·／··) 위에 씌어 있었다.

《데일리 메일》은 "그 결혼에서 신부를 향해 특별한 관심이 모아지고 있다. 그녀는 일간지 하나를 대서양 선박회사에 주었고, 유선회사들을 붕괴시키겠다고 약속하고 있다. 만약 그 이야기가 사실이라면, 그녀는 중국인들에게 마르코니를 보호하는 특별한 기도문을 만들게 할 것이고, 세계 모든 지역에 친구들을 가지고 있을 것"이라고 썼다. 결혼선물이 줄을 이어 대략 2만 파운드어치가 되었는데, 이를 오늘날 가치로 환산하면 100만 파운드에 이른다. 마르코니는 오브라이언에게 아름다운 물개가죽 재킷과 화려한 다이아몬드 머리장식 관을 선물했고, 자기의 신부를 보석으로 휘감았다. 그러나 신문에서는 마르코니가 신부에게 선물한 자전거에 대한 언급은 찾아볼 수 없었는데, 이는 가까운 친지들만이 알고 있었다.

다음날 모든 신문이 결혼기사를 실었다. '세인트 조지 교회에 모여든 세계시민들'이라는 표제 아래 《데일리 메일》은 이렇게 보고했다. "엄청난 규모의 구경꾼들이 바깥에 있었다. 왜냐하면 '보통 사람들'이 위대한 무선전신 영웅의 결혼식에 큰 관심을 가지고 있었기 때문이다."

교회는 가득 찼고 바깥에도 사람들이 넘쳐났다. 에드워드 왕 시대 런던에서 '상류사회 결혼식'은 사람들의 이목을 끌게 마련이었는데, 귀족들은 그때만 해도 오늘날 영화나 음악계의 인기인들이 가지는 매력을 지니고 있었다. 대부분의 여성들은 신부나 신부들러리들, 여성 손님들의 멋진 드레스를 구경하러 모여들었다. 마르코니의 결혼식에는 그 모든 것이 다 있었고 세인트 조지 교회는 귀족사회의 구성원들로 가득 찼다. 그러나 《데일리 메일》 기자는 그 부부를 구경하려는 사람들을 이상하게 여겼다.

"바깥의 경찰들은 오히려 떠들썩한 군중들을 상대하느라 바빴는데, 이상하게도 그 무리들 가운데 여성들의 수가 월등히 적었다. 기다란 모자와 검은색 저고리들이 거리 여기저기를 밀려다니는 것 같았다. 마치 이런 기회를 처음 보는 여성들처럼 그들은 속속 도착하는 결혼식 하객들을 보고야 말겠다는 듯 단호했다."

상류사회 잡지 《베니티 페어 Vanity Fair》는 마르코니의 결혼을 묘사하는 만화와 함께 그를 예우했고 상류층 독자들을 위해 다음과 같이 묘사했다.

다락방에서 작업하는 진정한 발명가는 주로 빵이나 실험재료를 사기 위해 자기 시계를 팔고 절망적 궁핍 끝에 결국 다른 이들을 위한 엄청난 부를 쌓는 데 성공한다. 마르코니는 편안한 환경에서 발명을 했고 자기가 가진 소품 보석들을 계속 소유했으며 한번에 다섯 시간 이상은 굶은 적이 없다. 그러므로 그가 비록 전기학자로서 우리의 경이감을 기대할 수는 있을지라도, 발명가로서는 결코 우리의 동정을 기대할 수 없을 것이다. 그는 느리고 신중한 말투에 비상한 두뇌를 암시하는 듯한 머리 모양을 가진 그런 사람이다.

잡지는 내내 그를 '빌(Bill)'이라고 부르며 그의 명성에 그리 주눅들지 않은 모양이었는데 약간의 빈정거림도 섞여 있었다. "그는 노력가이며 예견치 못한 어려움이 발생하기 전에 가장 멋진 해결책을 제시하기도 한다. 그는 말과 자전거, 자동차를 탄다. 그는 진지한 음악 애호가이다. 반은 아일랜드인으로서 그의 유머 감각 결핍은 경이로울 정도다."

명석한 발명가와 젊은 귀족 아가씨의 결합은 완벽해 보였지만 결혼까지의 과정은 순탄치 않았다. 오브라이언이 마르코니를 퇴짜 놓은 다음, 장난처럼 그 두 사람을 다시 만나게 한 것은 플로렌스 반 랄트였다. 찰스 반 랄트는 오브라이언이 브라운시에 머무는 동안 마르코니를 초대하지 않을 것이라며 그녀를 안심시켰지만 그의 부인이 약속을 어겨 두 사람은 다시 한번 낭만적인 섬에서 함께할 수 있었다. 그러한 분위기 속에서 오브라이언은 마르코니에게 깊이 빠져들었다.

오브라이언이 그와 결혼하겠다고 발표했을 때, 가장이었던 그녀의 오빠 루시어스와 어머니는 마르코니가 적절한 결혼 상대자가 될 수 없다고 말렸다. 그와 친구가 된 랄트 가족과 다른 친구들이 그를 변호했으리라는 것은 의심의 여지가 없다. 그는 신사였고 이탈리아 국적을 고집스럽게 고수했어도 반은 아일랜드계 영국인이었다. 《데일리 메일》은 세인트 조지 교회에서 마르코니가 '이탈리아 억양을 티내지 않고' 결혼서약을 했다고 밝히면서 불편한 심기를 드러냈다.

이제 인치퀸 경이 된 루시어스는 결국 그녀를 보냈다. 마르코니의 들러리는 그의 형 알폰소였고 어머니는 자랑스럽게 화려한 신사숙녀들의 무리에 섞여 있었다. 고인이 된 주세페는 1년 차이로 그의 아들이 런던에서 결혼하는 것을 보지 못했다. 비토리오 에마누엘레 왕은 '친애하는' 이라고 사인한 편지를 인편에 보냈고 이탈리아 대사는 축하객으로 참석했다. 무선전신 사업에서 가장 최근의 유럽지부가 된 벨기에 마르코니 무선전신회사는 마르코니 집안에 '가족 불화(family jar)'가 없기를 바란다며 커다란 항아리(jar)를 보냈는데 그 말장난은 성공하지 못했다. 애초부터 그들의 결혼생활은 순탄치 않아 보였다.

호사스런 결혼선물들이 공개된 런던 피로연이 끝난 후, 마르코니와 오브라이언은 드로몰랜드에 있는 인치퀸 가족저택에서 2주간 머물도록 초대를 받아 아일랜드로 떠났다. 그 저택은 5년 전 오브라이언의 아버지가 세상을 떠난 후 거의 아무도 머물지 않는 고적한 장소였지만, 그녀는 어린 시절 그곳에서의 유쾌함을 그리워했다. 그녀는 여전히 생기 있고 활달했으며 순진했다. 그러나 마르코니의 마음을 끌었던 바로 이 성격이 우스꽝스럽게도 그를 질투하게 하고 방어적으로 만들어 그는 오랫동안 자기만의 생각 속에서 침울해져갔다.

  2주간의 신혼여행을 채 마치지도 못한 채 런던으로 돌아왔을 때 그들의 신혼은 이미 끝이 났고, 그래서 마르코니는 일로 돌아갈 수 있었다. 그들은 한동안 호사스런 칼튼 호텔*에 머물렀는데, 마르코니가 회사 일로 밖에 나가 있는 동안 오브라이언은 자연스럽게 웨스트엔드 지역을 산책했다. 그러나 마르코니는 자기의 어린 신부가 다른 남자들의 이목을 끌 거라 상상하면서 그녀가 누리는 작은 자유마저도 참아내질 못했다. 그는 아내가 자기에게 신실하지 못할 수도 있다는 의심을 떨쳐내지 못했고 그녀를 세간의 이목으로부터 집안에 가두어두려고 최선을 다했다. 나중에는 그 자신이 바람둥이라는 얘기까지 듣게 되었다.

  5월에 그들은 꼼빠니아호를 타고 뉴욕으로 갔다. 마르코니에게 이것은 여느 때와 마찬가지로 폴두에서 오는 신호를 테스트하는 사업상의 여행이었다. 처음에 오브라이언은 일등석에서 사교모임을 즐겼지만, 이내 남편에게서 다른 승객들과 '시시덕거리는' 것에 대한 강의를 들어야 했다. 그녀에게서 로맨스의 가능성을 차단하기 위해 마르코니는 보스부호를 가르쳐주었고, 그녀는 이선에 그의 어머니가 했던 것처럼 옷을 챙기거나 양말을 깁는 따위의 일을 했다. 뉴욕에서 그들은 파티에 초대받았고, 케이프브레턴으로 떠나기 전에는 루스벨트 대통령과 오찬을 함께하기도 했다. 케이프브레턴에서 마르코니는 대서

---

* 헤이마켓에 있는 칼튼 호텔은 1899년 문을 열었는데, 처음에는 세자르 리츠가 유명한 요리사 에스코피를 주방장으로 두고 운영했다. 소문에 따르면 에드워드 7세의 대관식이 연기되었을 때 리츠는 신경쇠약에 걸렸다고 한다. 그가 모든 음식과 연회를 미리 준비해두었기 때문이다. 칼튼은 1957년 혹은 1958년 사이에 없어졌다.

양 건너로 무선을 보내는 문제와 씨름했다. 오브라이언은 기지국의 사택을 비비안의 부인 제인과 함께 사용했는데, 처음부터 이 일은 그 두 사람에게 쉽지 않았다. 케이프브레턴은 마르코니에게는 총각 시절 많은 여자친구가 있었다는 신문기사들이 나돌았던 곳이지만 오브라이언에게는 생활 근거가 전혀 없는 곳이었다.

마르코니가 송신기를 좀더 실험하려고 꼼빠니아호를 타고 영국으로 돌아간 석 달 동안 오브라이언은 그곳에 남겨져 있었다. 두 사람 모두 마르코니가 떠날 무렵 오브라이언이 임신했다는 사실을 몰랐다. 오랫동안 몸이 아팠기 때문에 케이프브레턴 생활은 더욱 끔찍했다. 그녀가 영국으로 돌아오자 마르코니는 우선 그녀를 폴두 호텔에 투숙시켰는데, 겨울의 그곳은 쓸쓸하고 지루했다. 딸의 안부가 걱정되기도 하고 마르코니가 그 정도는 감당할 수 있으리라 믿었던 인치퀸 부인은 런던의 버클리 광장 옆에 셋집 하나를 딸에게 구해주었다.

마르코니가 그것을 수용하기는 했지만, 사실 그는 감당할 수 없을 만큼 심각한 재정 위기에 빠져 있었다. 회사 운영을 위해 그는 가진 돈 전부를 회사에 쏟았다. 그가 만약 페선던이나 디 포리스트 같은 후원자들을 두었다면 이 중요한 시기를 견뎌낼 수 없었을 것이다. 하지만 그가 자기의 결혼생활을 유지하기 위해, 그리고 더 크고 강력한 송신기를 발명하기 위해 점점 더 많은 돈을 요구할 때마다 그의 이사들은 그에게 충성스러웠다.

1906년 2월 오브라이언은 딸을 낳았고 루치아라고 이름을 지었다. 하지만 루치아는 세례도 받기 전에 감염으로 죽었다. 마르코니는 어머니에게 이렇게 썼다.

"우리의 귀여운 아기가 금요일 아침 갑자기 우리 곁을 떠났어요(저는 그때 폴두에 있었고 모든 일이 끝나고서야 돌아올 수 있었습니다).

아기는 늘 잘 지냈고 의사도 그 애가 보통 아이들보다 더 건강하다고 했어요. 목요일 저녁 약간의 체기가 있는 것 같더니 금요일 아침 8시 갑작스런 경련을 일으켰고 불과 몇 분 만에 모든 것이 끝나버렸습니다. 베아가 받은 충격은 엄청난 것이어서 지금도 많이 아픕니다."

아이가 아직 세례를 받기 전이어서, 마르코니는 그 애를 위해 그리스도교식 장례를 치러주려고 자신의 모든 영향력을 동원해야만 했다. 마침내 런던 서쪽 한 공원묘지에서 조촐한 장례식이 치러졌다.

오브라이언의 병과 상심, 그리고 고된 일이 주는 압박 때문에 마르코니 역시 병이 났다. 예전에 앓았던 말라리아가 재발했던 것으로 보이는데 그는 한동안 정신을 잃고 런던의 집에 누워 있어야 했다. 그는 자신에게 해를 끼치려는 뭔가가 있을지 모른다고 생각했기 때문에 언제나 자기가 받은 약들을 경계하며 일일이 설명서를 확인했고 그 가운데 대부분을 거부했다. 불안한 마음에 그는 장의사 광고를 가져다 침대 옆 탁자 위에 세워놓았다. 그는 영국인 의사와 간호사들이 자기를 바보 취급하는 것 같다고 불평하면서 런던에 있는 이탈리아 병원의 의사 탈라리코에게 치료받기를 고집했다.

그 시기에 병으로 쓰러진 것은 마르코니에게 고통스러운 일이었다. 글레이스 만에서 안테나 모형에 대해 집요하게 실험한 결과, 대서양 횡단 연결작업의 신뢰도를 높이려는 그의 시도에 이제 출구가 보이는 듯했다. 그와 기술자들은 만약 아주 긴 형태의 전선이 신호가 전송되고 수신되는 방향을 향해 지면 위를 수평으로 뻗어나간다면, 주야간 시간대 모두에서 효율이 극대화된다는 사실을 발견했다. 하지만 거대한 '지향성 안테나(directional aerial)'는 수 에이커의 땅이 필요했다. 케이프브레턴의 '마르코니 탑'에는 여유가 있었지만 그보다 2년 일찍 거대한 위용을 뽐내며 절벽 위에 세워진 폴두 기지는 더 확장될 수 없

마르코니의 실용적이지만 시대착오적인 기술이 어떻게 이상한 비율로 성장했는지 알려주는 극적인 사진. 대서양 횡단 신호를 보내는 효과적인 방법을 발견하기 전 클리프덴에 지어진 거대한 동력장치다.

었다.

회사는 마지못해 더 넓은 부지를 찾아야 한다는 것에 동의했고, 비용을 지불하기 위해 영국 해군본부에 그것을 기증할 것인지 물어보았다. 도움을 받을 수는 없었지만 어쨌든 그들은 일을 진행해야 했고,

성공 확률을 높이기 위해 콘월보다는 케이프브레턴과 가까운 곳에 부지를 정했다. 장소는 아일랜드 서쪽 해안에 있는 클리프덴이었고, 기지국과 지향성 안테나는 그 위에서 일하는 사람이 작아 보일 정도로 크게 세워졌다. 발전장치를 위한 축전설비는 4, 5층 건물 높이였다.

마르코니는 기술의 한계에 이르고 있음을 점점 깨달아가고 있었다. 케이프브레턴의 새 기지가 만들어내는 불꽃과 벼락 같은 소리는 세간의 많은 이목을 끄는 것이어서 지역철도회사는 그 기지국을 지나는 특별노선을 만들었다. 승객들은 모스부호가 타전될 때 타오르는 푸르스름한 빛을 띤 흰색 불길을 볼 수 있었고, 손으로 귀를 막고도 안테나선을 따라 틱틱거리는 천둥 같은 소리를 느낄 수 있었다. 마르코니의 설비는 그의 어린 시절 영웅이었던 프랭클린의 실험에 영감을 준 뇌우만큼 제대로 '벼락을 만들어내지'는 못했다. 그러나 어느 누구도 마르코니의 것을 대치할 만한 무선전신 시스템을 고안해내지는 못했다. 마르코니의 불꽃 송신기와 코히러와 매기검파기(Maggie detector)는 그때까지도 본연의 역사적 임무를 다하지 못한 상태였다.

마르코니가 병상에 누워 있는 동안, 무선전신이 전시에 지니는 가치에 대한 최초의 본격적 실험이 러시아가 일본을 제압하고자 필사적 노력을 기울이던 극동에서 극적으로 실행되고 있었다.

무선전신을 이용한 최초의 교전

일본군이 제임스 대령과 계약을 파기한 이후에도 러일전쟁은 육지와 바다에서 치러지는 교전들로 시끄러운 양상을 띠었지만 어느 쪽에서도 결정적인 공격을 가하지는 않았다. 상트페테르부르크에 있던 황제 니콜라스와 군 장성들은 절망적 심정으로 리바우에 있는 발트항에서 블라디보스토크에 있던 극동함대로 전함 59척을 보내 잔여 병력과 합치라는 결정을 내렸다. 그 해군부대의 안전을 위해 그들은 한국 남쪽과 일본을 가르는 쓰시마해협을 항해해야 했는데, 그곳은 적의 매복 가능성이 높은 곳이었다. 1905년 봄 러시아 발트함대는 지난해 10월 중순부터 시작한 1만 8000마일의 항해를 마치고 남지나해에 접근하고 있었다. 뤼순과 제물포, 그리고 블라디보스토크에 정박해 있던 러시아 해군은 잦은 교전으로 최악의 상태에 있었고 함대의 대부분은 침몰되거나 일본군에 빼앗겼다.

주요 연합국의 모든 해군이 이 교전의 결과를 특별히 고대하고 있었다. 역사상 최초로 양쪽 모두가 무선전신 설비를 갖추었는데, 이

점이 싸움에 어떤 영향을 미치게 될지, 혹은 어떤 전술들이 채택될지 누구도 알지 못했기 때문이었다.

러시아 함대 사령부에는 고속진급을 한 로제스트벤스키(Z. P. Rozhestvensky) 제독이 있었다. 그는 에드워드 7세의 대관식을 기다리는 동안, 해군의 위용을 확인하기 위해 1902년 즉흥적으로 만난 황제 니콜라스와 빌헬름 앞에서 움직이는 목표물에 발사하는 시범을 보일 전함을 책임졌던 젊은 군인이었다. 세 시간의 일사분란하고 나무랄 데 없는 지휘를 지켜본 후 황제 빌헬름은 경멸하던 사촌 니콜라스에게 이렇게 말했다. "내 밑에 당신의 로제스트벤스키처럼 능력 있는 해군장교가 있다면 좋겠다."

러시아 군대는 마르코니 설비의 일부를 시베리아의 혹독한 조건 속에 세워놓았는데, 그 장비를 성수(聖水)로 축성해야 한다고 우기는 정교회 신부 때문에 거의 부서져버렸다. 그러나 러시아 해군은 포포프-뒤크레테 시스템(러시아인 포포프와 프랑스 발명가 뒤크레테가 고안한 장치)을 함대에 갖추고 더욱 사기충천해 있었다. 로제스트벤스키 제독은 이 설비를 사용한 적이 있었지만 그리 좋은 인상을 가지고 있지 않았다. 러시아 함대는 다가오는 전투에서 자기들이 가진 최정예 무기를 사용할 작정이었는데, 그것은 순양함 우랄호에 설치되어 700마일 범위를 소통할 수 있는 무선전신 기지국이었다. 이론적으로는 독일에서 사들인 그 설비로 발트함대가 쓰시마해협의 위험지역을 지날 때 블라디보스토크와 연락을 취하고, 반대방향에서 가해지는 일본군의 공격에 대해 그곳에 잔류하는 함대에 경고할 수 있을 것이다.

아무도 일본군에게 무선전신 설비를 팔지 않았다. 그들이 발전시킨 설비는 마르코니가 1897년 라스페치아에서 선보였던 것을 똑같이 베낀 것으로 거의 나아진 점이 없었다는 것이 중론이었다. 분명히 마르코니의 것보다는 뒤처진 것이었다. 그럼에도 그 설비는 6마일 범위 내에서는 효과적으로 작동했고, 한국 해안을 따라 세워진 연안 기지국들이나 정박해 있던 전함들, 그리고 일본 서해안에 있던 기지국들 사이에서 서로 주고받으며 이루어지는 연결설비로 꽤 넓은 지역을 감당할 수 있었다. 일본군은 쓰시마해협에 자리를 잡고 러시아 함대를 기다리면서, 무선전신 안테나를 통해 적의 모스 불꽃이 내는 소리를 노리고 있었다.

좁은 해협의 섬들 사이를 돌아서 로제스트벤스키 제독은 어느 항로를 택할 것인가? 그의 함대가 적들의 허를 찌르고 그들과 교전하는 데 어떻게 무선전신을 사용할 것인가? 그러나 로제스트벤스키는 자기들이 보내는 신호가 발트함대 위치를 기다리던 일본군에게 바로 노출될 것을 염려해 함대에서 무선전신 사용금지를 결정했다. 사관들 중 대부분은 이에 놀라고 실망했으나 그의 목적은 일본군과 교전하는 것이 아니라 들키지 않고 해협을 지나 블라디보스토크로 가는 것이었다. 그리고 러시아 무선전신기사들 모두에게 내려진 명령은 일본군의 신호를 포착하는 것이었다.

로제스트벤스키는 대한해협을 통과하기로 결정했고 그가 이끄는 함대는 1905년 5월 25일 이열 종대의 편제로 그곳에 이르고 있었다. 험한 날씨로 시야까지도 흐렸다. 러시아 함대는 이내 일본군 전함에서 나오는 무선전신 신호를 포착했고, 그들이 블라디보스토크를 향해 가던 북동방향에서 그 신호는 점점 강해졌다. 3일 후 안개 낀 아침, 러시아 병원선 한 척이 다른 배를 발견하고 신호를 보냈다. 병원선은 그 배가 자기를 따라붙은 일본 순양함 시나모 마루호임을 모르고 있었다. 안개가 걷히자 시나모 마루호는 눈앞에 늘어선 발트함대를 발견했고, 경고의 전보를 보냈지만 그 신호는 너무나 멀리 떨어져 있던 일본군 기지국 어디에도 가닿지 못했다. 오히려 러시아 함대가 그 신호를 바로 포착했다. 우랄호에는 무기가 장전되어 있었지만 로제스트벤스키 제독은 발포명령을 내리지 않았다. 아마도 발포를 통해 자기들의 위치가 노출될 것을 우려했기 때문이었을 것이다.

우랄호의 선장은 수기(手旗)로 그가 가진 막강한 설비를 이용해 일본 순양함의 무선전신을 무력화시켜도 좋은지 물어보았다. 이 요청은 거부되었고, 러시아 함대는 9노트의 항속을 유지하며 대한해협의 가운데 항로를 택해서 나아갔다. 그때는 시나모 마루호가 나머지 일본 함대에 러시아 함대의 정확한 항로를 알려줄 수 있을 만큼 근접해 있었다. 로제스트벤스키는 자신들의 항로가 일본군함장 도고 헤이하치로(東鄕平八郞) 제독에게 분명히 보고될 것임을 알고 있었고, 항로를 바꿀 수도 있었다. 많은 사람들도 그렇게 하도록 촉구했다.

그러나 로제스트벤스키는 도고가 준비하고 기다리던 곳을 향해 곧장 나아갔다. 마침내 일본군 선체에서 뿜어져 나온 최초의 일제사격으로 로제스트벤스키의 사관이 모두 죽었고 그도 심하게 부상을 입어 정신을 잃었다. 59척의 러시아 함대 가운데 단 3척만이 블라디보스토크에 도달할 수 있었다. 나머지는 침몰하거나 빼앗겼으며 로제스트벤스키는 포로로 잡혔다. 황제 니콜라스와 빌헬름에게 신망받던 자신만만한 젊은 장교는 무선전신의 힘을 잘못 평가함으로써 참혹한 결과를 빚은 것이다.

그를 변호하는 측에서는 그가 열악한 무선전신 설비만을 경험했기 때문에 그것을 사용하지 않기로 결정한 것은 정당했고, 일본군의 전략적 이점을 고려한다면 그의 장교들 대부분이 원했던 것처럼 그가 무선전신을 사용했더라도 교전 결과는 아주 다르지 않았을 것이라 평가했다. 일본군에는 별로 복잡하지 않은 설비가 일찍 도입되었는데, 일

정 범위 안에서만 효과적으로 작동하던 그 설비를 그들은 최대한 사용했다.

무선전신을 통한 종군 보도에서 뒤처지고 있던 마르코니 회사에게는 그들의 장비를 모방한 설비로 전쟁에서 승리했다는 점이 어느 정도 위안이 되었다. 그리고 그 시기부터 전세계 모든 해군이 이제 무선전신에 익숙해져야 하고, 무엇보다 필요한 것은 믿을 수 있는 설비라는 사실을 깨닫게 되었다.

1904년 미국정부는 무선전신의 사용을 고려하기 위해 여러 위원회들을 설치했다. 그러나 미 해군은 여전히 어떤 설비가 투자에 최적격인지를 놓고 혼란스러워했다. 해군의 연안기지국들은 동쪽 해안선을 따라 세워져 있었고, 파장이 겹치는 송신기들 간의 전파방해 문제를 극복하기 위한 실험들이 계속해서 이루어지고 있었다. 게다가 1905년 해군은 뜻하지 않았던 문제에 시달리기 시작했다. 마르코니의 발명이 가진 장점 가운데 하나는 약간의 돈과 독창력만 있으면 누구나 그 일을 할 수 있다는 것이었다. 그래서 아마추어 무선전신 애호가들이 미국의 동쪽 해안을 따라 자기네 다락이나 침실에 간이 기지국들을 세웠다. 그들 가운데 몇몇의 장치는 실제로 해군의 장비보다 더 강하고 능률적인 것이었다. 미국 아마추어 무신기사들에게 미 해군의 전파를 해킹하는 것보다 짜릿한 일은 없었다.

미국의 속삭이는 회랑

1905년 뉴욕 풀턴가 233번지에 아주 새로운 종류의 가게가 최초로 문을 열었다. 그것은 전기수입상(Electro Importing Company)이라는 곳으로, 그즈음에 유럽에서 이주한 휴고 건스백(Hugo Gernsback)이 운영하고 있었다. 그 전 해에 신세계에서 돈을 좀 벌어볼 요량으로 새로운 건전지 도안을 가지고 미국에 도착한 건스백은 룩셈부르크에서 자라서 그곳과 독일에 있는 대학에서 공부했다.

건스백은 1884년생으로 마르코니보다 열 살 아래였고 어떻게 무선전신이 발전할 것인지에 대해서도 아주 다른 견해를 가지고 있었다. 예를 들면 건스백은 유선회사들과의 경쟁이라든지 수천 마일 너머로 신호를 보내는 일 따위에는 관심이 없었다. 그는 싸고 쉽게 설치할 수 있는 무선전신 설비가 자신과 같은 젊은이들 사이에서 광범위하게 인기를 끌 것이라고 전망했다. 1905년 말 건스백은 거의 최초의 자작 무선기지국 설비도구라고 할 수 있는 것을 선전하기 위해 《사이언티픽 아메리칸 Scientific American》이라는 잡지의 지면을 샀다. 그는 그것을 텔림코 무선전신 장비(Telimico Wireless Telegraph Outfit)라고 불렀다.

텔림코 장비는 자체의 불꽃 송신기와 코히러 수신기를 갖추고 있었고, 반경 1마일 내에서는 확실하게 작동했다. 그것은 사실 마르코니가 어린 시절 만들었던 마술상자들과 비슷한 것으로 어떤 기술적 발전을 담보하고 있는 것은 결코 아니었다. 그러나 자작 텔림코 X선 장비도 팔았던 건스백은 소년 시절부터 발명가였던 마르코니가 제대로 평가하지 못했던 사실을 인식하고 있었다. 그것은 바로 소박한 무선전신이 의외로 아주 재미있을 수 있다는 점이었다. 아마추어 무선전신 애호가들은 매일밤 보스턴이나 뉴욕 외곽에 있는 다락방이나 놀이방에서 수백 가지의 메시지들로 와글거리는 방송 전파의 신나고 비밀스런 세계에 주파수를 맞출 수 있었다. 그들은 모스부호라는 비밀언어를 배웠고, 직접 만든 무선전신 기지에서 그 언어로 다른 이들에게 메시지를 보낼 수 있었다. 건스백은 무선전신이 미국 동부해안을 휩쓸게 될 열광의 초기에 뛰어들어 그 발전 과정에 깊은 영향을 남겼다.

1905년 영국 무선전신 법령은 법률로 바뀌었고 그곳의 아마추어들은 체신부 장관에게서 실험 면허를 얻어야 했다. 그러나 미국에는 그러한 규정이 없었으므로 완전한 자유를 누릴 수 있었고, 이를 통해서 독창성과 상당한 방종을 만끽할 수 있었다. 그들은 아이들처럼 법적 제재 따위를 걱정할 필요가 없었다. 비록 그들이 마르코니의 전파에 조율하는 특허권이나 다른 특허권을 침해하더라도, 큰 회사가 그들을 제재할 근거는 아무것도 없었다.

아마추어들은 전혀 다른 목적을 위해 고안된 온갖 기기들로 건스백의 텔림코 장비보다 훨씬 강한 설비를 만드는 방법을 빠르게 배워나갔다. 그들은 전지를 만들기 위해 얇은 금속박으로 덮인 오래된 사진 감광판을 이용했고, 놋쇠로 된 침대틀의 손잡이들을 이용해서 불꽃을 일으켰으며, T형 포드 자동차의 전기 점화코일에서 송신기의 전력을 얻을 수 있다는 사실도 발견했다. 해체된 전기 환풍기는 연속해서 불꽃을 일으킬 수 있었다. 또한 그들은 신문지를 말아서 조악한 확성기로 사용했고, 퀘이커 오츠사에서 내놓은 원통형 판지 용기로 투박한 조율 시스템에 쓰이는 전선을 감는 훌륭한 통을 만들었다. 우산살은 안테나로 사용될 수 있었고 송신기의 전력은 거리의 전선줄에서 무단으로 끌어올릴 수 있었다. 가장 구하기 어렵고 비싼 부품은 마이크가 달린 헤드폰이었는데, 주로 공중전화 부스에서 훔쳐 사용했다.

독창적인 아마추어들은 매우 빨리 동부해안에 활발한 밀실 기지국 공동체를 형성했고, 이곳은 세계에서 무선전신 사업이 가장 집약된 지역을 대변했다. 이 일은 신문과 잡지 등 대중매체의 흥미와 상상력을 자극하기 시작했다. 매체는 진기한 기술을 다루며 아주 새롭고 신나는 취미를 만들어가는 젊은 모험가들을 발견하고 감격했다.

1907년 11월 《뉴욕 타임스 매거진 New York Times Magazine》은 '무선전신의 경이로움-그리고 한 소년에 의해서!'라는 표제의 머리기사를 전면에 실었다. 스물여섯의 윌리엄 윌렌보그(William J. WIlenborg)라는 이 '소년'은 뉴저시 호보컨에 있는 부모님 집에 무선 기지국을 직접 마련했다. 양복저고리와 넥타이를 매고 침착하고 단호한 표정으로 찍힌 그의 사진은 커다란 타원형 인물화처럼 실렸고, 주변에는 그의 설비들과 지붕 위 안테나를 찍은 사진들이 배치되어 있었다. 어느 날 저녁 그의 엿듣기에 초대받은 기자는 그 모든 것이 가져다주는 자극에 푹 빠져들었다.

"사업 혹은 사랑과 과학의 영역에서 음모나 계략을 꾸미거나 대항책을 마련하기 위해서는 공중으로 올라가 그 길을 따라가고, 친구의 발소리나 원수의 메시지를 당신의 방식대로 타진해라. 거기에는 아직 쓰이지 않은 사랑과 희극과 비극이 있다."

월렌보그는 그가 방송 전파를 자유자재로 쓸 수 있음을 보여주었다. 그는 원래 마르코니가 1889년 아메리카컵 경기 결과를 방송하기 위해 세웠던 기지국에서 신호들을 어떻게 방해할 수 있는지 《타임스》 기자에게 보여주었다. 전문 통신원은 당황해서 두드려댔다. '그만두라, 뉴욕!' 월렌보그가 장난스럽게 다시 방해하자 통신원은 '지옥으로 떨어져라!'고 타전했다. 월렌보그가 다시 방해하려고 하자 그 통신원은 결국 포기했고 '소년' 아마추어와 기자는 아주 신이 났다.

모든 아마추어가 신호를 전송하고 미 해군이나 마르코니의 전송을 방해할 수 있었던 것은 아니다. 많은 사람들은 단지 듣는 것에 만족했다. 그러나 1906년부터 판매된 '수정수신기(crystal set receivers)'가 일대 도약을 일으켰다. 특정 광물질이 전자기파의 '반도체' 역할을 한다는 사실은 금세기 초 독일의 페르디난트 브라운(Ferdinand Braun) 교수에 의해 발견되었지만, 실제로 적용된 사례는 없었다. 그런데 우연하게 미국 무선전신 산업에서 일하던 두 남자가 '수정수신기'의 특허를 냈고, 그 안의 얇은 전선 혹은 '고양이 수염'이 카보런덤(carborundum : 탄화규소를 주성분으로 한 발열체)이나 규소조각 표면에 접촉하여 수신기로 작용하게 되었다. 아마추어들은 수정수신기를 이용하여 약간의 조율과 전화기로 어떤 무선전신 신호라도 모두 방해할 수 있게 되었다.

좌절과 고생의 세월을 보낸 뒤, 마르코니는 1907년 10월 마침내 케이프브레턴과 클리프덴을 연결하는 안정적인 대서양 횡단 전신 시스템을 만들었다. 그러나 이에 대한 어떤 공식적인 축하기사도 없었다. 이 작업은 원래 신문사들을 위한 일이었고, 회사는 단지 그것을 운영하여 그에 대한 비용을 지불할 충분한 고객이 있으면 그만이었다. 케이프브레턴과 케이프 코드에서 전송된 메시지는 미국 아마추어들의 대단한 흥미를 끌었다. 그들이 쉽게 신호를 방해할 수 있었고, 자기들이 급박한 뉴스가 오가는 세계의 심장부에 접속해 있다는 사실에 희열을 느꼈기 때문이었다. 밤하늘은 《사이언티픽 아메리칸》의 표현대로 하나의 거대한 '속삭이는 회랑'이 되어가고 있었고, 그 속삭임의 모든 글자는 모스부호의 낭만적인 점과 선들로 찍혀나갔다. 전파 속에 음악과 말이 흘러다니게 된 것도 그리 긴 시간이 걸리지 않았다.

방송중인 목소리

1906년 늦은 여름, 뉴욕의 화려한 카페 마틴에서 만찬을 즐기던 손님들은 대중적인 고전음악 연주에 초대받았다. 방에는 음악가들도 보이지 않고 에디슨 축음기도 없었는데 무적(霧笛: 음파를 이용한 보안장비의 일종으로 선박의 안전한 항해를 위해 선박, 등대, 안개신호소 등에서 사용)처럼 생긴 스피커에서 로시니, 쇼팽, 그리그, 바흐의 곡이 흘러나왔다. 음악을 연주하는 두 명의 피아니스트는 카페에서 다소 떨어진 브로드웨이 메트로폴리탄 오페라 하우스 맞은편 건물에 있었다. 카페 손님들이 들은 음악은 교류발전기들을 모아놓은 거대한 저장소가 전자공학적으로 만들어낸 것이었다. 각각의 교류발전기는 다양한 음정의 소리를 내도록 설정되어 있었는데, 음악은 전화선으로 전달되어 카페의 스피커에서 '방송'된 것이었다.

유선으로 전자음악을 연출한 텔하모니엄(Telharmonium)이라는 기계의 무게는 200톤에 이르렀다. 이것은 귀청이 터질 정도로 엄청난 소리를 냈는데, 피아니스트들이 연주하던 음악홀 지하에 설치되었다.

텔하모니엄은 워싱턴의 변호사 세데우스 케이힐(Thaddeus Cahill)의 창작품으로, 그는 이것을 때때로 다이너모폰(Dynamophone)이라고도 불렀다. 케이힐이 신시사이저(synthesizer)라고 설명한 이 거대한 전자음악 발생기 초기 모델은 1898년 특허를 얻었다. 7톤에 불과했던 원형은 재정 후원자들을 모집하여 뉴잉글랜드 전자음악회사를 설립할 수 있을 만큼 잘 작동했다.

케이힐은 새로운 자금으로 기계를 다듬고 크게 만들었다. 그의 후원자 중 한 사람인 오스카 크로스비(Oscar T. Crosby)는 뉴욕 전자음악회사를 설립했고, 회사는 청중을 찾아서 근거지를 뉴욕으로 옮겼다. 145개의 발전기를 갖춘 이 거대한 기계는 분해된 채 32개의 열차에 실려 뉴욕으로 운송되었으며, 브로드웨이까지 마차로 옮겨졌다. 그리고 뉴욕 전화회사와의 거래로 카페와 식당에 선을 연결하여 손님들에게 초기 형태의 영업용 배경음악을 제공할 수 있었다.

텔하모니엄의 신기한 공연은 폭넓은 관심을 끌었지만, 강력한 신호가 일반 전화가입자들에게 전달되고, 헨델이나 바흐의 곡이 뒤죽박죽되어 파열음을 터뜨리면서 대화를 방해하자 그들이 격분한 사실도 드러났다. 그러나 모스부호는 물론 말과 음악까지 수신할 수 있는 새로운 종류의 송신기를 실험하던 디 포리스트는 케이힐의 발명품에 큰 매력을 느꼈다.

무선 관련 일을 하던 모든 사람들은 전자기 신호를 더욱 효율적으로 송수신할 수 있는 길을 모색하고 있었다. 런던대학의 플레밍도 마찬가지였는데, 그의 실험실에는 시험 안테나와 전지와 발전기가 흩어져 있었다. 마르코니가 만든 송수신기 '매기'보다 더 나은 검파기를 위해 고심하던 그는, 에디슨을 위해 일할 때 관찰했던 흥미로운 현상을 회상했다. 그것은 진공관 전구를 통해 소량의 전자가 방출되는 것으로 '에디슨 효과'로 알려졌는데, 전구 안에 있는 필라멘트와 전극 사이의 전류가 한쪽 방향으로만 흐르고 다른 쪽으로는 흐르지 않는 현상이었다. 전구는 마치 수도관의 밸브처럼 작동해서 한쪽 방향으로는 전류를 흐르게 하고 다른 쪽으로는 막히게 했다.

플레밍은 백열전구를 조금 개조해서 무선신호의 교류전파를 수집할 수 있었고, 그것을 직류전파로 변환시켜 전화 수신기를 작동시킬 수 있었다. 그는 에디스원사에서 여러 개의 밸브를 만들었고 그것이 효과적임을 입증하자 신발을 신은 채 특허 사무실로 뛰어갔다. 이때가 1904년이었고, 이후 3년 동안 마르코니 기지국은 이 '2극 진공관'을 시험했다.

미국에서 여전히 행운을 찾고 있던 디 포리스트는 그가 '오디온(audion)'이라고 불렀던 3극 진공관 수신기를 만들기 위해 플레밍의

여러 해 동안 마르코니에게 근심거리를 안겨줬던 미국인 리 디 포리스트가 초기 무선 밸브인 '오디온'을 들고 자세를 취하고 있다. 디 포리스트는 스스로 '무선의 아버지'라고 불렀으나 그가 발명했다고 주장한 모든 것은 뜨거운 논쟁거리가 되었다.

밸브를 개조했다.* 그는 오디온을 가지고 케이힐의 텔하모니엄 음악을 무선으로 송신하고자 시도했다. 그러나 오디온은 매우 불완전한 장비였다. 음악의 질은 비참했고, 군사작전에 대한 중요한 정보 대신 귀를 찢는 듯한 로시니의 곡을 들려줌으로써 미 해군을 실망시키기도 했다. 대중들 역시 디 포리스트가 막 상상하기 시작한 방송에 별로 감동을 받지 않았다.

1906년 12월 《뉴욕 타임스》는 무선전화통신 영역에서 도약을 이루려 한다는 디 포리스트의 주장에 대해 '하나의 승리, 그러나 여전히 하나의 두려움'이라는 표제의 사설에서 이렇게 응답했다. "전선 없이 전화통신을 하려는 시도와 관련해 두렵기까지 한 소식이 있다. …과학자들은 아무런 유도전선을 사용하지 않고도 세계의 모든 지역에 있는 사람과 말할 수 있는 시간이 오고 있다는 것을 공언하고 있다."

브랜트 록의 눈 덮인 황무지에서 페선던은 '무선통화' 영역에서 첫째가 되고자 하는 야심을 쫓고 있었다. 그는 제너럴 일렉트릭사에 전자기 신호를 지속적으로 보낼 수 있는 고속 발전기 제작을 요청하여 매사추세츠와 스코틀랜드 서부해안에 있는 매크리해니쉬 사이의 전신 연결 시도에 이를 사용했는데, 명료한 메시지를 대서양 너머로 보내는 경주에서 거의 마르코니를 앞질렀다. 그러나 1906년 1월, 수신의 음질에 너무 차이가 많았기 때문에 그는 자주 절망에 빠졌다.

한 친구에게 보낸 편지에서 그는 이렇게 썼다. "때때로 신호는 매우 커서 귀에서 6인치 정도 떨어진 수화기에서도 매크리해니쉬에서 보낸 소리를 들을 수 있었네. 하지만 매월 두세 차례 정도 우리는 아

---

* 디 포리스트는 플레밍의 간단한 밸브에 세번째 금속판을 덧붙였다. 이것은 고주파 신호의 증폭 효과를 낳았고 라디오 발전을 이끌었다.

무런 소리를 듣지 못하고 있다네. 이런 상태로는 물론 상업성이 없네." 그 역시 마르코니처럼 낮 시간 동안 수신이 안 되는 문제로 애를 태우고 있었다.

그럼에도 페선던의 NESCO는 1906년 가을까지 마르코니 회사의 주요 경쟁자로 남아 있었다. 흥분한 그의 후원자들은 대서양 횡단 서비스가 사업계와 신문사들에게 제공해도 될 만큼 충분한 신뢰성이 있다는 발표를 기다리고 있었다. 그들은 소식이 들려오면 차를 타고 피츠버그 주변을 돌아다니면서 열렬히 선전하겠다고 약속했다. 그러나 12월 5일 매크리해니쉬의 기둥이 거센 바람에 무너져버렸다. 이 사건은 그토록 많은 약속을 했던 NESCO에 치명상을 입혔다. 재난을 겪은 후에도 페선던은 계속해서 전화통신을 위해 열정을 불살랐다. 대서양 횡단 통신실험중 스코틀랜드의 한 엔지니어는 브랜트 록의 목소리를 확실히 들었다고 증언했다. 이에 용기를 얻은 페선던은 뉴잉글랜드에 있는 어선단의 선원들에게 짧은 음성 메시지를 보냈다.

남미와 보스턴 사이를 바쁘게 오가던 유나이티드 과일회사의 배들은 모두 디 포리스트나 페선던의 수신기를 가지고 있었고, 브랜트 록의 해변에서 멀리 떨어져 있던 미 해군 배들도 대부분 한두 종의 검파기를 장착하고 있었다. 1906년 12월 초, 페선던은 이 모든 배에 크리스마스이브와 12월 31일에 있을 이벤트에 대해 주의를 기울이라는 전신 메시지를 보냈다. 이 이벤트는 말과 음악, 그리고 노래가 포함된 세계 최초의 무선 프로그램이 될 것이다. 페선던은 축음기 회사들에게 편지해서 유명한 연주가들의 음반 기증을 요청했고, 자기 아내와 조수들을 마이크 주변에 모이도록 했다.

크리스마스이브 때 유나이티드 과일회사의 선상에 있던 무선전신 통신원들에게는 모스부호의 점과 선이 아니라 페선던의 낭랑한 목소리를 듣도록 확실히 해두었다. 시간이 임박하자 그는 아내와 조수들이 무대 공포증을 느꼈기 때문에 홀로 공연을 벌였다. 이 역사적인 밤에 대해 페선던은 이렇게 기록했다.

크리스마스이브 프로그램은 이렇게 진행됐다. 우선, 우리가 무엇을 하고자 하는지를 내가 짧게 말했고, 그 다음에 축음기로 헨델의 '라르고'를 들려주었다. 이어서 내가 구노의 '거룩한 밤'을 바이올린으로 연주하며 그 중의 한 절을 직접 불렀다. 물론 내 노래 솜씨가 썩 좋은 것은 아니다. 그 다음에는 '지극히 높은 곳에서는 하느님께 영광, 땅에서는 그 사랑받는 사람들에게 평화'라는 성서 본문을 읽었다. 마지막으로, 그들에게 기쁜 크리스마스가 되기를 염원하며 12월 31일에 다시 방송하겠다고 제안하면서 우리는 끝을 맺었다.

페선던의 목소리는 남쪽으로 멀리 떨어진 버지니아의 노퍽에서도 들렸다. 12월 31일에는 축음기 음반을 바꿔 다른 곡을 들려주었고, 노래를 하도록 설득당한 용감한 조수의 목소리도 방송을 탔다.

뉴잉글랜드 해변의 몇몇 어부들과 소수의 해군 장교들, 그리고 첫 아마추어 무선기사들이 사상 최초의 '라디오' 방송을 들었다. 페선던은 때때로 계속 방송을 했고 200마일 이상 떨어진 거리에서 수신을 기록했다. 그러나 그의 부유한 피츠버그 후원자들인 헤이 워커 주니어와 기븐은 대서양 횡단 전신에만 목표를 두었고 방송에는 관심이 없었으므로 회사를 매각하기로 결정했다. 심지어 페선던 자신도 무선전화 통신을 모스부호의 대체물 정도로만 여겼고, 방송을 오락의 한 형태로는 결코 생각하지 못했다. 그의 선구적인 프로그램들은 실제로 대중의 관심을 끌지 못한 채 곧 잊혀지고 말았다. '방송'의 개념이 새로운 무선산업에 분명하게 떠오르기까지는 많은 시간이 걸렸다. 그러나 1896년 마르코니가 런던에 도착하기 이전에 무선전화통신이 사실상 발명되었고, 1900년대 초 유럽의 한 도시에서 확실하게 자리를 잡았다는 사실은 매우 놀라운 일이다.

부다페스트의 종

20세기 초에 오스트리아-헝가리 제국의 부다페스트를 방문한 사람들은 외륜선을 타고 도나우 강에 도착할 때 치타델라 요새에서 발포한 정오를 알리는 대포소리를 들었을지 모른다. 당시 부다페스트는 유럽에서 가장 기운찬 도시들 중 하나였다. 거리는 분주했고 호텔들은 멋있었으며(뉴욕이라는 이름의 호텔도 있었다) 600여 개의 커피숍이 있었다. 1873년 도나우 강 양편의 부다와 페스트를 합병하여 이루어진 부나페스트는 19세기 후반에 많은 사람들이 빈보다 더 활발한 도시로 생각할 정도로 문화적·경제적으로 굉장한 부흥을 누리고 있었다. 다만 이 도시에 하나 부족한 것이 있다면 바로 정확한 공중시계였는데, 1900년 당시 80만에 이르는 사람들의 요구를 그나마 채워준 것은 정오를 알리는 대포소리였다.

그러나 부다페스트 시민 중 마자르어를 쓰는 6000여 엘리트 그룹과 최신 호텔이나 카페로 신속하게 움직이던 사람들에게는 대포 대신 정확하게 시간을 점검할 수 있는 방법이 있었다. 그들은 단지 전화수화기를 들고 텔레폰 허몬도(Telefon Hirmondo)라고 불리는 기지국에 연결하기만 하면 되었다. 텔레폰 허몬도의 일상 프로그램 중 하나가 정오에 정확한 천문시간(astronomical time)을 공포하는 일이었던 것이다. 마자르어로 '허몬도'는 공지사항을 알리던 마을의 관원을 의미했는데, 실제로 부다페스트의 독특한 전화방송 시스템은 최신소식을 포함해 많은 사항을 알리는 역할을 수행했다.

토마스 데니슨(Thomas S. Denison)은 1901년 미국잡지 《월스 워크World s Work》에 이 새로운 경험에 대해 다음과 같이 보고했다.

4반세기 동안 현대 선각자들이 꿈꾸었던 것 중 하나는 난롯가에 편안히 앉아 콘서트나 최근 소식을 들을 수 있는 장비였다. 이 꿈이 부다페스트에서는 현실이 되었다. 전선에서 음악과 뉴스가 '뜨겁게' 전달되고 문학비평, 증권시세, 정부보고서 등이 흘러나온다. 그저 전화수화기를 한번 드는 것으로 우리는 신문 기고란을 채우는 모든 사안을 얻을 수 있다.

텔레폰 허몬도에 대해 전혀 들어보지 못했던 대부분의 외국인 방문객들은 그것이 공공장소에서 일으켰던 격변에 깜짝 놀랐을 수도 있다. 영국 작가 포스터 보빌(W. B. Foster Bovil)은 《헝가리와 헝가리인들 Hungary and the Hungarians》에서 이렇게 경고했다. "내가 경험했던 것처럼 호텔 독서실이나 커피숍 의자에 앉아 있을 때 벽에 매달린 전화처럼 보이는 장비가 갑자기 당신을 습격할 수도 있다."

텔레폰 허몬도는 헝가리인 티바도르 푸스카스(Tivador Puskas)의 창작물로, 그는 뉴저지에 있는 에디슨 실험실에서 잠시 일했다. 에디슨은 전화교환대의 발명을 푸스카스의 공로로 돌렸고 그에 대해 확실히 높은 평가를 하였다. 푸스카스는 1881년 파리 전기전화 국제박람회에서 '무대전화'로 홀에서 콘서트를 송신함으로써 방문객들을 즐겁게 한 적이 있었다. 또한 그의 형 페렌치는 1881년 헝가리에서 첫 전화 허가권을 얻었을 때 젊은 테슬라를 고용해 장비를 설계하도록 함으로써 파리와 미국에서 경력을 쌓는 데 도움을 주었다.

푸스카스는 부다페스트에서 텔레폰 허몬도를 발명하고, 전화선을 빌려 중앙전화교환국에 연결된 수천 명의 가입자에게 정기적인 속보를 방송하기 위해 뉴스 편집실과 방송실을 만들었다. 첫번째 프로그램이 1893년 방송되었지만 푸스카스는 몇 주 후에 세상을 떠났다. 껄끄러운 일이 생겨서 전화선을 새로 놓아야 했으나, 서비스는 잘 이루어졌고 25년 동안 지속됐다.

1900년대 초반 유럽과 미국의 잡지에 관련기사가 실릴 때까지 텔레폰 허몬도는 헝가리 밖에는 거의 알려지지 않았다. 1907년 6월《사이언티픽 아메리칸》은 기지국 운영에 대해 생동적으로 전달했다. 당시 기술과 관련해서 큰 문제점 중 하나는 소리를 증폭시켜 먼 거리까지 보내는 것이었다. 헝가리인들이 독특한 해결책을 고안한 것처럼 보이기는 했지만, 여전히 옛날 시 홍보요원이 했던 것처럼 선명한 소리가 요청됐다. 인쇄된 뉴스 항목들은 여덟 명의 낭독자가 번갈아서 크게 읽있는데, 《사이언티픽 아메리칸》 기사는 이를 아래와 같이 보고했다.

아침 8시부터 밤 10시까지 '목소리가 큰' 여덟 사람이 기괴한 한 쌍의 마이크 사이에서 선명하고 떨리는 목소리로 편집장의 '원고'를 그대로 전달한다. 뉴스에는 온갖 소식이 들어 있다. 외국에서 온 전보, 연극비평, 의회보고서, 정치적 발언, 경찰과 법정의 진행 과정, 시장의 상황, 지역과 빈의 신문에서 발췌한 소식, 일기예보, 그리고 광고까지. …국제적인 재난이나 전쟁 발발 같은 중요한 항목이 갑자기 전달될 경우, 낭독자들은 즉시 마이크를 향해 크게 외쳤다. …그들은 세계의 뉴스를 너무 크게 소리치기 때문에 10분 정도 '혼자' 외치고 나면 아무리 강한 사람이라도 지치게 된다.

음악공연을 방송할 때에는 최대음량을 수신하기 위해 직경 4피트 정도의 거대한 마이크가 네 개 필요했다.

부다페스트의 모든 사람이 텔레폰 허몬도를 들을 수는 없었다. 그것은 엘리트 계층을 위한 서비스였다. 그럼에도 텔레폰 허몬도는 뒷날 '방송'이라고 알려진 것을 완벽하게 구현했다. 《사이언티픽 아메리칸》은 하루의 프로그램을 보여주었다.

오전

9 : 00 정확한 천문 시간
9 : 30~10 : 00 빈과 외국 소식, 공식 출판물의 주요 내용 낭독
10 : 00~10 : 30 지역 환율시세
10 : 30~11 : 00 지역 일간지의 주요 내용
11 : 00~11 : 15 일반 소식과 금융
11 : 15~11 : 30 지역 소식, 연극, 스포츠 소식
11 : 30~11 : 45 빈의 환율 소식
11 : 45~12 : 00 의회와 지방, 외국 소식
12 : 00 정오. 정확한 천문 시간

오후

12 : 00~12 : 30 최신 일반 소식과 지역, 의회, 법정, 정치, 군사 소식
12 : 30~1 : 00 정오의 환율시세

1 : 00~2 : 00 가장 재미있는 소식 반복
2 : 00~2 : 30 외국 전보와 최신 일반 소식
2 : 30~3 : 00 의회와 지역의 소식
3 : 00~3 : 15 최신 환율 보고
3 : 15~4 : 00 날씨, 의회, 법정, 연극, 패션, 스포츠 소식
4 : 00~4 : 30 최신 환율 보고 및 일반 소식
4 : 30~6 : 30 연대의 악단
7 : 00~8 : 15 오페라
8 : 15 (또는 오페라 1막 후) 뉴욕, 프랑크푸르트, 파리, 베를린, 런던, 기타 사업지에서 온 환율 소식
8 : 30~9 : 30 오페라

    텔레폰 허몬도는 부유한 가입자들이 전송 서비스 요금을 쉽게 낼 수 있었기 때문에 돈을 잘 벌었다. 시계제조공과 보석세공인들은 정확한 시간 방송을 매우 고맙게 여겼고, 후에 무선이 제공한 똑같은 서비스로부터도 이익을 얻었다.

    프랑스와 영국과 미국에서도 비슷한 방송이 시도되었지만 그것들은 대부분 새로운 고안물에 그쳤다. 1894년 시카고 전화회사는 가입자들에게 시의선거 결과를 알려주는 시스템을 만들었다. 전화로 가입자들에게 일제히 선거결과를 말하면 그들이 조용히 그것을 들을 것이고, 그런 다음 예의바르게 '감사합니다'라는 말과 함께 수화기를 원위치시킬 것이라는 가정에서 150명의 통신원들에게 각각 12번에서 20번까지의 숫자를 매겼다. 그러나 시스템은 예상처럼 작동되지 않았다. 각 통신원들에게 결과를 들은 그룹들이 수동적으로 머물지 않고 자기들끼리 말다툼을 시작한 것이다. 회사의 총지배인 히버드(A. S. Hibberd)는《일렉트리컬 리뷰 Electrical Review》에 이 흥미로운

실험에 대해 보고했다.

속보 배선에 연결중이던 한 여성은, 만일 결과가 민주당에 유리하면 자기는 즉시 끊을 것이고, 공화당에 좋은 것이라면 필요한 경우 밤새 전화기 옆에 머물겠다고 통신원에게 말했다. 물론 그녀는 마지막 번호가 전해질 때까지 속보를 들으면서 머물렀다.
    또 다른 배선에서는 속보가 전달될 때 한두 명의 공화당원이 만세를 부르려고 했는데, 몇 명의 성난 민주당원들이 방해하는 공화당원들의 전선을 끊어야 한다고 소리 질렀다. 어떤 여성은 뉴욕의 선거결과에는 관심이 없고 시카고에서 존스 여사가 선출되었는지만 당장 알고 싶다며 자주 방해했다. 그래서 낮은 목소리를 지닌 알 수 없는 한 남자가 다른 사람들도 속보를 들을 수 있도록 그녀를 계속 제지해야 했다.

이러한 초기의 '전화 연결'에 대한 반응들은 방송에 대한 일반적인 공포를 반영하고 있는데, 그것은 골치 아프고 방해받을 수 있다는 점이었다. 미국에서 최악의 실험은 판매업자들이 지역교환국에 연결된 많은 수의 가입자들에게 '전화광고'를 한 것이었다. 1909년 한 여성은 뉴욕 로체스터 지역신문에 불평을 토로했다.

내 전화는 편리하기보다는 아주 성가신 존재다. 만일 앞으로도 지난 주간처럼 극장 대리점이나 사업가들이 전화의 권리를 남용한다면 전화기를 제거해버릴까 생각중이다. 그들은 전화를 광고의 수단으로 사용하고 있다. 어제 아침 전화소리를 들었을 때 나는 빵을 만드느라 바빴다. 전화를 한 여성은, 주요 도로에 있는 건물에서 막 사업을 시작했고 좋은 커튼과 벽걸이를 팔고 있으니 나에게 와서 보라고 말했다. 조금 지나자 어느 회사의 고용인이 똑같은 방식으로 나의 후원을 종용했다.

나는 이런 전화 때문에 다시 방해받고 싶지 않다고 이야기했지만, 오후가 되자 똑같은 회사에서 또다시 전화를 했다. 지난 주간에 나와 몇 명의 친구들은 이곳에서 오랫동안 연극을 하게 될 셰익스피어 연극배우에 대한 이야기를 전화로 들었다. 극장 직원은 사람들이 표를 사기 위해 밀려들 게 확실하기 때문에 우리에게 가급적 좌석에 일찍 앉으라고 요청했다. 이러한 전화들은 나를 성가시게 하고 나는 여기에서 자유롭고 싶다.

헝가리에서 텔레폰 허몬도가 성공하기는 했지만, 전화는 방송에 적합한 도구가 아니었다. 이에 비해 무선은 청중이 원하는 때에 마음대로 듣거나 빠져나갈 수 있기 때문에 훨씬 좋았다. 그러나 소수의 아마추어 열광자들을 제외하고, 일반인들 가운데서 무선수신기를 가진 사람은 거의 없었다. 마르코니가 송신을 위해 마지막으로 원했던 것은 '도청기'였다. 그는 일단 모스부호를 조율하는 문제를 해결하면 무선으로 보낸 모든 메시지가 유선으로 보낸 것처럼 사적인 영역에 머물게 된다는 것에 고심하고 있었다.

글레이스 만과 클리프덴에 있는 그의 거대한 송신기들은 대서양 횡단 서비스를 신문사들에게 제공하였다. 이 정도는 유선을 내지하기에 충분했지만, 이것만으로 큰돈을 벌 수는 없었다. 그는 여전히 대부분의 시간을 여행하며 보냈는데, 1907년 10월에는 글레이스 만의 송신 개통식에 참석하기 위해 오브라이언과 함께 노바스코샤에 갔다. 마르코니 자신은 캐나다인들의 환호를 즐기면서도 오브라이언이 사교모임에 가는 것은 허락하지 않았고, 심지어 낚시를 가거나 원기왕성한 비비안과 사냥을 하는 것도 허락하지 않았다.

이 젊은 부부는 첫 아이를 잃어서 상심했던 데다가 상주할 집이 없

없으므로 안정된 생활을 누리지 못했다. 오브라이언이 다시 임신했을 때 마르코니는 햄프셔의 리처드 배서스트(Richard Bathurst) 경이 소유한 시골집을 빌렸다. 그들은 1908년 여름에 이사했으나 마르코니는 대부분의 시간을 폴두와 헤이븐 호텔과 클리프덴 사이를 오가며 보냈다. 런던에서 일할 경우에는 오브라이언과 함께 리츠에 머물렀지만 북미로 돌아갈 때는 런던 웨스트엔드의 빌린 집에 그녀만 남겨놓았다. 1908년 9월 2일 둘째가 태어났을 때도 그는 캐나다에 있었다. 영국으로 돌아오는 길에 베니스 역사서를 읽던 그는 우연히 데냐(Degna)라는 이름을 보고 딸의 이름으로 선택했다.

마르코니는 아버지가 된 것을 자랑스러워했지만 여전히 매혹적인 생활방식과 여행을 즐기고 있었다. 대서양을 오가는 선박 위에서 유명한 가수와 배우, 최근에 떠오른 영화스타 등과 함께 어울린 생활은 가정생활을 따분하게 느끼게 했을 것이다. 결국 그와 오브라이언은 말다툼을 많이 했고 그녀의 가족도 걱정하기 시작했다.

대중은 그를 '무선전신의 발명가'로 인식하고 있었지만, 기술이 급변한다는 것을 너무도 잘 알고 있던 그는 마음을 편히 놓을 수 없었다. 비열한 장사꾼 화이트는 새로 회사를 만들어 여전히 사업을 하고 있었는데, 그 회사는 마르코니의 특허와는 다른 조잡한 장비를 선박들에 설비하고 있었다. 디 포리스트는 마르코니 회사의 발명품을 복사한 듯한 자신의 오디온에 대해 엄청난 주장을 하고 있었다. 그는 미국의 청중들에게 말과 음악을 송신할 수 있다고 약속하는 중이었다.

마르코니 회사 소속의 플레밍이 무선방송 시대를 열어줄 '밸브'를 처음으로 발명했지만, 초창기에 그것은 단지 하나의 진기한 물건으로만 취급됐다. 마르코니는 점차 이것을 개작하면서 기술연구에 몰두했고, 선전한 것처럼 그것이 작동하는지 항상 확인했다. 이러한 그의 자세는 무엇보다도 신빙성을 우선시하는 선박회사들에게 매력적이었다. 또한 마르코니 회사는 통신원 양성학교*를 몇 개 보유하고 있었는데, 통신원들은 회사 장비를 구입한 사람들에게 철저한 서비스를 공급했다. 하급관리였던 그들은 선박에 무선실을 설치해 안전한 항해를 도움으로써 어린 나이였음에도 관리자로 존경받았다.

프리스는 1896년 토인비홀 강연에서 마르코니에게 찬사를 보내고, 그날 밤 보여주었던 마술상자 덕분에 선원들이 곧 '새로운 의미와 새로운 친구'를 가지게 될 것이라고 말했는데, 그는 이때 단 한번 무선전신의 진정한 잠재력을 포착했다. 마르코니는 무선기지국으로 전세계를 연결시키려는 원대한 야망을 품었을지 모르지만 그가 최초로 인명구조에 성공한 것은 대서양에서였다.

---

* 첫 양성학교는 1901년 에식스의 프린톤에서 문을 열었고, 후에 첼름스퍼드로 옮겼다. 같은 해 리버풀에서 두번째 학교가 문을 열었고, 1912년에는 런던 마르코니 하우스에 또 다른 학교가 설립됐다. 뉴욕과 마드리드에도 학교들이 있었는데 6주 과정이었다.

4000명의 생명을 구한 무선전신

1909년 몹시 추운 1월 아침 동이 텄을 때 짙은 바다안개가 위험한 낸터컷 해변의 여울목을 감싸고 있었다. 낸터컷 섬은 언젠가 고래잡이 함대를 위한 축제가 열렸던 곳으로, 허먼 멜빌(Herman Melville)이 《백경 Moby-Dick》에 그 이름을 올려 불후의 명성을 남겼다. 시애스콘셋의 무선통신원은 잠에 빠져들었고 난로 석탄은 거의 타서 없어졌다. 대서양 선박들로부터 받은 메시지가 별로 없었기 때문에 잭 어윈(Jack Irwin)은 조용한 밤을 보냈다. 무선장비를 갖춘 큰 배들은 선상에 단지 한 명의 통신원밖에 없었다. 따라서 배에 있는 통신원은 잠을 잘 때도 언제든 중요한 메시지를 송수신할 수 있도록 수화기에 귀를 기울였다.

어윈을 깨운 것은 추위였다. 불을 다시 지피려고 일어나 난로에 석탄을 넣을 때 그는 수신기가 작동하는 소리를 들었다. 헤드폰을 끼고 수집한 메시지는 희미했으나 분명히 'CQD'였다. 그것은 마르코니 통신원이 보낸 조난신호로 'CQ'는 '당신을 찾습니다(Seek You)'를 의미하는 일반적인 호출부호였고 'D'는 조난(distress)의 약어였다.

어윈은 자신의 호출부호 'MSC'를 보낸 다음 수신 메시지를 모스부호에서 옮겨 적었다. '리퍼블릭호 난파됨. 선장의 메시지를 들을 수 있도록 대기하시오.' 그는 화이트 스타 라인의 리퍼블릭호가 그리 멀지 않은 곳에 있다는 것을 알고 있었다. 리퍼블릭호의 무선전신 가능거리는 70마일 정도가 한계였기 때문이다. 어윈은 조난신호를 중계했고, 구조하기 위하여 예인선을 요청하는 중이라고 리퍼블릭호에 알렸다. 그러자 리퍼블릭호의 무선은 끊겼다.

어쨌든 메시지가 갔다면 그것은 작은 기적이었다. 마르코니 회사의 숙련된 통신원 잭 빈스(Jack Binns)는 선박이 자동으로 무적(霧笛) 소리를 내며 짙은 안개 속으로 천천히 나아갈 때 생명을 위협받을 정도의 엄청난 전율을 느꼈다. 빈스는 잠들어 있었기 때문에 처음에는 무슨 일인지 몰랐다. 그는 침상에서 무선실로 달려갔고 그곳에서 다른 배의 머리가 리퍼블릭호의 측면을 박살낸 것을 보았다. 상갑판 선실은 파괴되었고 기관실은 조각났으며 무선실도 해체됐다.

빈스는 옷가지를 집어던지고 곧바로 모스부호기로 가서 'CQD'를 보냈다. 배의 무선기지국에는 전력이 잠시 공급되다가 모든 것이 캄캄해졌다. 빈스는 비상전지를 준비했고 안테나의 상태를 확인했다. 전화는 끊겨 사용할 수 없었지만, 인만 셀비(Inman Sealby) 선장은 빈스에게 "리퍼블릭호가 앰브로즈 등대 동편 175마일 해상 위도 40.7 경도 70 지점에서 알 수 없는 증기선과 충돌했다. 생명에는 지장이 없다"는 메시지를 보내도록 했다. 리퍼블릭호는 확실히 잠기고 있었지만 이것은 낙관적인 메시지였다.

두 선박이 시애스콘셋에서 보낸 어윈의 조난신호를 받았는데, 그 중 발틱호가 리퍼블릭호에 가까이 있었다. 발틱호의 통신원은 빈스와 곧 연결했고, 그들에게 서두르라고 했다.

리퍼블릭호는 전날 오후 5시 30분 1600명의 승객을 태우고 뉴욕을 떠났다. 승객 중에는 유럽으로 여행가는 부유한 미국인들도 다수 있었다. 이 배와 충돌한 선박 플로리다호는 훨씬 작은 기선으로 2000명의 승객을 싣고 있었다. 그들 중 많은 이가 최근 지진으로 집을 잃은 이탈리아 메시나 출신 난민이었다. 리퍼블릭호는 동력이 끊기고 물이 계속 차고 있었기 때문에 강한 해류 주변으로 질질 끌려다녔다. 셀비 선장은 자기 배의 승객들이 이미 빽빽하게 짐을 실은 플로리다호로 옮겨 탈 수 있도록 허가를 구했다. 리퍼블릭호에는 승객들이 전부 탈 만큼의 구명정이 없었기 때문에 각 구명정은 여러 번 왕복하면서 승객들을 옮겨야 했다.

한편 빈스는 자기 자리를 지키며 짙은 바다안개 속에서 발틱호가 자신들이 있는 곳으로 올 수 있도록 인도하고 있었다. 리퍼블릭호는 방수 구획실이 채워지자 시간당 1피트 정도씩 가라앉았다. 셀비 선장은 빈스의 숙련된 귀에 의존해서 발틱호가 얼마나 떨어져 있는지 짐작했다. 정오 즈음에는 그 웅대한 선박이 단지 10마일 정도의 거리에 있다고 생각됐다. 하지만 안개가 더욱 짙어져 갑자기 리퍼블릭호와 충돌할 위험이 있었기 때문에 속도를 줄여야만 했다. 시간이 지나면서 많은 배들이 리퍼블릭호나 시애스콘셋 기지국에서 보낸 조난신호를 들었다.

빈스는 발틱호가 가청거리 내에 접근했다고 선장이 일러줄 때까지 모스부호기를 지키면서 발틱호를 유도했다. 두 배는 모두 조명탄과 불꽃을 쏘았지만 연결되지 않았고, 발틱호의 승무원들은 리퍼블릭호가 쏜 마지막 방향탐지탄도 듣지 못했다. 결국 오후 6시쯤 빈스는 발틱호에 마지막 폭탄을 폭발시키라고 요청했다. 리퍼블릭호에 남아 있던 셸비 선장과 일곱 명의 승무원, 그리고 빈스가 집중해서 들었다. 빈스는 희미한 폭발음을 들었고, 한 선원이 그것을 확인했다. 거의 15시간 동안 모스부호기 곁에 있었던 빈스는 부서진 무선실로 돌아와서 발틱호에 자기들의 위치를 알렸다. 그는 발틱호의 무적소리를 들을 때까지 계속 무선실에 있었고, 발틱호가 그들을 끌어당길 때 손을 흔들며 매우 큰소리로 환호했다.

발틱호의 선장은 플로리다호를 찾아 안전을 위해 모든 승객을 발틱호에 태워달라는 요청을 받고, 파도 속에서 무력하게 허우적거리는 리퍼블릭호를 떠났다. 거의 4000명의 승객이 구명정으로 플로리다호에서 발틱호로 옮겨졌다. 발틱호는 법적 한계보다 훨씬 많은 사람을 수용할 수 있는 거대한 선박이었다. 빈스는 이 극적인 사건을 회상하면서 뒷날 이렇게 말했다.

일요일 아침이 밝았을 때 바다 위에는 엄청나게 많은 배들이 있었다. 눈에 보이는 모든 곳에 배들이 있었다. 무선장비를 갖춘 모든 정기선과 화물선은 300마일 반경 안에서는 발틱호와 리퍼블릭호 사이의 교신을 들을 수 있었기 때문에 무엇이든 도움을 주려고 그렇게 몰려든 것이다. 이것은 무선의 가치를 입증해주는 좋은 증거였다. 날이 밝고 조금 지나서 발틱호는 뉴욕으로 갔고 플로리다호 역시 다른 두세 척의 호위를 받으며 느린 속도로 나아갔다. 그리고 구조선들은 심하게 부서진 리퍼블릭호를 돌보아주었다.

빈스는 전형적인 마르코니 통신원이었다. 1884년 링컨셔에서 태어난 그는 전기학에 관심이 있었고, 그레이트 이스턴 철도회사가 운영하는 기술학교에서 일했다. 모스부호를 익히고 통신원으로 일하던 그는 무선전신이라는 새로운 분야의 이상적인 후보자였다. 그는 마르코니 회사에 들어온 후 벨기에로 파견됐고 마르코니 무선장비를 갖춘 독일 선박의 통신원이 되었다. 당시 독일은 배에 있는 모든 외국 통신원에 대한 해고 결정을 하지 않은 상태였고, 여전히 마르코니 회사를 끌어들이려는 운동을 하고 있었기에 그는 독일에 머물 수 있었다.

독일은 1906년 베를린 국제무선전신회의에서 국제 조난신호를 'SOS'로 결정하였다. 'SOS'는 모스부호로 세 점과 세 선과 세 점 (···---···)이었다. 하지만 마르코니 통신원들은 이 규정을 무시하고 자기들의 조난신호인 'CQD'를 계속 사용했다. 대서양에서는 무선통신원들이 개인적으로 알 수 있는 기회들이 있었고, 마르코니 통신원들은 자기들의 행동을 규제할 국제규칙이 없는 듯이 행동할 수 있었다.

심하게 손상된 리퍼블릭호는 선장과 1등 항해사를 태운 채 견인되는 동안 가라앉았다. 그들은 구조되었고, 빈스는 결국 뉴욕으로 돌아왔다. 그의 진짜 악몽은 거기서 시작되었다. 화이트 스타 부두에서 한 그룹의 선원들과 사환들이 빈스와 셸비 선장을 자기들의 어깨 위에 태우고 트럼펫 팡파르를 울리면서 환호하는 군중에게 데려갔다.

《뉴욕 타임스》를 비롯한 모든 신문과 잡지들이 이 극석인 사선을 다루었고 빈스는 마치 현대의 대중스타처럼 취급받았다. 그는 이러한 인기를 원하지 않았기 때문에 이를 피하려고 최선을 다했으나, 매체는 그를 가만히 내버려두지 않았다. 마르코니 회사는 그의 명성을 십분 활용해서 빈스의 사진에 '무선전신의 영웅'이라는 글자를 넣고 'CQD'로 장식한 카드를 만들었다.

낸터컷에서 뉴욕으로 오는 길에 발틱호의 승객들은 그 사건을 기념하는 주화를 만들기 위해 모금을 했다. 발틱호와 리퍼블릭호와 플로리다호의 모든 승무원들이 메달을 받았으나, 네 사람은 특별히 금으로 주조된 메달을 받았다. 그들은 세 선장과 빈스였다. 메달 한쪽 면에는 조난신호 'CQD' 밑에 리퍼블릭호라고 쓰인 배가 그려져 있었고, 다른 면에는 구조기념 인증이 들어 있었다.

빈스는 영웅이 되는 것을 내켜하지 않았으나, 마르코니는 아주 행복했다. 거의 4000명에 달하는 사람을 구한 것이 바로 그의 발명품이었던 것이다. 리퍼블릭호 승객 중 목숨을 잃은 세 사람이 있었는데, 그들은 플로리다호가 그들의 선실을 들이받았을 때 죽었다.

《하퍼스》는 구조 사건을 쓰면서 마치 무선이 이제 막 발명된 것인 듯 묘사했다. "이 얼마나 놀라운 이야기인가. 얼마나 감동적인가. 돛대 끝에서 대기를 통해 도와달라는 요청이 전달되고, 수백 마일 이상 떨어진 거리에서 그 소리를 듣는다. …이것은 새로운 이야기다. 전에는 결코 이와 비슷한 것이 없었다."

빈스는 일터로 되돌아가는 것을 미룰 수 없었다. 그러나 그가 발틱호를 타고 리버풀에 도착했을 때 그곳에도 그의 여자친구와 함께 거대한 군중이 그를 기다리고 있었다. 고향 피터버러에서는 시장의 환영식을 참아내야 했고, 마지막으로는 마르코니가 그에게 기념시계를 선물했다.

이후로 빈스는 더 이상 '호기심을 자아내기는 하지만 일등실 손님들을 위해 대수롭지 않은 메시지를 보내는 중요하지 않은 인물'이 아니었다. 그는 위험한 바다의 구원자였다. 그는 명성을 어려워했고 자기가 받은 찬사에 정말 당혹감을 느꼈다. 갈채를 겸손하게 무시하고 자기가 할 일을 했을 뿐이라고 강조함으로써, 젊은 마르코니의 참된 후계자임을 스스로 증명했다. 마르코니의 경쟁자들 중에 바다에서 이번 승리에 비견될 수 있는 일을 한 사람은 없었다. 구조 사건은 그가 국제적으로 가장 명예로운 상을 받기 얼마 전에 일어난 일이었다. 아마도 그가 이 상을 받을 수 있었던 데는 리퍼블릭호의 구조가 큰 역할을 했을 것이다.

마르코니를 위한 다이너마이트

1896년 12월 10일, 마르코니가 토인비홀에서 마술상자를 보여주기 이틀 전에 자기 이름으로 300개의 특허를 낸 한 발명가가 이탈리아 산레모에서 죽었다. 그는 알프레드 노벨(Alfred Nobel)로 엄청난 부자인 동시에 교양을 쌓은 인물이었다. 모국어인 스웨덴어뿐만 아니라 러시아어, 프랑스어, 영어, 독일어에 능통했던 시인 노벨은 모험적인 건축가 임마누엘 노벨(Immanuel Nobel)의 아들로 1833년 스톡홀름에서 태어났다. 위탁한 건축 사채를 잃어버린 불운한 사선으로 파산을 맞자, 임마누엘은 가족을 데리고 핀란드로 간 후 러시아로 건너갔다. 러시아에서는 아내가 식료품 가게를 운영하며 가족을 부양했다. 임마누엘은 건축 작업을 위해 바위 폭파실험을 했는데, 해군 광산을 폭발시키기 위한 폭약을 포함해 러시아 군대에 장비를 제공하는 계약을 땄다. 가족은 임마누엘이 성공한 상트페테르부르크에 정착했고, 그는 가정교사들을 두어 자녀들을 교육시켰다.

알프레드는 문학을 좋아했으나 아버지는 그것을 한심스럽게 여겼다. 화학회사에서 일하거나 공부를 하기 위해 세계 여러 곳을 전전하다 파리에 정착한 그는 매우 폭발하기 쉬운 니트로글리세린(nitroglycerine)에 대해 공부했고 실용적인 사용방법을 실험하기 시작했다. 그 사이에 러시아에서 하던 아버지의 사업이 도산했고, 가족은 알프레드의 두 형제가 러시아 석유사업을 개발하여 부흥할 때까지 다시 위험에 처했다.

알프레드는 스웨덴으로 돌아와 니트로글리세린으로 계속 실험했다. 그것은 무척 위험한 물질이었고, 그의 동생도 다른 노동자들과 함께 일하다 폭발로 사망했다. 후에 알프레드는 딱딱한 막대기 속에 니트로글리세린을 넣어서 오직 발파장치로만 폭발시킬 수 있는 안전한 방법을 발견했다. 그는 이 고형폭약을 다이너마이트(dynamite)라고 불렀고 1867년 특허를 취득했다. 다이너마이트는 그를 부자로 만들어주었다.

노벨은 마흔셋이 될 때까지 독신이었다. 프랑스 소설가 빅토르 위고(Victor Hugo)는 그를 '유럽의 가장 부유한 방랑자'로 묘사했다. 가까운 관계를 필사적으로 찾았던 그는 짝을 찾아 신문광고를 내기도 했다. "부유하고 고학력인 남성. 외국어에 정통하고 비서역할과 집안일을 관리할 수 있는 성숙한 나이의 여성을 찾습니다." 이 소식은 오스트리아 귀족 베르타 킨스키(Bertha Kinsky)에게까지 알려졌다. 그녀는 노벨과 단 두 달을 함께 살았으나 그와 평생 친구로 지냈다. 오스트리아 백작 폰 주터너와 결혼한 그녀는 19세기 후반 유럽의 평화운동가가 되었다. 노벨은 비록 다이너마이트를 발명해서 유명해졌으나 평화운동의 후원자가 되었고, 폭약이 전쟁보다는 길을 내고 광산을 개척하는 데 더 많이 사용되기를 원했다. 또한 그는 언제나 문학과 시에 대한 관심을 유지했다.

노벨은 결혼하지 않고 자녀도 없이 예순셋에 세상을 떠났다. 그가 대부분의 재산을 두 엔지니어에게 맡기면서, 인류복지를 위해 물리학, 화학, 생리학, 의학, 문학 및 평화 부문에서 가장 훌륭한 업적을 남긴 사람에게 매년 상을 주라는 유언을 남긴 것을 알고 그의 가족은 무척 놀랐다. 1901년 설립된 노벨재단은 첫번째 수상자가 될 사람들을 심의하면서 세계의 과학자들에게 후보자 추천을 요청했다. 조언을 부탁받은 이들 중에는 플레밍도 있었는데, 그는 즉시 마르코니가 후보자가 되어야 한다고 생각했다. 그는 마르코니에게 편지를 보냈다.

"스웨덴 왕립과학아카데미가 수여하는 노벨상에 대해 들어본 적이 있는지 잘 모르겠군요. 노벨은 다이너마이트를 발명한 사람으로, 연구소들을 후원하고 훌륭한 업적을 이룬 사람들이 수상할 수 있도록 왕립 아카데미에 엄청난 재산을 남겼습니다. …이들 중 한 분야가 물리학이나 물리학적 발명품입니다. …나는 당신의 이름이 제일 앞에 들어가야 된다고 생각합니다. …당신을 추천할 수 있다면 무척 기쁠 것입니다."

첫번째 노벨 물리학상은 X선의 발견으로 의학에 이미 중대한 영향을 끼치던 뢴트겐에게 돌아갔다. 무선은 여전히 새로운 분야였고, 첫번째 경쟁자들이 심사될 무렵 마르코니는 아직 대서양에 다리를 놓지 못했다. 이후 7년 동안 스웨덴 왕립과학아카데미는 그의 이름을 항상 등재했으나 수상은 다른 사람의 몫이 되곤 했다. 마르코니는 스스로 자격을 갖춘 과학자가 아니라는 것을 의식하고 있었고, 단지 그의 실용적인 업적을 인정하는 명예 학술상만 수상했기 때문에 노벨상 수상에 대한 기대를 하지 않았다.

1909년 1월 바다에서 위대한 구조 작업이 있은 후, 마르코니는 평소대로 자신의 일을 하면서 대서양을 건너는 호화로운 선박에서 여행을 즐기고 있었다. 오브라이언과 어린 딸 데냐, 그리고 그의 어머니는 때때로 헤이븐 호텔에 머물렀고, 그곳에서 켐프는 남는 시간에 그들을 즐겁게 해주려고 노력했다. 이따금 오브라이언은 남편이 했던 것처럼 외딴 무선기지국으로 쓸쓸하게 여행을 하곤 했다.

1909년 가을, 그녀는 고국인 아일랜드 클리프덴의 기지국에서 다시 임신한 사실을 알았다. 마르코니는 미국에서 돌아오는 정기선을 타고 있었다. 오브라이언은 전신을 통해서가 아니라 자신이 직접 이 소식을 가능한 한 빨리, 마르코니가 배를 타고 도착하기 전에 알려주는 것이 흥미진진할 것이라고 생각했다. 아일랜드 해변에 정기선이 도착할 즈음 배 한 척이 보급품을 얻기 위해 정기선으로 가게 되었는데, 그녀는 선장을 설득해 그 배를 타고 예상 밖의 승객이 왔다는 것을 알려주었다. 그녀는 매우 낭만적인 만남이 될 것이라고 생각했다. 오브라이언은 위대한 테너 엔리코 카루소(Enrico Caruso)의 동료들과 매력적인 여배우들 사이에서 마르코니를 발견했다. 그녀의 등장은 선상의 분위기를 깨뜨렸고, 마르코니는 그녀를 따뜻하게 맞아주는 대신 자기의 다른 삶을 방해했다고 화를 냈다. 오브라이언은 비탄에 잠겼고 배가 리버풀에 도착할 때까지 선실에 들어가 문을 잠근 채 그의 모든 사과를 거부했다.

상처가 치유되기까지는 많은 시간이 걸렸으나, 그들은 1909년 12월에 화해했다. 마르코니는 다시 떠났고, 흥미로운 소문이 나온 기사를 읽었다. 그는 오브라이언에게 편지했다. "몇몇 신문들은 내가 노벨상을 받고 8000파운드의 상금을 받게 되었다고 이야기하고 있군요. 지금 당장 생각해도 욕심을 불러일으키지만, 나는 그것이 사실이 아닐 것이라고 생각하오."

기사는 정확한 것으로 드러났다. 마르코니는 스트라스부르대학의 물리학 연구소장 카를 페르디난트 브라운(Karl Ferdinand Braun)과 1909년 노벨 물리학상 공동수상자로 결정되었다. 브라운은 텔레비전의 필수 구성요소가 되는 음극선관을 발명했으나 대중에게는 거의 알려지지 않은 인물이었다. 독일과 마르코니 회사 사이의 경쟁으로 말미암아 그들은 서로의 작업에 대해 거의 알지 못하고 있었다. 그 역시 이론과 실제를 모두 공부했고 마르코니처럼 적잖은 난제들을 가지고 있었다.

스톡홀름에서 처음 만난 두 사람은 공동수상을 놀라워하면서도 기뻐했다. 마르코니는 자신이 실제로 과학자가 아니라고 생각했고, 브라운은 자신의 작업이 독일 밖에는 사실상 알려지지 않았다고 생각했다. 아마도 마르코니는 자신의 학문적 자격증이 부족하다는 것을 너무 의식했기 때문에 전문적인 수상 소감을 피력한 것으로 보인다. 그는 1894년까지 거슬러가서 자기가 했던 모든 실험을 도표로 상세하게 설명했다. 강의를 마무리하면서 그는 사람들이 이탈리아어보다 영어를 더 많이 이해한다고 느꼈기에 영어를 사용했다고도 밝혔다.

마르코니는 기존의 이론을 모두 섭렵했지만 자신의 신호가 어떻게 대서양을 건넜는지는 이해하지 못했다고 솔직하게 털어놓았다. 하지만 자기를 노벨상 후보로 한번 이상 지명했던 헤비사이드에 대해 언급하지 않았고, 전리층이 전자기파를 반사한다는 그의 이론에 대해서도 밝히지 않았다.

자기가 이룬 업적에 대해 마르코니처럼 이론적으로 적게 이해하는 성공적인 발명가는 별로 없었다. 그러나 이런 것은 그 자신과 무선전신의 선두주자가 된 그의 회사에는 문제가 되지 않았다. 대서양을 오가는 선박이 무선실을 갖출 경우, 그것은 대부분 마르코니의 장비였고 통신원도 그의 고용인이었다.

스톡홀름을 떠나기 전 마르코니와 임신 4개월의 오브라이언은 다른 노벨상 수상자들과 함께 왕궁 환영식에 초대받았다. 그녀와 언니 라일라는 그들의 보모 아그네스를 발견하고 무척 흥분했는데, 그녀는 스웨덴 왕자의 아들들을 돌보고 있었다. 그들은 아그네스의 방 전체가 온통 오브라이언 가족의 초상화로 장식된 것을 보았다. 오브라이언은 다른 유명인사들의 서명을 수집했고, 스웨덴에서 그녀와 마르코니는 질투하거나 부부싸움을 하지 않고 시간을 즐기는 것 같았다.

마르코니는 오브라이언이 아들을 낳아주기를 무척 바랐다. 그들이 스톡홀름에서 돌아왔을 때 마르코니는 아이가 이탈리아 국적을 가질 수 있도록 고국으로 가자고 그녀를 설득했다. 오브라이언은 영국에서 낳길 원했지만 그의 요구에 따랐다.

1910년 5월 21일 오브라이언이 볼로냐에서 아들을 낳았을 때 마르코니는 또 대서양을 건너고 있었다. 그는 너무 자주 여행했기 때문에 오브라이언은 그가 어느 배에 있는지조차 알 수 없었다. 아들을 출산했다는 소식을 알리기 위해 그녀는 그저 '대서양의 마르코니에게'라는 주소만 쓰고 메시지를 보냈다. 통신원이 통신원에게 전달하는 방식으로 메시지는 지체되지 않고 곧 마르코니에게 전달됐다. 대양 수천 마일 위에 보이지 않는 망을 형성한 마르코니의 무선신호를 피할 길은 없었다.

무선전신에 의한 범죄자 체포

제1차 세계대전 직전 대서양을 오가던 정기선들에서는 마르코니 무선 안테나가 내는 전기 파열음을 쉽게 들을 수 있었다. 메시지를 보낼 때마다 불꽃이 내는 소리는 유럽에서 캐나다나 미국으로 가는 승객들에게 마술 같은 것인 동시에 그들을 안심시키는 것이었다. 그들 중에는 육지의 친구나 친척에게 인사말을 전할 만큼 여유 있는 사람이 별로 없었지만,* 파도가 높거나 빙산 곁을 지날 때 또는 안개가 짙게 내렸을 때 자기들이 탄 배가 외부 세상과 단절되지 않았다는 인식은 하나의 위안이 되었다. 그들은 갑판 위를 돌아다니면서 배의 무선실과 해변 기지국들 사이에, 또는 대서양의 다른 선박들 사이에 어떤 소식이 날아다니고 있는지 궁금해 했을 것이다.

---

* 1912년 타이타닉호에서는 처음 열 단어를 보내는 데 12실링 6펜스가 들었고, 그 다음부터는 한 단어에 9펜스가 들었다. 오늘날의 환율로 환산하면 열 단어에 30파운드, 열 단어가 넘으면 한 단어에 거의 2파운드다.

1910년 7월 안트베르펜에서 퀘벡으로 가는 몬트로즈호의 승객들 가운데는 자주 갑판 위를 걸어다니는 자그마하고 수줍은 듯한 한 남자가 있었다. 그는 안테나의 불꽃소리를 들으면서 헤럴드 켄들(Harold Kendall) 선장에게 마르코니의 무선이 얼마나 멋진 발명품인지 말하곤 했다. 상업용 무선장비를 배에 처음 실은 켄들은 로빈슨이라는 그 승객을 가까이 살펴보면서 고개를 끄덕였다. 그는 로빈슨이 콧수염은 깎고 턱수염을 기르고 있었다는 것을 알아차렸고, 비록 선상에서 안경 쓴 모습을 본 적은 없지만 콧잔등에 안경자국이 남아 있는 것도 보았다. 로빈슨은 많은 책을 읽었고 선장은 그가 어떤 책들을 선택했는지 적어두었다.

로빈슨은 20대 초반으로 보이는 아들과 함께 여행을 하는 중이었다. 켄들 선장은 종이로 속을 채운 것 같은 모자를 쓰고 뒤에서 안전핀으로 고정한 헐렁한 바지를 입은 그 소년을 이상하게 생각했다. 그는 숙녀처럼 민감하게 음식을 먹었고 때로 아버지의 손을 단단히 잡고 있는 듯 보였다. 로빈슨은 아들의 건강이 좋지 않아서 날씨가 좋은 캘리포니아로 가는 중이라고 했다. 그들은 전에도 미국과 캐나다에서 보낸 적이 있었는데, 서부해안으로 가는 기차를 탈 계획이라고 했다.

몬트로즈호가 안트베르펜을 떠나기 전 영국 및 유럽 그리고 북미의 신문들에는 홀리 크리픈이라는 미국인 살인자를 추적하고 있다는 이야기들이 실렸다. 크리픈은 벨 엘모어라는 무대 이름으로 작은 음악당에서 연주자로 일하던 둘째 아내와 런던에서 몇 년 동안 같이 살았다. 그는 조용하고 부드러운 분위기의 자그마한 사람으로 연극계에 많은 친구를 가지고 있던 원기왕성한 아내에게도 헌신적이었다. 그들은 런던 북부 힐드롭 크레슨트에 있는 자기들 집으로 손님들을 자주 초대했다. 그런데 쾌활한 벨 엘모어가 어느 날 갑자기 사라져버렸다.

1910년 2월 1일이 마지막이었다.

크리픈은 그녀의 친구들에게 그녀가 몸이 좋지 않아 미국으로 돌아갔다고 말했고, 3월 26일에는 캘리포니아에서 그녀가 죽었다는 소식을 들었다고 했다. 크리픈은 그의 비서 에텔 르 니브와 함께 생활하는 것으로 드러났는데, 그녀는 가끔 벨의 장신구를 하고 나타났다.

벨의 친구들은 불가사의한 그녀의 실종과 다른 여성을 사귀는 남편의 행태를 미심쩍어하며 조사를 하기 시작했고, 캘리포니아에 그녀의 사망 기록이 없다는 것을 알아냈다. 런던 경찰청 월터 듀 형사가 이 사건을 맡아 크리픈과 에텔을 인터뷰했다. 스스로를 '박사'라고 칭했던 크리픈은 농아 및 다른 질병을 치료하기 위해 다양한 약을 제조했고, 존경을 받을 만한 사람처럼 보였다. 몇 차례 대화를 나눈 후 그는 7월 8일 아내의 죽음에 대해 거짓말을 했다고 고백했다. 그녀가 사실은 애인과 눈이 맞아 달아났는데, 사회적으로 창피한 모습을 보이기 싫어 자기가 거짓말을 꾸몄다고 했다. 크리픈은 의심스러운 일이 전혀 없었음을 듀 형사에게 확신시켰고, 형사는 크리픈과 에텔이 마지막 인터뷰를 하기로 했던 7월 9일 갑자기 사라지지 않았다면 사건을 종결지으려고 했다.

이틀 후 경찰은 힐드롭 크레슨트에 있는 집을 수색했고 지하실 벽돌이 헐거운 것을 알아냈다. 벽을 파기 시작했을 때 그들은 정체를 알 수 없는 여자의 신체 부위들이 석회로 뒤덮여 있는 것을 발견했다. 그때부터 크리픈과 그의 연인에 대한 추적이 시작됐다. 전세계 신문들은 그의 사진과 무시무시한 살인자의 실상을 상세히 보도했다. 남부 프랑스에서 북부 벨기에까지 무죄한 작은 남자들이 경찰서로 연행되었으나 악명 높은 크리픈 박사로 판명된 사람은 아무도 없었다.

안경을 끼고 콧수염을 기른 크리픈의 사진이 몬트로즈호 선상의 신문에도 있었다. 켄들 선장은 조용히 그 신문들을 모두 수집하여 치워 버렸다. 그는 항해 초기에 이미 로빈슨 부자가 크리픈과 그의 연인 에 텔이라고 확신했다. 켄들은 그들을 체포할 수 있었지만 지켜보기로 했다. 그는 '로빈슨'이 주머니에 권총을 가지고 있는 것을 알았기 때 문에 그들이 의심하지 않도록 주의했고, 만일 들통 나면 그가 자기 '아들'을 죽이고 자살할지도 모른다고 염려했다. 몬트로즈호 무선실 의 최대범위는 150마일 이내였으나, 영국해협에서 빠져나온 이틀 동 안은 여전히 해변의 마르코니 기지국과 접촉하고 있었다. 마르코니 통신원과 고급 선원에게만 자기의 확신을 알린 켄들 선장은 크리픈 박 사와 에텔이 자기 배에 탄 것 같다는 메시지를 런던 경찰청에 알리게 했다.

듀 형사는 몬트로즈호에 있는 사람이 크리픈이라는 것을 의심하지 않았고, 크리픈이 캐나다로 도망가기 전에 그를 붙잡으려고 했다. 그 는 선박회사와 의논하면서 가능성을 타진했다. 리버풀에서 막 출발하 려던 로렌틱호는 몬트로즈호보다 빨랐고 세인트로렌스 입구에서 그 배를 따라잡을 수 있다는 계산이 나왔다. 듀는 리버풀로 향하는 기차 를 타고 추적을 시작했다.

신문들은 거의 동시에 기사를 확보해서 날마다 독자들에게 두 배의 위치를 설명했고, 몬트로즈호와 로렌틱호를 마치 대서양 횡단 경주를 하는 두 마리의 달팽이처럼 보여주었다. 또한 어떻게 독약을 구입했 고, 어디에서 소년의 옷을 구했으며, 가명을 써서 안트베르펜에서 몬 트로즈호로 탈출했는가 등 크리픈 박사와 그의 연인에 대한 이야기가 매일 독자들을 찾아갔다. 프랑스 신문들은 '런던의 불가사의' 또는 '듀와 크리픈의 대결'이라며 소동을 일으켰다.

미국신문들은 로렌틱호와 몬트로즈호의 행로에 대한 새로운 정보

프랑스 신문들이 '듀와 크리픈의 대결'이라고 칭한 사건의 마지막 장면. 런던 경찰청 형사 듀는 아내 살인범 홀리 크리픈을 추적했다. 크리픈과 그의 연인 에텔 르 니브는 몬트로즈호를 타고 탈출하려 했지만, 선장은 그들이 변장한 것을 알아보고 무선으로 듀에게 알려주었다.

가 무선으로 중계될 때마다 특별판을 냈다. 켄들 선장은 영국 선원을 닮지 않은 열정적인 추적자가 되었다. 배가 영국 해역을 벗어나자 그는 몬트리올에 있는 런던 《데일리 메일》의 통신원과 접촉했고, 크리픈 박사와 에텔에 대한 자신의 관측이 완전히 인쇄되어 나올 수 있도록 상세히 설명했다. 온 세상이 추적에 대한 모든 것을 상세히 알고 있었으나 크리픈과 그의 연인은 (그리고 선상의 다른 승객들도) 자기들 머리 위로 어떤 메시지가 날아다니는지 전혀 모르고 있었.

몬트로즈호가 세인트로렌스 어귀에 접근했을 때 켄들 선장은 캐나다인 경찰서장에게 근황을 알렸다. "크리픈은 아침을 먹고 있습니다. 전혀 의심하지 않고 있어요. 당신의 지시를 그대로 실행했습니다. 에텔은 아직 올라오지 않았습니다."

《데일리 메일》의 특별 통신원은 7월 31일 일요일 다음과 같은 보고서를 보냈다.

동쪽에서 날카롭고 차가운 바람이 안개를 몰고 왔다. 돛대 네 개와 굴뚝이 희미하게 모습을 드러냈다. …부두에서 작은 배가 출발했고 안개 속으로 사라졌다. 증기선의 경적이 황량하게 울었고, 등대 부표에서 종이 울려 특유의 안내와 확신의 메시지를 보냈다. 작은 배에는 두꺼운 모직 상의의 놋쇠 단추를 채우고 변장 모자를 쓴 수로안내원 네 명이 앉아 있었다. 그들은 매번 단호한 태도로 열심히 노를 저었다.

이들 중 오직 한 사람만 진짜 수로안내원이었다. 다른 사람들은 경관이었는데, 거기에는 선장으로 변장한 듀 형사도 있었다. 그들이 몬트로즈호에 탔을 때 듀는 켄들 선장과 악수하고 로빈슨을 슬쩍 본 후 "바로 내가 찾던 사람!"이라고 속삭였다. 크리픈은 이 소리를 듣지 못했고, 듀와 마주칠 때까지 갑판 위를 천천히 걸어다녔다. 캐나다인 경찰서장이 그를 체포하자 그는 평정심을 잃었다. 흥분한 승객들이 모여들었고 얼마 후 한 여성의 비명소리가 들렸다. 듀가 에텔을 선실에서 찾아내자 그녀는 몹시 흥분하다가 실신했다. 두 사람 모두 런던으로 압송되어 중앙형사법원에서 재판받았다.

크리픈 박사 사건은 재판 이후에도 여러 해 동안 대서양 양쪽의 대중을 매혹시켰다. 알프레드 히치콕(Alfred Hitchcock)은 이야기 소재를 엮어서 등골이 오싹한 영화로 만들어놓았다. 살인 동기는 확실하게 밝혀지지 않았다. 크리픈은 아내를 죽일 의향이 없었고 단지 그녀가 간통을 멈추기를 원했다는 설도 있는데, 그가 그녀에게 준 독약은 성적으로 흥분한 여성들의 애욕을 진정시키기 위한 분량이었다는 것이다. 그러나 검찰은 그가 그녀의 보석을 손에 넣기 위해 그녀를 죽였고, 보석 중 일부는 연인 에텔과 도망가는 자금을 마련하기 위해 전당잡혔다고 주장했다. 크리폰은 자신의 무죄를 주장했고, 친절한 태도와 품성으로 간수들에게 깊은 인상을 남겼다.

크리폰 박사를 체포할 때 마르코니의 무선이 수행한 역할은 곧 잊혀졌으나, 1910년에는 그것이 큰 사건이었으며 나날이 대중과 친숙해진 새로운 기술의 또 다른 승리였다.

독자들의 호기심에 항상 주목하던 《데일리 메일》은 이 놀라운 일을 설명하기 위해 마르코니 회사 간부인 브래드필드에게 글을 부탁했다. 이 기사에는 '무선의 추적, 선상에 있는 도망자들의 위험, 법률의 긴 팔'이라는 표제가 붙여졌다. 브래드필드는 '마법 같은 선실'이라는 부제 아래 이렇게 썼다.

장비로 가득 찬 자그마한 선실은 마치 마술사의 동굴 같다. 그 안에는 온갖 장치가 쌓여 있다. 인쇄된 전신용지들이 탁자 끝에 흩어져 있고, 복무 중인 통신원은 수신기가 달린 전화 헤드기어를 착용하고 있다. 갑자기 낮은 음의 신호가 그에게 나+온다. …그가 응납할 때 선실은 변화된다. 생동적인 전기불꽃은 통신원과 그의 기계 위로 기묘한 푸른빛을 던진다.

프랑스 신문 《리베르테 Liberté》는 아래와 같이 논평했다.

무선전신에 의한 체포는 범죄 역사에서 새로운 장을 열었다. 크리폰 박사와 그 동료의 모든 움직임을 따라갈 수 있게 해주었던 보이지 않는 첩보원에 감사하자. 이 놀라운 생포 이야기는 무선전신의 가장 경이로운 일 중 하나가 될 것이다. …그것은 대서양 한쪽에서 다른 쪽으로 가기까지, 한 범죄자가 유리로 된 우리에서 생활한다는 것을 보여주었고, 그 우리 속에서 그는 땅에 머무는 것보다 훨씬 더 대중의 눈에 노출되었다.

파탄을 가져온 결혼생활

무선전신의 낭만은 유감스럽게도 발명자의 가정생활에는 반영되지 않았다. 대서양에서 크리픈이 추적당하는 동안, 마르코니와 오브라이언, 그리고 그들의 아들은 대부분의 시간을 빌라 그리포네에서 보냈다. 부부싸움을 할 때 보통 오브라이언을 편들었던 마르코니의 어머니는 결혼생활을 끝내지 말라고 설득했으나, 상황은 더욱 악화되고 있었다. 마르코니와 오브라이언은 함께 시간을 보낼 때마다 갈등을 겪었고, 마르코니는 아무런 문제도 해결하지 못한 채 장기간 떠나 있곤 했다. 그들의 화해는 늘 오래가지 못했다.

1910년 9월 마르코니는 이탈리아 정부를 위해 세계적인 무선통신 시스템을 설립하려는 야심 찬 계획을 추구하면서 다시금 해상에 있었다. 마르코니는 명석한 기술자 라운드(H. J. Round)와 함께 남미를 향해 항해했다. 그들은 연에 안테나를 올려 클리프덴 기지국에서 보내는 신호를 수집했는데, 낮에는 4000마일 떨어진 곳에서, 그리고 밤에는 7000마일 떨어진 곳에서 신호를 잡았다. 마르코니의 야심은

마르코니의 가족사진. 아내 오브라이언과 세 자녀 데냐(왼쪽), 줄리오, 조이아. 1920년경의 이 사진은 행복한 가족사진이 아니다. 오브라이언은 남편의 오랜 공백과 그보다 훨씬 긴 기간의 불신을 참아낼 준비가 되지 않았다. 3년 후 그녀는 한 연인을 만나 결혼하기를 원했고 그들은 이혼했다.

무엇보다도 최장거리 통신이었다.

오브라이언에게는 1911년 런던 시즌*에 '데뷔할' 여동생이 둘 있었는데, 그때는 사교계에 나온 여자들이 버킹엄궁전에서 왕 조지 5세와 여왕 메리를 알현하기 전에 일련의 무도회에 참석했다. 그녀는 런던 남서쪽의 리치먼드 공원 근방에 집 하나를 세내어 쇼와 파티로 이어지는 사교계의 사람들과 어울렸다. 마르코니는 이를 매우 즐겼지만, 오브라이언과 함께 있지 않을 때는 그녀를 부인하려고 애썼다. 영국 중앙형사법원 배심원들이 크리픈 박사의 아내 살해 증거를 찾고 있을 당시, 소심한 미국인들을 사로잡았던 무선 마법사의 결혼은 붕괴 직전에 이르고 있었다. 크리픈은 사형선고를 받고 1910년 11월 23일 교수형에 처해졌는데, 그의 연인 에텔의 석방으로 그나마 위로를 받았다. 그녀는 에텔 넬슨이라는 가명으로 캐나다에 살다가 영국으로 돌아와 자신의 정체를 모르는 한 회계사와 결혼했고, 1967년 나이 지긋한 할머니가 되어 죽었다.

1911년 오브라이언은 짧은 시간의 대부분을 런던에서 보냈다. 그녀는 딸 데냐에게 이렇게 말했다.

우리는 레이스 무늬가 있고 옷의 깃에서 가슴으로 늘어진 주름 장식과 숨막히는 뻣뻣한 깃이 달린, 수놓은 투명한 천으로 만든 모슬린 블라우스를 입었는데 허리둘레는 아주 작았다. 우리 모두는 애스컷 경마장에 갔다. 우리가 입은 야회용 드레스는 땅에 질질 끌렸고, 아주 큰 핀으로 머리에 고정시킨 모자는 깃털과 꽃이 달려 무거웠다. 우리가 그런 모자를 쓰고 어떻게 균형을 잡았는지 놀라울 따름이며, 수행원들의 앞을 가리지나 않았는지 걱정된다. 저녁에 우리는 다이아몬드가 박힌 나름모꼴의 목설이를 걸고, 금실이나 은실이 섞여 있거나 무늬가 있는 긴 가운을 입었는데, 춤

---

* 런던 시즌이란 명문 가문이 사교계에 진출하기 위해 시골을 떠나 런던의 웅장한 저택이나 고급 주택지에 머무는 시기를 말한다. 세계에서 가장 큰 '결혼시장'을 설치해 축제를 벌이면서 사람들을 한데 모으는 것이 이 시즌의 암묵적인 목적이었다. 시즌 동안 젊은 여성들은(보통 18세), 상류사회로 출현한다는 의미에서 '데뷔'를 하게 된다. 젊은 여성이 사교계에 '데뷔'하거나 '출현'하기 위해서는 왕실에 선보이는 것이 필수적인 일이었다. 일단 여왕이나 왕에게 선보이고 나면 그는 상류사회의 많은 행사와 축제에 참석할 수 있었다. 시즌이 열린 시기는 사정에 따라 달랐지만, 보통 5월 초에서 7월 28일 사이가 그 절정기였다 - 옮긴이.

추는 동안 바닥에 끌리지 않도록 들어올리고 있어야 했다.

8월에 마르코니는 오브라이언을 런던 사교계에서 케이프브레턴으로 다시 데려왔다. 그곳에서 그녀는 여름 곤충들과 배 멀미, 그리고 치통으로 괴롭힘을 당하며 비참한 시간을 보냈다. 그들의 전투가 타협의 여지가 없는 공식적인 별거로 이어질 즈음, 마르코니는 전쟁 때문에 이탈리아로 소집되었다. 이탈리아는 지금의 리비아 지역 영토 분쟁을 핑계로 9월 29일 터키에 전쟁을 선포했는데, 이탈리아의 충실한 애국자 마르코니는 조국을 섬기기를 열망하여 피사호에 올라탔다. 그 배는 지상군을 떠받치고 터키의 전략 요충지를 공격하면서 북아프리카 해안의 치안을 유지했다.

여기에는 마르코니 회사의 독일 경쟁사 텔레푼켄이 세운 무선기지국들도 포함됐다. 피사호가 데르나에서 한 커다란 군사시설을 파괴했을 때, 마르코니는 그 배에 타고 있었다. 마르코니는 줄곧 이탈리아의 무선장비를 실험했는데, 집에 보낸 편지들의 어조로 보아 즐거운 시간을 보내고 있었던 게 분명하다. 그는 이탈리아 남부 타란토까지 함께 여행했던 오브라이언에게 편지했다.

"나의 건강과 정신은 최상이라오. 온 장소를 통틀어 여자라고는 한 명밖에 없는데, 그녀는 늙은 아랍인이오. 이곳에도 멋진 설비를 갖춘 훌륭한 병원선이 한 척 있지만 간호사들은 한 사람도 타고 있지 않소. 돌보아야 할 부상자들과 해야 할 간병이 없을 때 간호사들이 장교들과 너무 많이 시시덕거렸기 때문에 해고될 수밖에 없었소."

마르코니의 어머니는 1911년 12월 12일 그에게 편지했다.

네가 건강하고 기후가 아주 좋다는 소식을 들으니 정말 기쁘다. 나는 그것이 너에게 이롭다고 확신하며, 주님이 너를 모든 위험에서 안전하게 지켜 주실 것을 소망하고 기도한다. 현재 우리나라가 무척 위험한 상태이기 때문에 너를 걱정하지 않을 수 없다. 네가 늘 전함에 있다고 여겨지지만, 그들이 아주 친절하며 너를 잘 돌보아준다니 기쁘다.

나는 사랑하는 오브라이언으로부터 그녀가 타란토까지 너와 동행했다는 것과 너를 배웅했다는 것, 그리고 네가 아주 행복하게 떠났다는 소식을 듣고 정말 기뻤다. 그 애는 해군제독과 장교들이 얼마나 매력적인지, 그리고 네가 얼마나 아름답고 큰 무선실을 갖고 있는지 이야기해주었다.

회사 일의 중압감에서 잠시 벗어난 마르코니는 다시 한번 헌신적인 발명가 생활을 즐기면서 자신이 있어야 할 곳에 있었다. 그는 해변으로 가서 이동 무선장비를 시험했다. 대서양을 오가는 정기선들에서 맛볼 수 있던 낭만적인 유혹은 없었지만, 그는 승선하고 있는 동안 장교들의 찬사를 받았다. 그의 회사는 나날이 번영하여 1910년 처음으로 주주들에게 배당금을 지불했으며, 영국과 미국 모두에서 경쟁사들을 급속도로 흡수하고 있었다.

마르코니가 짧은 시간 동안 회사를 직접 운영한 후, 고드프리 아이작스(Godfrey Isaacs)가 1910년 새로운 시장으로 임명되었는데, 그는 오브라이언 가족이 추천한 추진력과 비전을 두루 갖춘 사람이었다. 아이작스가 마르코니 회사를 세계 일류의 무선장비 제조 유통회사로 만들려는 계획에 착수했을 때, 마르코니가 영국 사교계 및 사업계 상류층과 연고가 있다는 것은 매우 중요한 역할을 했다.

마르코니가 북아프리카에서 이탈리아 해군의 화포 공격을 받고 파괴된 텔레푼켄 기지국들을 전문가적 안목으로 조사하고 있을 때, 아이작스는 독일 회사와의 장기적인 경쟁 관계를 끝내려고 협상하고 있었다. 마르코니로 하여금 텔레푼켄 장비를 사용하는 배들과 통신하게 하려던 독일의 모든 노력은 실패했다. 마르코니 회사들도 새로운 소비자를 찾으려고 애쓸 때마다 그들이 '텔레푼켄 장벽(Telefunken Wall)'이라고 부른 문제에 부딪쳤다. 독일, 오스트레일리아, 그리고 유럽의 몇몇 다른 나라들에서 마르코니 특허권의 독점 판매권 소유자는 브뤼셀을 근거지로 한 무선회사였다.

독일 회사가 마르코니 무선장비를 자기 배에서 추방하고 유럽의 주문을 받기 위해 맹렬히 싸울 무렵, 그 회사는 붕괴에 직면했다. 아이작스는 가까스로 난국을 타개하는 협상을 했다. 1911년 1월, 새로운 회사인 독일 무선전신회사(DEBEG)가 설립되어 영국과 벨기에의 마르코니 회사들이 45퍼센트의 지분을 갖고 텔레푼켄이 55퍼센트의 지분을 갖기로 했다. 배들과 해안기지국들의 모든 자원을 공동 출자로 하였으며, 오스트레일리아의 무선기지국들이 곧 합병되었다.

동시에 아이작스는 특허권 침해를 이유로 경쟁회사들을 상대로 소송을 제기하기 시작했다. 소송이 불가능한 곳에서는 경쟁회사들을 사들였다. 마르코니가 모방하고 수정한 '코히러'를 개발했고, 1896년에는 마르코니에 앞서 무선 메시지를 보냈다고 주장한 로지는 골치 아픈 경쟁자였다. 그는 마르코니 장비에 필적할 만한 동조(同調) 혹은 조율에 관한 특허권을 갖고 있었으며, 그의 친구 뮤어헤드와 함께 무선회사를 차리고 영국군으로부터 계약을 얻어냈다. 런던에서 법정 행동 후 마르코니 회사는 7년 동안 로지의 특허권이 유지될 수 있도록 매년 그에게 1000프랑을 지불하기로 동의했으며, 그것을 끝내기 위해 로지-뮤어헤드 회사를 사들이고 1년에 500프랑을 주어 로지를 고문으로 고용했다.

미국에서도 아이작스는 거대하지만 재정적으로 불건전한 미국 무선회사를 상대로 특허권 위반 소송을 제기했는데, 당시 그 회사의 중역들은 사기죄로 기소되어 있었다. 미국의 마르코니 회사는 미국 무선회사뿐만 아니라 페선던을 후원했던 회사 NESCO도 합병하면서, 경쟁회사들을 매우 신속하게 물리쳤다. 결국 다시 사기죄로 고발에 직면하게 되고, 두 번의 불행한 결혼과 무선전신 시스템이 실패한 후 캘리포니아에서 재기를 꿈꾸던 디 포리스트도 무대에서 물러났다. 디 포리스트의 후원자들은 그에게서 등을 돌렸다. 그는 1918년 이후 할리우드에서 라디오와 유성영화의 선구자가 되었지만, 1912년 당시에는 결코 마르코니의 적수가 될 수 없었다.

미국 마르코니 회사 사장 존 보텀리(John Bottomley)는 1912년 빈약하게 출발한 그 회사가 이제 투자를 위해 500만 달러를 보유하고 있다고 보고할 수 있었다. 마르코니의 상업적 야망들이 마침내 성취되고 있었다. 그 무렵 그에게는 영국제 고급 승용차인 롤스로이스와 전용 운전사가 있었고, 오랜 여행 후에 처음으로 안정된 가정생활을 누릴 가능성이 있었다.

오브라이언은 햄프셔 폴리 지방에 이글허스트라 불리는 한 주택을 빌렸다. 그곳은 마르코니가 무선이 작동한다는 것을 최초로 보여준 풀의 헤이븐 호텔에서 얼마 떨어지지 않은 곳이었으며, 아식노 연구 기지국에서 마르코니의 엔지니어들이 근무하고 있었다. 낭만적이면서도 약간 황폐한 분위기를 자아내는 이글허스트에는 해안으로 통하는 잘 다듬어진 잔디밭과 찢는 듯한 날카로운 소리로 오브라이언을 미치게 만들었던 공작새들, 그리고 아이들이 뛰놀 수 있는 마당이 있었다. 데냐는 이렇게 회상한다.

이글허스트는 1층 높이로 널리 뻗어 있었고, 건물의 양쪽 날개 끝은 고딕

식 8각형 모양인데, 꼭대기에 활 쏘는 구멍이 있었다. 이글허스트는 우리를 즐겁게 해준 소형 이륜 짐마차와 자갈이 많은 해변 이외에 망루가 있었지만 호기심을 돋우는 터무니없이 큰 18세기의 건축물이었다. 밖으로 내민 창문들이 딸려 있는 폭이 좁은 3층 구조물로, 꼭대기는 톱니 모양의 벽들과 깃발이 달려 있었다.

마르코니는 성공에 안주하면서 여기에 정착할 수도 있었을 것이다. 하지만 그는 이글허스트에 좀처럼 머물지 않았다. 그는 종종 그의 기술자들 중 한 사람과 이곳에 왔다. 데냐와 그녀의 남동생 줄리오의 방은 건물 한쪽 날개의 계단 꼭대기에 있었는데 마르코니는 곧장 아이들 방으로 향했다. 그들의 애완견은 마당을 지키면서 모든 불청객에게 맹렬히 달려들고 으르렁거렸다. 애완견은 마르코니를 너무 드물게 보았기 때문에 집안식구로 여기지 않았고 가끔 그의 바지를 물어뜯을 정도로 공격하곤 했다. 마르코니가 '어린 괴물'이라고 불렀던 애완견은 결국 다른 곳으로 옮겨졌고 아이들은 몹시 슬퍼했다.

이글허스트의 무너져가는 낡은 망루는 보통 아이들의 출입이 금지되었지만, 특별한 경우에는 거기로 올라가서 사우샘프턴 바다의 멋진 경치를 굽어보며 즐길 수 있었다. 사우샘프턴에서 뉴욕으로 항해하는 큰 정기선들은 프랑스 북부 셰르부르에 들렸는데, 예인선들이 정기선들을 이끌고 공해로 나오는 광경을 볼 수 있었다. 승객들은 물 위에 우뚝 솟은 갑판에서 작은 탑 안에 있는 아이들에게 손을 흔들어줄 만큼 가까이 있었다. 오브라이언과 데냐가 1912년 4월 어느 날 아침 그들이 다시는 보지 못할 대형 정기선에 손을 흔들어 작별을 고한 곳도 바로 여기였다.

대형 여객선에 설치된 무선통신실

　수세기에 걸친 대서양 횡단 항해에서 수천 척의 배들은 빙산의 타격으로 선체에 구멍이 난 채 항구로 느릿느릿 들어왔다. 그러나 무선전신이 없던 시기에는 빙산에 부딪쳐 대서양 한복판에 침몰한 배들에 관한 기록이 전혀 없기 때문에 난파선의 수가 얼마인지 결코 알 수 없다.

　혀 모양의 커다란 얼음조각들은 겨울마다 그린란드 남쪽 바다 위에 드넓게 펼쳐지며, 보통 깊이가 5000피트인 평평하게 얼어붙은 물로 70만 평방마일 이상을 뒤덮는다. 봄이 오면 거대한 빙산들은 우레 같은 소리를 내며 쪼개져서 래브라도 해안을 향해 남쪽과 서쪽으로 떠다닌다. 그 빙산들은 바람과 조류의 흐름에 의해 사방으로 흩어져 꼭대기를 물 위로 내민 채 표류한다. 엄청난 두께의 빙산 가운데 10분의 9는 수면 아래로 가라앉아 녹는다. 빙산은 4월에서 6월까지 해운업계에 최대 위협이 되었으므로, 대서양을 횡단하는 정기선들은 빙산과 충돌할 위험을 줄이기 위해 그 석 달 동안 가능하면 남쪽 항로를 택하는 게 관례였다.

해마다 봄이 되면 무슨 일이 벌어질지 도무지 알 수 없었다. 어떤 해에는 4월에 빙산이 거의 없었다. 하지만 어떤 해에는 이른 해빙과 북풍이 바다에 떠 있는 커다란 빙원(氷原)들을 정기선들이 오가는 길로 흘려보냈다. 배들이 위험지대를 항해할 때는 끊임없는 경계가 이루어졌다. 그리고 노련한 항해사들은 어떤 빙산들은 다른 빙산들보다 특별히 밤에 보기가 훨씬 더 어렵다는 것을 알고 있었다. 왜냐하면 그것들은 바다의 작용으로 하얀빛이 아니라 거무스름한 빛을 띠며 녹기 때문이었다. 이따금 빙산들은 갑작스럽게 방향을 바꾸었고, 암초들과 그 사이에 끼인 얼음조각들이 수면 위로 모습을 드러냈다.

1912년 봄에 북대서양을 운행하던 모든 대형 여객선에는 무선통신실이 있었으며, 그 여객선 대부분에는 마르코니 무선통신원들이 배치되어 있어서 빙산으로 말미암은 일체의 위험에 대해 서로 경고할 수 있었다. 비록 그들의 무선송신기 범위가 200마일 미만이었지만, 바다에는 언제든지 많은 정기선이 있었으므로 무선연락은 거의 항상 가능했다. 크리픈 사건은 배에서 배로 메시지를 전달하거나 케이블로 연결되어 있는 해안기지국들에 전달하는 방법으로 공해상의 모든 사람이 서로 연락을 할 수 있고 육지와의 연락도 가능하게 한다는 것을 보여주었다.

마르코니 회사는 1906년부터 유럽의 항구에서 정기선들이 출발하는 날짜와 북미에 그들이 도착할 것으로 예상되는 날짜를 보여주는 해도(海圖)를 발행했다. 서쪽에서 동쪽으로 항해하는 배들의 출발시간과 도착시간이 십자표시로 교차되어 있던 해도는 특정한 날에 한 정기선이 대양의 어디쯤 있을지를 대략적으로 알려주었다.

마르코니 양성소에서 강의를 받은 젊은이들은 서로 알았기 때문에 모스부호로 한가롭게 메시지를 주고받음으로써 자신들이 이따금 경험하는 외로움을 달래곤 했다. 그들은 오랜 시간 일등 선객을 위해 메시지를 두드리면서 조작키에 매달렸다. 그들이 몇 시간 잠을 자려고 선실로 들어가면 그들이 타고 있는 배는 서로 연락이 끊겼다. 채널을 맞추기 전에 그들은 보통 모스부호로 'GNOM(잘 주무시게, Good night old man)'이라고 하면서 교신을 끝냈다.

1900년대 초반 북대서양 항로 해운회사들 사이의 경쟁은 무척 치열했다. 그 가운데 미국의 거물 존 모건(John Morgan)이 사들인 영국 해운회사 화이트 스타 라인은 경쟁에서 우위를 점할 세 척의 거대한 정기선을 가지고 회사의 이름을 날리고자 했다. 벨파스트 조선소에서 건조된 그 정기선들의 육중한 선체는 숙련된 보일러 제조공들이 박은 수백만 개의 못으로 결합되어 있었다. 이 커다란 배 중 최초로 올림픽호가 1911년 진수되었다.

화이트 스타 라인의 가장 노련한 선장 중 한 사람인 에드워드 스미스(Edward Smith)가 그 배의 첫 항해를 지휘하였으나, 그는 이전에 다룬 어떤 배들보다도 덩치가 큰 올림픽호를 움직이는 데 어려움을 겪었다. 결국 올림픽호는 영국의 해군 순양함과 충돌하여 거대한 추진기 중 한 부분을 잃었다. 올림픽호의 긴급수리로 말미암아, 1911년 시험을 끝마친 화이트 스타 라인의 두번째 큰 배 타이타닉호의 첫 항해가 지연되었다.

마르코니 회사는 두 배 모두에 무선장비들을 공급하는 일을 맡았다. 장비들 중에는 보기 좋은 마호가니 상자 속에 안전하게 넣어둔 믿음직한 매기검파기와 5킬로와트 전력을 발산하는 유별나게 강력한 불꽃 송신기가 포함되어 있었는데, 이것은 올림픽호를 제외한 해상의 그 어떤 정기선들보다 훨씬 더 큰 범위를 제공했다. 이 송신기는 타이타닉호의 발전기로 작동되었으나 비상시에는 배터리로도 작동할 수 있었다.

부유한 일등 선객들의 통신 분량을 처리해주기 위해서는 두 명의 무선통신원이 교대로 일을 해야 했다. 고참 통신원인 잭 필립스(Jack Phillips)는 스물여섯이었는데, 그는 이미 클리프덴 기지국과 많은 정기선들에서 근무한 경험이 있었다. 마르코니 통신원 중에는 그의 친구들이 많았고, 그들 중 하나인 해럴드 코탐(Harold Cottam)이 스물두 살의 해럴드 브라이드(Harold Bride)를 필립스의 후배로 추천했다. 코탐은 브라이드가 이 흥미로운 선박에서 일을 할 수 있는지 타진하려고 무선기지국에 왔던 전 해에 그를 만났다.

코탐은 쿠나드 선박회사의 정기선 카르파티아호에서 일하기로 이미 계약서에 서명한 상태였다. 브라이드보다 한 살 어렸지만 조숙한 통신원이었던 그는 열일곱에 최연소로 통신원 시험에 합격했다. 코탐은 단지 많은 마르코니 통신원 중 한 사람이었고, 필립스와 브라이드는 대서양에서 메시지를 교환했을 때 개인적으로 서로 알았을 것이다.

노련한 무선통신원인 필립스는 1분에 39단어를 칠 수 있었지만, 브라이드의 속도는 고작해야 1분에 26단어였다. 필립스가 오후 8시부터 오전 2시까지, 그리고 브라이드가 더 조용한 시간인 오전 2시부터 오전 8시까지 교대로 일하는 데 동의했다. 그들은 낮 시간에는 형편에 따라 일을 분담했고 담배를 피우기 위해 갑판 위로 나갈 수도 있었지만, 느긋하게 휴식을 취할 시간은 거의 없었다. 최소한 그들은 일정 시간에 처리해야 하는 작업량을 분담할 수 있었다.

대부분의 다른 무선통신원들처럼 카르파티아호의 코탐도 그가 할 수 있을 때 잠시 무선통신실을 방치한 채 약간의 잠을 자곤 했다. 필립스와 브라이드는 무선통신 범위 안에 있을 때 시간이 나면 코탐과 메시지를 주고받았다. 무선통신이 폭주할 때 통신원들은 한가한 질문들에 매우 퉁명스럽게 응답하기도 했다. 예를 들어 알파벳 D 세 개 (dah-di-dit, dah-di-dit, dah-di-dit)는 '입 닥쳐!'를 의미했다. 더욱 강력한 것은 GTH(dah-dah-dit, dah, di-di-di-dit)였는데, 이것은 '지옥에나 가라(Go to hell)'는 뜻이었다. 각 배는 고유한 호출부호를 갖고 있었기 때문에 무선통신원들은 신호를 보내거나 그들과 연락하려고 애쓰는 사람들이 누군지 금방 알았다. 타이타닉호의 호출부호는 MGY(dah-dah, dah-dah-dit, dah-di-dah-dah)였다.

타이타닉호는 일등 선실에 전기조명과 난방을 제공하는 최신식 선박이었다. 전기조명과 난방은 가장 부유한 선객들 중 많은 사람에게 있어서도 사치품이었다. 승강기, 부엌, (유럽의 여행객들에게 또 다른 신기한 물건인) 냉장고, 모든 종류의 환풍기와 짐을 싣는 기중기 등 모든 것이 전기로 작동되었다. 체육관에는 체력 단련을 위해 전기로 작동되는 낙타도 있었다.

마르코니는 물 위에 떠 있는 이 환상적인 세계를 즐겼다. 그가 대서양을 횡단하는 5일 동안의 첫 항해에 존경받는 손님으로서 화이트 스타 라인의 초대를 받은 것은 당연했다. 오브라이언, 데냐, 그리고 줄리오 또한 타이타닉호에 좌석이 예약되어 있었다. 그리고 그의 회사가 미국의 경쟁회사들을 계속해서 파괴하는 동안, 마르코니 자신은 뉴욕에서 얼마동안 시간을 보낼 꿈에 부풀어 있었다.

올림픽호의 긴급수리로 인해 타이타닉호의 첫 항해가 지연되는 바람에 마르코니는 원래 일정을 취소해야 했다. 지중해에서 이탈리아 해군과 함께 근무하던 그를 미국 회사가 긴급히 불렀고, 그는 서둘러 루시타니아호를 타고 출발했다. 오브라이언은 4월 초에 어린 줄리오가 병에 걸렸기 때문에 아이들과 이글허스트에 머물기로 결정했다. 1912년 4월 10일 그 거대한 정기선이 사우샘프턴을 미끄러지듯이 빠져나갈 때, 오브라이언은 이글허스트의 작은 망루에서 슬픔과 실망에 잠긴 채 타이타닉호의 갑판에 몸을 기댄 수백 명의 운 좋은 승객들에게 손을 흔들었다.

침몰하는 타이타닉호

4월 14일 늦은 밤, 필립스는 타이타닉호 무선실에서 모스부호기를 두드리고 있었다. 브라이드는 옆방에서 깊이 잠들어 있었다. 그들은 비참한 하루를 보냈다. 전날 저녁 늦게 무선장비가 고장 났고, 전기 결함을 발견하여 바로잡는 데 7시간이나 걸렸다. 그동안 일등석 승객들이 비용을 지불하는 하찮은 메시지들이 산더미처럼 쌓였다. 전방에 빙산이 있다는 사실을 알리는 몇몇 경고들을 포함해 다른 배들로부터도 한두 개의 보고가 있었는데, 이것들은 선상 스미스에게 곧바로 전달되었다.

예정대로 브라이드는 그날 오후 2시부터 모스부호를 두드리고 있었다. 필립스는 8시에 그와 교대할 예정이었으나, 메시지를 계속해서 보내느라 젊은 조수가 녹초가 되었기 때문에 7시 30분에 업무를 교대하면서 브라이드에게 잠을 좀 자라고 말했다. 필립스가 거의 4시간 30분 동안 쉬지 않고 모스부호기를 두드리고 있을 때, 타이타닉호는 북대서양치고는 신기할 정도로 고요한 바다 위를 22노트로 순항했다.

파도의 넘실거림조차 없었다.

 자정 무렵 잠이 깬 브라이드는 잠옷 차림으로 발을 질질 끌며 무선통신실로 걸어갔다. 다음 교대 근무까지는 앞으로도 두 시간이 남았지만, 그는 필립스가 베풀어준 호의에 보답하고 싶어 서둘러 임무 교대를 제안했다. 바다에 엄청난 양의 얼음이 있다는 보고에도 불구하고, 두 사람 모두 배의 안전을 전혀 걱정하지 않았다. 그러한 경고들은 전혀 예외적인 것이 아니었으며, 필요하다고 생각되는 일체의 행동을 취하는 것은 선장의 일이었다. 그는 배의 속도를 늦추거나 좀더 남쪽으로 항로를 잡을 수도 있을 것이며, 혹은 많은 노련한 선장들이 그러하듯이 곧장 앞으로 나아가지만 날카로운 경계를 명령할 수도 있었다.

 브라이드가 모스부호기를 인계하라고 필립스를 설득하던 시간, 그들의 친구인 코탐은 타이타닉호에서 남동쪽으로 58마일 떨어진 카르파티아호에서 빙산의 위험을 피하고 14노트로 순항하면서 침대에서 잘 준비를 하고 있었다.

 코탐은 타이타닉호가 사우샘프턴을 떠나기 전에 대서양을 횡단하였으며, 뉴욕에서 지중해로 돌아가는 중이었다. 그는 고독한 통신원으로서 장시간 일했다. 전날 밤에는 새벽 3시가 되어서야 겨우 잠자리에 들었다. 4월 14일 자정 직전에, 그는 필립스가 타이타닉호에서 숙달된 솜씨로 1분에 39단어를 날리는 소리를 들었다. 메시지들 대부분은 영미 유선전신회사의 독점권이 만료된 이래 두 개의 마르코니 기지국이 지어진 뉴펀들랜드 케이프 레이스로 가고 있었다. 코탐은 필립스가 온갖 호화로운 음식들이 제공될 뉴욕에서의 한 저녁 파티에 관한 지침을 전송하는 소리를 들었다.

 코탐의 송신기 범위는 약 150마일밖에 되지 않았지만, 여전히 케이프 코드에 신호를 보낼 수 있었다. 그는 케이프 코드를 통해 타이타닉호를 위해 남겨놓은 메시지들이 쌓여가고 있다는 것을 알았다. 동료다운 태도로 코탐은 필립스가 덜 바쁠 때 그것들을 전달하겠다고 생각하면서, 그 메시지 중 대여섯 개를 적어놓았다. 그러고는 헤드폰과 신발을 얼른 벗고 서둘러 코트를 걸었다. 일을 마치기 전에 그는 필립스를 마지막으로 청취하고, 할 수 있다면 그에게 잘 자라는 신호(GNOM-Good night old man)를 보내리라고 생각했다. 하지만 그는 타이타닉호로부터 아무것도 들을 수 없었다. 그래서 그는 통신문을 보냈다. "여보게, 케이프 코드에서 자네를 기다리고 있는 한 묶음의 메시지가 있다는 것을 알고 있는가?"

스미스 선장이 무선통신실에 도착하면서 필립스의 전송장치들은 고요해졌다. 잠옷 차림으로 서 있던 브라이드와 배의 엔진들이 왜 멈추었는지 의아하게 여기고 있던 필립스에게 선장은 메시지를 보낼 수 있도록 대기하라고 말했다. 그들은 한 빙산에 부딪쳤으며, 그는 피해 정도를 평가하려고 했다. 필립스와 브라이드는 아무런 충격도 못 느꼈기 때문에 경고를 발할 이유가 하나도 없다고 믿었다. 목수들과 다른 사람들이 배의 중심부로부터 달려나와 물이 대량으로 흘러들고 있고 기관실에도 물이 급속도로 불어나고 있다고 말하기 전까지는 스미스 선장도 마찬가지였다.

타이타닉호의 설계자인 토마스 앤드루스(Thomas Andrews)는 거의 완벽에 가까운 이 정기선에 혹 개선할 부분이 있는지를 살피면서 배의 특별실에 있었다. 손상 정도를 알아보기 위해 선장과 함께 나선 그는 배의 설계자답게 빙산으로 인한 타격을 힐끗 보는 것만으로도 선체에 난 구멍들이 치명적이라는 것을 곧바로 인식했다. 그는 배가 2시간 이내에 가라앉을 것이며, 그것을 막을 아무런 방법이 없다고 말했다.

곧장 무선실로 돌아간 스미스 선장은 필립스에게 조난신호를 보내라고 명했다. 충실한 마르코니 통신원인 그는 오랫동안 공식적인 국제 조난신호로 확립되어 온 'SOS'가 아닌 'CQD'를 보냈다. 가장 가까이 있던 정기선 캘리포니안호는 통신원이 잠들어 메시지를 접수하지 못했지만, 케이프 레이스 기지국과 근방의 배들은 그 메시지를 거의 동시에 접수했다.

카르파티아호에 타고 있던 코탐 역시 그 메시지를 놓쳤다. 하지만 그가 헤드폰을 다시 끼고 응답이 없는 케이프 코드 메시지들에 관한 소식 때문에 필립스를 호출하려고 애썼을 때, 그는 즉시 응답신호를 받았다. "즉시 오라. 우리는 가라앉고 있다." 코탐은 그의 귀를 믿을 수 없었다. 그는 응답했다. "무슨 일이야? 내가 선장에게 말해야 할까?" 필립스의 대답은 그를 깜짝 놀라게 했다. "그래. 이 친구야, 이것은 조난신호야. 우리는 빙산에 부딪쳐 가라앉고 있어." 필립스는 타이타닉호의 대략적인 경도와 위도를 알려주었다.

승무원들이 '전기불꽃'이라는 애칭을 붙여준 카르파티아호 선장 헨리 로스트론(Henry Rostron)은 새벽 12시 35분 선실에서 잠이 깨었을 때, 그의 명성에 부끄럽지 않게 행동했다. 카르파티아호는 즉시 방향을 돌려 필립스가 코탐에게 알려준 지점을 향해 항해를 시작했다. 필립스는 계속 모스 조난신호를 보내고 있었다. 로스트론 선장은 그들이 가능한 한 빨리 가고 있으며 사고 현장에 도달하는 데는 아마도 4시간이 걸릴 것이라는 메시지를 타이타닉호에 보내라고 코탐에게 말했다. 그리고 고급 항해사들을 소집하여 구조준비를 갖추도록 명령하고, 1등 기관사에게는 빠른 속력 때문에 서서히 한계에 이르고 있는 엔진들을 위해 난방을 줄여 모든 전력을 비축할 것을 명했다.

철로 된 육중한 선체가 부르르 떨렸고, 활활 타오르던 화덕의 불이 가라앉았다. 승선해 있는 세 명의 의사에게는 타이타닉호의 1등과 2등, 그리고 3등 선객들을 책임지라는 특별 임무가 맡겨졌다. 뜨거운 음료가 준비되고, 여객선의 사교실은 회복실로 바뀌었다. 카르파티아호가 끊임없이 빙산들을 경계하면서 밤의 어둠을 뚫고 나아갈 때, 구명보트들이 채비를 갖추었다. 그들은 빙산들을 많이 만났지만, 로스트론 선장은 큰소리로 경고를 보내고 지그재그 항로를 택하면서 최대속도에 가깝게 달렸다.

타이타닉호 무선실에 있던 필립스와 브라이드는 여전히 쾌활하고 낙관적이었다. 필립스는 무선통신 범위 안에 있는 모든 배에 'CQD'

1912년 4월 15일 타이타닉호가 잠기기 시작했을 때, 마르코니 통신원들은 이 충격적인 소식을 대서양 너머로 중계했다. 이 메시지는 버지니안호에서 타이타닉호와 가장 가까이 있었던 캘리포니안호로 전달되었으나 소용없었다. 타이타닉호가 잠긴 지 거의 두 시간 후인 오전 4시에 메시지를 보냈지만 잠들어 있던 캘리포니안호의 무선통신원은 신호를 받지 못했다.

를 계속 보냈으며, 이따금 거의 농담조로 'SOS'도 보냈다. 나중에 브라이드가 한 말에 따르면, 'SOS'는 독일에서 맨 처음 시작된 공식적인 국제 조난신호였기 때문에 그들이 무시했지만, 필립스는 'SOS'를 시험해볼 마지막 기회가 될지 모른다고 생각했다고 한다. 그들은 맨 처음의 'SOS'를 자매선인 올림픽호에 보냈는데, 그 배는 사우샘프턴으로 가는 길이었고 500마일 떨어져 있었다.

이따금 필립스는 갑판 위로 나와서 무슨 일이 벌어지고 있는지 살펴보았다. 타이타닉호가 가라앉고 있다는 것은 분명했다. 오전 1시 30분 직전에, 그는 여자들과 아이들이 구명보트로 옮겨지고 있다는 메시지를 보냈다. 몇 분 뒤 그는 배의 기관실이 물속에 잠기고 있다고 보고했다. 그들의 조난신호가 몇 분 동안 침묵 속에 빠져들었을 때, 한 승무원이 무선통신실로 들어와서 필립스의 구명조끼를 잡아떼어 빼앗으려 했다. 브라이드는 그 남자를 붙들었고, 필립스는 주먹으로 일격을 가하여 그를 기절시켰다.

타이타닉호의 전력이 약해지기 시작했을 때, 카르파티아호는 타이타닉호와 연락이 끊겼다. 기관실 보일러까지 물이 가득 찼다는 마지막 메시지가 코탐에게 온 것은 오전 1시 45분경이었다. 스미스 선장은 무선실로 머리를 들이밀고 다른 일을 할 겨를이 없으니 대피하라고 했다. 하지만 필립스와 브라이드는 모든 전력이 꺼질 때까지 계속해서 신호를 보낸 다음에야 갑판을 향해 돌진했다. 오전 2시 17분, 타이타닉호는 막 침몰하려고 했다. 브라이드가 맨 처음으로 뛰어올랐고, 뒤집혀진 구명보트에 가까스로 매달렸다. 필립스가 뛰어올랐지만, 브라이드는 그가 어디에 탔는지 보지 못했다.

오전 2시 45분, 카르파티아호에서 망을 보던 사람들은 멀리서 초록불빛이라고 생각한 것을 보았고 정기선은 그 불빛을 향해 나아갔다.

그러나 50분 뒤에도 그들은 배의 징후나 구명보트들을 전혀 보지 못했다. 오전 4시 무렵 새벽이 밝아오기 시작했다. 로스트론 선장은 끔찍한 재앙의 현장에 가까이 있음을 확신했기 때문에 카르파티아호의 엔진을 멈추게 했다. 또 다른 초록불빛이 솟아올랐다. 그들은 첫 구명보트가 바로 100야드 떨어진 곳에 있는 것을 보았다.

로스트론 선장은 바다를 휘젓기 시작한 바람을 피해 배를 조심스럽게 구명보트에 대야 했다. 그러나 그 일은 빙산의 거대한 빙원 한복판에 있었기 때문에 결코 쉽지 않았다. 카르파티아호에 옮겨진 25명의 생존자 중에는 타이타닉호의 4등 항해사인 조셉 박스올(Joseph Boxall)도 포함되어 있었는데, 그는 로스트론이 두려워하던 것을 확인해주었다. 타이타닉호는 오전 2시 30분 시야에서 완전히 사라졌다.

카르파티아호가 700명이 약간 넘는 생존자를 발견하고 구조하는 데 6시간이 걸렸다.* 카르파티아호에 옮겨진 사람들 중 일부는 무방비 상태로 죽음에 노출되어 있었는데, 그중에는 필립스도 있었다. 브라이드는 가까스로 목숨을 지탱하고 있었다. 그는 뒤집힌 구명보트 위에 누운 채로 여러 시간을 보냈다. 한 의사가 차가운 물 때문에 꽁꽁 얼어붙은 그의 두 발에 붕대를 감았다. 막 잠이 들려고 하다가 맨 처음 'CQD'가 그에게 보내졌을 때 삼싹 놀라 갑판으로 뛰어갔던 코탐은 8시간 30분이 지난 뒤에도 여전히 모스부호기를 잡고 있었다. 그는 기진맥진했지만 여전히 해야 할 일이 있었다.

더 이상 생존자가 없다는 것을 확인한 로스트론 선장은 구조하러

---

* 승선한 사람의 정확한 숫자를 모르기 때문에 타이타닉호의 생존자에 관한 일치된 숫자는 없다. 701명에서 713명 사이일 것으로 추정된다. 최근의 한 평가에 따르면 전체 승객 1316명 가운데 498명이 살아남았고, 전체 승무원 913명 가운데 215명이 살아남아 생존자의 전체 숫자는 713명이 된다.

오는 다른 배들에게 올 필요가 없다는 메시지를 보내달라고 코탐에게 말했다. 새벽의 눈부신 햇빛 속에 놀라운 광경을 드러내는 빙산들 사이에서 까딱까딱 흔들리며 카르파티아호는 이제 사망자 수색이라는 험한 일을 떠맡았다. 한 항해사는 물 위로 150~200피트 솟아 있는 빙산들이 최소한 25개 이상 있다는 것을 알았으며, 그보다 작은 규모의 다른 빙산들이 도처에 있음을 보았다.

로스트론 선장은 어떻게 사태를 수습할 것인지 숙고했다. 방향을 돌려 재난의 현장까지 500마일을 달려온 올림픽호에 생존자들을 옮겨 싣자는 제안도 있었다. 하지만 로스트론은 작은 배에 생존자들을 태우고 빙산들 속에서 노를 저으며 그들을 옮긴다는 것은 정신적 충격을 주리라고 느꼈다. 카르파티아호는 평평한 큰 부빙(浮氷) 바깥쪽으로 조심스럽게 나아가기 시작하면서 뉴욕으로 향했다.

타이타닉호로 절정에 달한 명성

타이타닉호에 닥친 재앙을 보고하는 코탐의 첫번째 메시지들은 올림픽호에 있는 훨씬 더 강력한 무선송신기를 경유하여 해안기지국들로 중계되어야만 했다. 결코 '가라앉을 수 없는' 타이타닉호의 갑작스러운 비극적 운명에 관한 소식은 전세계를 깊은 절망에 빠뜨렸다.

하지만 코탐은 허탈감에 빠졌음에도 가장 꾸밈없는 세부사항들만을 보고할 수 있었다. 올림픽호 무선통신원들이 그가 뉴욕에 말하고 싶은 게 있는지 물었을 때, 그는 모스부호로 이렇게 쳐서 보냈다. "나는 어제 오후 5시 30분 이후 아무것도 먹지 않았다." 생존자들의 명단이 작성되었고, 코탐은 그들의 이름을 송신하기 시작했다. 하지만 밤이 되었을 때는 너무도 기진맥진해서 가까스로 모스부호기를 누를 수 있었다.

두 항해사가 로스트론 선장에게 코탐이 "이상하게 행동하고 있다"고 보고했다. 로스트론은 브라이드에게 코탐이 약간의 잠을 잘 수 있도록 근무교대를 할 수 있는지 물었다. 두 발에 붕대를 칭칭 감은 채 무선통신실로 옮겨진 브라이드는 다시 한번 모스부호기를 두드리기 시작했다. 코탐과 마찬가지로, 그 역시 오직 '재난과 관련된 메시지들' 만 보내도록 지시받았다. 브라이드와 코탐은 그 지시가 생존자들의 긴 명단에만 집중해야 하고, 그 비극의 상세한 점에 관한 신문들의 질문은 거절해야 한다는 의미라고 받아들였다. 오랜 세월 동안 세상을 떠들썩하게 할 사건에 관해 카르파티아호가 굳게 침묵을 지킨 것은 미국 언론계를 화나게 했다. 그리고 브라이드와 코탐은 뉴욕에 도착해 기사를 독점적으로 팔아먹을 수 있도록 입을 굳게 다물라는 지시를 받았다는 소문이 떠돌기 시작했다.

뉴스에 대한 요구가 너무도 긴박했다. 미국 대통령 윌리엄 태프트는 카르파티아호가 뉴욕에 도착하기에 앞서 정보를 모으려고 두 척의 미 해군 정찰순양함을 파견했다. 그러나 마르코니 회사 소속인 브라이드와 코탐은 해군 통신원의 요구를 거절했고, 모스부호를 보낼 때 서로 다른 부류에 속한다고 생각했다. 문제를 더욱 혼란스럽게 만든 것은, 당시 미국의 모스부호는 마르코니 무선통신원들이 사용하던 대륙식과 다르다는 것이었다. 예를 들어, 마르코니 모스부호에서 글자 'O'를 나타내는 세 개의 선은 미국 모스부호에서 숫자 '5'로 표기되었고, 그래서 오대호 등지에서는 'SOS' 신호가 'S5S'로 사용됐다.

브라이드는 나중에 《뉴욕 타임스》 기자에게 이렇게 말했다. "정찰순양함에 타고 있던 해군 무선통신원들은 큰 골칫거리였다. 만일 그들이 봉급만큼의 밥값을 하기를 기대한다면, 대륙식 모스를 배우고 그것을 빨리 치는 법을 익히라고 충고하고 싶다." 그는 해군 무선통신원들이 "크리스마스가 다가오는 것만큼 느렸다"고 말했다.

타이타닉호의 운명에 관한 최초의 보도들과 관련해 좌절과 혼란을 가중시킨 것은, 필립스가 보낸 'CQD'가 다른 배들이 보낸 무선 메시지들과 엇갈려서 뒤범벅이 되었다는 것이다. 어떻게 된 일인지 신문들은 손상을 입은 정기선이 노바스코샤 항구도시 핼리팩스로 견인되고 있으며, 모든 승객이 안전하다는 이야기를 전했다. 이 참혹한 희망이 도대체 어떻게 발생했는지는 결코 밝혀지지 않았다. 의혹의 눈길은 미국 동부해안의 다락방에서 숨 막히게 펼쳐지는 드라마를 청취하고 있던 수백 명의 아마추어 무선사들에게 쏠렸다. 미국 마르코니 무선통신원들의 태도에 관해서도 질문들이 쏟아질 것이었다.

하지만 마르코니 자신은 타이타닉호 생존자들의 구세주로 인정을 받았다. 카르파티아호가 아직도 이틀 동안 항해할 거리만큼 뉴욕과 떨어져 있었을 때, 그는 오브라이언에게 편지를 썼다.

"모든 사람이 무선에 몹시 고마워하는 것처럼 보인다오. 내가 뉴욕을 돌아다니기만 하면 사람들이 몰려들어 환호할 게 틀림없는데, 이탈리아에서 그랬던 것보다도 더할 것이오."

대중의 관심이 워낙 커서 마르코니는 카르파티아호가 4월 18일 저녁 도착했을 때, 그 배를 맞으러 쿠나드 부두로 내려가는 것을 꺼려했다. 대신 그는 미국 마르코니 회사 사장인 보텀리의 집에서 식사했다. 그러나 《뉴욕 타임스》는 그를 가만히 내버려두지 않았다. 한 기자가 오후 10시 30분 서부 132번가 254번지에 있는 보텀리의 집 문을 두드려, 브라이드와 코탐을 인터뷰하기 위한 서면 허락을 요청했다.

마르코니가 그 기자와 함께 가기로 결정하고 그들은 14번가로 내려가는 고가철도를 탔다. 한 무리의 군중이 걱정스러운 표정으로 기차 바깥에 우글거렸다. 기다리고 있던 택시 한 대가 그들을 쿠나드 부두로 데려갔는데, 그곳에는 카르파티아호를 맞이하기 위해 이미 수천 명의 군중이 모여 있었다. 사람들은 난리법석 속에 마르코니를 알아보지 못했다. 그는 배에 오르기 전에 경찰들에게 자신의 행선지를 밝혀야 했고, 모든 생존자를 이동시킬 때까지 기다렸다가 무선통신실로 갔다. 그와 동행했던 《타임스》 기자는 모든 감정의 조각들을 쥐어짜면서 그날의 장면을 다음과 같이 묘사했다.

그는 거의 달려가듯 앞으로 나와 자그마한 선실 문 뒤로 돌아갔다. 등불 하나가 그 안에서 타고 있었다. 한 젊은이의 등이 보였고, 두 개의 놋쇠바늘 사이에서 푸른 불꽃이 그칠 새 없이 타올랐다. 젊은이는 계속 모스부호기를 두드리면서 서서히 머리를 돌렸다. 머리카락은 길고 검었으며 어스름 속의 두 눈은 유난히 컸다. 얼굴은 작고 다소 기품 있는 모습이었다.

그는 맨 처음 비극의 순간부터 전혀 휴식을 갖지 못한 게 분명했다. 마르코니는 젊은이의 동작이 멈추기를 바라면서, "젊은이, 지금 보내는 것은 거의 가치가 없어" 하고 말했다. "하지만 이 가련한 사람들은 자기들의 메시지가 가기를 기대하고 있지." 브라이드는 마르코니의 얼굴을 알아챘으며, 그의 손이 쭉 뻗어 있는 것을 보았다. 전에 그를 본 적이 없었지만 그는 무선 시스템을 발견한 그 사람을 알아보았다. 그는 마르코니와 무선 장비 위에 걸린 한 작은 사진을 번갈아 힐끗 보았는데 그것은 바로 마르코니의 사진이었다.

그들은 오랫동안 악수를 나누었고 아무 말도 하지 않았다. 젊은이의 얼굴에 점차 흥분한 표정이 감돌았다. 오랜 일에서 오는 긴장감이 막 풀리고 있었고, 그는 미소를 지었다. "마르코니 씨, 당신도 알다시피 필립스는 죽었습니다." 그의 맨 처음 말이었다. 마르코니는 통신원에게 그의 발이 어떤지 물었다. 두 발 모두 붕대를 감은 채, 그는 침대의 가장자리에 걸터앉아 일하고 있었다. 그의 옆에 놓인 음식접시로 보아, 그는 거의 먹지도 않았다. "타이타닉호가 가라앉은 밤 이래 나는 줄곧 선실 안에만 있었습니다" 하고 그는 말했다.

마르코니가 그 재앙 이야기를 듣고 있는 동안, 브라이드를 병원으로 데려가기 위해 구급차 한 대가 도착했다. 4월 19일 《뉴욕 타임스》의 한 사설은 이렇게 썼다.

"만일 마르코니가 가장 겸손한 사람 중 하나가 아니라면, 목요일 밤에 쿠나드 부두로 내려가 타이타닉호의 생존자 수백 명이 카르파티아호를 떠나는 것을 보았을 때, 그는 자신이 틀림없이 느꼈을 감정들에 관해 뭔가를 말했을 것이다. 생존자 한 사람 한 사람은 과학자로서의 그의 지식과 발명가로서의 그의 천재성 덕분에 목숨을 구할 수 있었다."

미국인들은 입에 침이 마르도록 무선전신을 찬양했으나, 무선전신

마르코니는 타이타닉호 재난의 영웅으로 세상에 알려졌다. 배에 그의 발명품이 없었고 무선 구조신호가 보내지지 않았다면, 배의 운명은 불가사의로 남았을 것이고 생존자도 없었을 것이다. 많은 사람은 구명정이 부족해서 죽어갔다. 이 만평에서 마르코니는, 구명정만 준다면 '언제든 당신을 이길 수 있다'고 바다의 신 넵튠에게 말하고 있다.

이 미국에서 발전된 방식에 관해서는 몹시 못마땅해 했다. 타이타닉호의 비극에서 무선이 펼쳤던 눈부신 활약은 대중의 상상력을 사로잡았다. 미국의 마르코니 주식도 덩달아 폭등했다. 그런데 이것은 무선이 본질적으로 한 외국회사에 의해 통제되고 있음을 강조하는 데 기여했을 뿐이다. 그리고 일부 미국 마르코니 통신원들은 브라이드와 코탐이 카르파티아호로부터 세부사항들을 제공받았을지도 모르는데, 그 이야기를 숨기도록 그들을 부추겼다는 이유로 기소되었다.

《뉴욕 헤럴드》는 미국 마르코니 회사의 1등 기관사인 새미스(W. T. Sammis)가 카르파티아호에 승선한 통신원들에게 보낸 세 개의 마르코니 무선전신을 발견했다. "입 다물어. 이야기를 억제해. 너에게 큰돈이 될 거야." "만일 네가 현명하다면 이야기를 숨겨라. 마르코니 회사가 너를 돌봐 줄 거야." 그리고 세번째 무선전신의 내용은 《뉴욕 헤럴드》와 많은 정치인들이 부당한 보도금지라고 간주한 것을 마르코니가 직접 지시한 것처럼 암시했다. "멈춰. 아무것도 말하지 마. 수천 달러의 돈을 위해 너의 이야기를 억제하라. 마르코니도 동의했어. 그분은 너를 부두에서 만날 거야."

새미스는 카르파티아호가 뉴욕에 입항할 때가 되어서야 비로소 자기가 그 메시지들을 보냈음을 인정했지만, 마르코니는 이에 개입하지 않았다고 밝혔다. 실제로 브라이드와 코탐은 그들의 독점기사를 각각 1000달러와 750달러를 받고 《뉴욕 타임스》에 팔았는데, 1년에 360달러 정도 수입을 올리던 젊은이들에게는 거금이었다.

이런 일이 있고도 미국인들은 마르코니 통신원들을 존경받는 손님들로 대접했다. 리퍼블릭호 통신원 빈스에게 그랬듯이 대부분 신문들은 브라이드를 영웅으로 간주했고, 미국과 그의 조국 영국에서는 바다에 묻힌 필립스를 기념하는 상(像)을 만들었다. 무선은 타이타닉호에 탄 700명 이상의 승객을 구한 것이다.

하지만 그 호화여객선이 빙산에 부딪쳤다는 소식에 뒤따랐던 정신적 공황과 3일 동안 혼란스럽던 공중파의 속삭임은, 마침내 미국정부로 하여금 이 새로운 기술을 통제하게 만들었다. 상원청문회는 1500명 이상의 목숨을 앗아간 재앙의 원인을 확실히 확증하려고 타이타닉호의 선주들을 심하게 다루었다. 마르코니 자신도 그의 미국 통신원들과 경영자들의 행동을 설명하고 정당화하도록 요청받았다. 그러나 실제적인 희생양은 미국 아마추어 무선사들이었다. 그들 중에는 십대 소년들이 많았는데, 4월 14일 밤에 실제로 일어난 일을 둘러싸고 벌어진 한바탕의 혼란에 대한 책임이 대부분 그들에게 전가되었다.

1909년 이후 미국 상원에는 아마추어들을 규제하기 위한 개별적인 법률안이 제출되었다. 열두 살밖에 안 된 어린 소년들이 그러한 제안들 중 일부에 반대론을 폈다. 미국 마르코니 회사는 수신기 동조에 정면으로 대처하지 않았던 해군과 경쟁회사들의 솜씨가 실제적 문제였다고 강력하게 주장하면서 소년들을 앞장서 옹호했다. 마르코니 회사가 사업을 확장해서 점점 더 많은 통신원들을 고용하게 될 때, 그들 자신의 장비를 나름대로 구축했던 소년들은 그 회사의 잠재적인 신입사원들이기도 했다. 결국 타이타닉호가 침몰한 후에 혼란을 야기하는 메시지를 보낸 아마추어는 전혀 발견되지 않았다. 그러나 마르코니 회사는 정치적 압력에 굴복해 아마추어들을 규제하는 데 더 이상 반대하지 않았다.

재난이 일어난 지 몇 달 지나지 않아서, 미국의 모든 아마추어 무선사들은 새로 발급되는 면허증 가운데 하나를 취득하려면 먼저 시험에 합격해야 했다. 그들은 대륙식 모스부호에 관한 지식을 검증받았고, 작은 기지국을 분해하고 재조립할 수 있다는 것을 보여주어야 했다. 많은 아마추어 무선사들이 자중하고 세간의 눈을 피했으며, 귀찮게 면허증을 신청하려고 하지 않았다. 물론 면허증을 신청한 사람 중 대다수는 쉽게 시험에 합격했으며, 시험관들이 미 해군에서 차출되었다는 것을 즐겼다. 그들은 미 해군 무선통신원들을 아무짝에도 쓸모없는 웃음거리로 간주했다.

아마추어 무선사들에게는 200미터 혹은 그 미만의 비교적 짧은 파장만 허용되었는데, 이렇게 하면 그들이 장거리 메시지를 보낼 수 없으리라고 생각했기 때문이었다. 강력한 송신기들과 거대한 무선 안테나들이 발생시킨 매우 긴 파장만이 수백 마일 혹은 수천 마일 이상에서 송수신이 가능하다는 인식은 바로 마르코니 때문에 생긴 것이었다.

헤르츠가 자신의 실험실에서 발생시킨 것과 같은 단파들은, 마르코니가 이해하지 못한 이유들 때문에 짧은 거리만을 이동하는 것처럼 보였다. 이것은 무선이 어떻게 작동하는지 제대로 이해하지 못한 데서 생긴 근본적인 잘못이었으나, 장파 분야에서 마르코니가 거둔 초기의 성공들에 의해 보다 강화되었다. 하지만 모든 파장의 무선신호들이 초고층 대기 중의 유도층(conducting layer)으로부터 지상으로 반사된다는 것을 일단 이해하게 되자, 거리를 위해 장파에만 의존한다는 생각은 포기할 수밖에 없었다.

마르코니는 자신의 잘못을 솔직히 인정했는데, 그는 제1차 세계대전 동안 초단파 실험을 하면서 이 잘못을 발견했다. 그러나 1912년 무렵에는 장거리 무선통신에서 단파의 잠재력이 알려져 있지 않았다. 따라서 미국정부는 200미터 혹은 그 미만의 파장만 아마추어 무선사들에게 허용한다면 그들의 열광을 식힐 수 있을 것이고, 그러면 상업적으로나 군사적으로 중요한 사업을 위해 선명한 전파를 갖게 되리라고 믿었다.

아마추어 무선사들은 규제에 얽힌 이런 사정을 속속들이 알게 되었다. 하지만 무선전신의 초기 역사에서 타이타닉호가 불러일으킨 정신적 충격은 하나의 전환점이었다. 마르코니의 명성은 절정에 있었고 그의 회사들은 전파를 지배하고 있었다. 그러나 미국에서는 정부의 엄격한 규제라는 유령이 불길한 모습을 드러내고 있었다. 흥분을 자아내던 초기의 개척 시절은 끝났다. 이후로도 여러 해 동안 마르코니와 그의 기술자들은 무선전신 기술을 개발하고 발전시켰지만, 그 분야에서 오랫동안 선두를 지키지는 못했다. 그것은 그들이 미국에서 벌어지는 일을 알아차리는 데 실패했기 때문만은 아니었다.

　당시 미국에서는 불꽃 방전 송신기가 음성을 송신할 수 있는 고속 교류발전기로 교체되고 있었으며, 디 포리스트의 오디온(초기 형태의 3극 진공관)을 향상시킨 장비들이 각광받는 수신기로 채택되고 있었다. 타이타닉호 구조에서 극적으로 증명되었듯이, 1912년까지는 충분한 시험을 거친 기술에 매달리는 회사 정책이 좋은 성과를 거두었다. 그리고 마르코니 회사는 특허권들을 활발히 시행해서 경쟁사들을 물리쳤다. 그러나 마르코니 회사는 새로운 무선기술에 관해서는 아무런 권리도 없어서 그 기술에 대한 권리를 사들임으로써만 그것과 보조를 맞출 수 있었다. 마르코니 회사는 그렇게 하려는 의지와 자금을 가지고 있었지만, 역사는 더 이상 마르코니의 편이 아니었다.

　1912년 가을 무렵에는 그의 운이 다하고 있다는 것이 분명해졌다.

자동차 사고와 또 한번의 행운

타이타닉호 구조라는 흥분이 가라앉은 후 마르코니는 피사와 콜타노에 있는 무선기지국들을 점검하러 갔다. 그는 결혼생활을 걱정하는 가족들과 친구들의 충고를 수용해 오브라이언과 동행했다. 늘 그랬듯이 이탈리아에서는 그를 위한 축하연이 열렸다. 비토리오 에마누엘레 왕과 엘레나 왕비는 콜타노를 방문했으며 그들을 피사 근처 산로소르에 있는 전원주택으로 초대했다. 오브라이언은 이탈리아어를 다시 공부했지만, 이탈리아의 왕족들은 대부분의 시간에 프랑스어로 말한다는 것을 알고 몹시 실망했다. 그러나 그녀는 엘레나 왕비의 귀부인으로 임명되는 영예를 누렸다.

9월 25일, 마르코니 부부는 갓 출시된 이탈리아 자동차 피아트를 타고 제노바로 향했다. 마르코니가 핸들을 잡고 오브라이언은 앞좌석에 탔으며 고용 운전사와 비서는 뒷좌석에 탔다. 그는 제노바에서 배를 타고 미국으로 돌아갈 예정이었다. 그런데 급커브 길에서 그들의 차가 다른 자동차와 정면으로 충돌했다. 피아트는 산산이 부서졌다.

마르코니 회사의 잡지 《마르코니오그라프Marconiograph》는 그날의 사고를 다음과 같이 보도했다.

"라스페치아 근처 포세에서 사고가 일어났을 때 마르코니는 미국으로 가는 길이었다. 그가 탄 자동차는 적당한 속도로 달려가고 있었지만, 그의 차와 충돌한 차는 과속으로 달리고 있었다. 이탈리아에서 일어나는 자동차 사고들의 한 가지 원인은 운전사들이 도로규칙을 지키는 데 매우 부주의하다는 것이다. 그들은 장소를 가리지 않고 달린다. 마부(馬夫)와 자가용 운전사들 모두 마치 도로규칙이 전혀 존재하지 않는 것처럼 행동한다."

마르코니를 제외한 다른 사람들은 경상을 입는 데 그쳤다. 충돌한 자동차는 피아트 위로 말려 올라갔다. 이 충격으로 마르코니는 오른쪽 머리에 큰 부상을 당했고, 지방의 한 해군장교의 자동차가 응급조치를 위해 그를 병원으로 데려갔다. 처음에는 다행히 그가 큰 부상을 모면한 걸로 생각되었다. 그러나 의사들은 그의 오른쪽 눈이 심하게 손상되었고 회복될 수 없다는 것을 발견했다. 교감신경계의 손상으로부터 멀쩡한 왼쪽 눈을 보호하기 위해 그는 토리노의 한 진료소에서 오른쪽 눈을 제거했다.

마르코니는 며칠 동안 유리로 만든 임시 의안을 꼈다. 그러나 그는 바로 최선을 원했기 때문에 연로한 루이지 루비(Luigi Rubbi) 교수에게 치료를 받으려고 베니스로 여행했다. 루비는 원래의 눈 색깔뿐만 아니라 미세혈관까지 재생하여 의안을 가장 숙련되게 만들고 고정시키는 사람으로 인정받고 있었다. 루비가 정성을 들여 의안을 만든 후 마르코니가 그 눈에 적응하는 데는 일주일 정도 걸렸다. 그의 새로운 눈은 의치처럼 매일 밤 빼서 세척할 수 있었다. 마르코니의 딸 데냐는 훗날 "나는 아버지가 의안을 끼고 있다는 것을 한참이 지난 뒤에야 비로소 알았다"고 썼다. 이는 루비 교수의 빼어난 기술을 보여주지만 마르코니가 자녀들과 보낸 시간이 얼마나 적었는지를 증언하는 말이기도 했다.

마르코니에 대한 이탈리아 대중의 칭송은 시들 줄 몰랐다. 1912년 11월, 베니스에서 건강을 되찾고 있던 동안 그는 아내와 함께 로시니 오페라 극장으로 공연을 보러 갔다. 《마르코니오그라프》는 당시 광경을 이렇게 전하고 있다. "그의 존재를 알아채자마자 참석한 사람들 모두 일어나서 환호하였다. 여성들은 그들의 손수건을 흔들었다. 세 차례나 열렬한 환영을 받은 마르코니는 자리에서 일어나 사람들에게 허리 굽혀 인사했다."

마르코니가 젊은 시절 지녔던 신중함과 수줍음을 떨쳐버리고 무선전신의 미래에 관한 몇몇 투박하고 거친 예언들을 한 것처럼 보이는 것은 바로 이 무렵이었다. 그는 《테크니컬 월드 *Technical World*》와의 인터뷰에서 다음과 같이 말한 것으로 보도되었다.

향후 두 세대 이내에 우리는 무선전신과 무선전화뿐만 아니라 개인적, 기업적 용도를 위한 매우 강력한 무선송신, 무선난방과 무선조명, 무선을 이용한 전답의 비옥화도 아울러 갖게 될 것입니다. 이 모든 것이 성취될 때, 인류는 현재의 경제적 조건들로 말미암은 부담들 중 많은 것으로부터 자유롭게 될 것입니다. 무선의 시대에 정부는 불가피하게 모든 힘의 원천을 소유하게 될 것입니다. 즉 자연스럽게 철도, 전신과 전화선, 대양을 오가는 커다란 배들, 그리고 거대한 제분소와 공장들을 국유화할 것입니다. 현재의 거대기업들은 사라질 것이며, 반(半)사회주의 국가가 될 것입니다.

나는 개인적으로 사회주의자가 아닙니다. 나는 일체의 정치적 선전을 별로 믿지 않습니다. 그러나 나는 사회주의자들이 현재 꿈꾸는 대부분의 것들을 실현시키는 국가가 발명의 진보를 통해 탄생할 것이라고 굳게 믿습니다. 무선시대의 도래로 전쟁은 불가능하게 될 것입니다. 왜냐하면 무선은 전쟁을 우스꽝스럽게 만들 것이기 때문입니다. 발명가는 세상에서 가장 위대한 혁명가입니다.

1912년 10월에 출판된 이 인터뷰는 마르코니의 사고가 실용주의에서 공상가로 옮겨가는 것을 보여준다. 이때부터 그는 계속해서 정치, 즉 그가 그냥 내버려두고 간섭하지 않는 게 훨씬 더 좋았을 주제에 점점 더 말려들게 되었다.

이듬해 그가 런던으로 돌아왔을 때 신문들은 '마르코니 스캔들' 이야기로 떠들썩했다. 아이작스와 마르코니는 타이타닉호 사고 전에 뉴욕과 런던의 증권거래소가 발행하거나 미국의 일류 회사들에게 팔린 대량의 주식을 성공적으로 발행함으로써, 미국회사를 위한 자본을 조달할 수 있었다.

마르코니 자신도 1만 주를 얻었다. 10만 주를 가진 아이작스는 그 중 일부를 자기 식구들에게 팔았다. 그에게는 과일 무역상이었던 해리, 그리고 애스퀴스의 자유당 내각에서 법무장관이 될 만큼 변호사로서 고속승진을 한 루퍼스 등 여덟 형제가 있었다. 아이작스는 그들과 함께 사보이에서 점심식사를 하며 매우 유리한 가격으로 미국 마르코니 주식의 매입을 제의했다. 해리는 5만 주를 손에 넣었고, 6000주는 다른 가족들에게 분배하려고 취득했다. 당시 루퍼스는 한 주도 사지 않았지만, 해리가 그를 설득하여 1만 주를 사게 했다. 이후 루퍼스는 재무부의 대법관인 로이드 조지, 그리고 자유당 원내총무인 머레이 경에게 각각 1000주씩 양도했다.

연합당과 보수당이 이러한 낌새를 알아채고 부패를 고발했다. 아이작스 형제들이 미국 마르코니 주식을 나누어주던 시기에, 영국 마르코니 회사는 제국무선계획(Imperial Wireless Scheme)을 만들어 정부와의 계약을 거의 성사시키고 있었다. 대영제국 전체가 마르코니 회사가 세우고 운영하는 일련의 무선기지국들에 의해 연결될 것이며, 그렇게 된다면 마르코니 회사는 엄청난 이익을 얻을 것이었다.

1912년 7월, 계약은 성사되었으나 의회의 승인을 얻어야만 했다. 루퍼스는 잠재적으로 돈벌이가 되는 약간의 마르코니 주식을 가지고 정부에 아첨하고 있었던 것인가? 조지와 머레이 경은 어떤 마르코니 주식도 사지 않았다고 했다가, 나중에 미국의 자회사로부터 주식을 받았다고 시인함으로써 부정의혹을 고조시켰다. 조사는 1913년까지 질질 끌었고 마르코니는 비록 자신이 관련되지는 않았지만 자기 이름이 먹칠당하고 있다고 느꼈다. 이 사건에 연루된 정부관료들이 부적절한 처신을 했다는 게 중론이었음에도 자유당 당원들이 득실거리는 의회특별위원회는 그들에게서 직권을 남용한 위법행위의 혐의를 풀었다. 제국무선계획은 1913년 종말을 향해 치닫기 시작했다.

찬사를 받는 데 익숙했던 마르코니는 이 스캔들로 동요했다. 그에게 필요한 것은 해상에서의 또 나른 엉웅적인 무선구조였다. 무선 경고들이 효과적으로 이용되고 있었기 때문에 빙산으로 말미암아 해운업에 제기되는 위험은 훨씬 감소하고 있었다. 하지만 이번에 대서양 한복판에서 공격한 적은 얼음이 아니라 불이었다. 신문들이 아직까지도 '무선의 마술'이라고 부르던 것이 다시 한번 구세주 역할을 했다.

영국 우라늄 증기선 회사를 위해 1906년 글래스고에서 건조된 볼투르노호는 이탈리아 남부의 주요한 강 이름이었다. 주로 이주자들과 화물을 운반하던 그 배가 핼리팩스에서 하루를 머문 후 뉴욕으로의 정기운행을 위해 1913년 10월 2일 네덜란드 로테르담을 떠났을 때, 승선한 500명 이상의 사람 중에 일등실 승객은 고작 22명뿐이었다. 삼등실 갑판 밑에 빽빽이 들어 차 있던 사람들은 대부분 가난한 러시아인, 오스트레일리아인, 크로아티아인, 그리고 동유럽에서 온 사람들이었다. 그들 아래쪽에 있는 짐칸에는 화물이 가득 쌓여 있었는데, 그들은 그것을 밑천으로 미국에서의 새로운 삶을 시작하고자 했다. 볼투르노호에는 사람들만 많았던 게 아니라 포도주를 비롯한 술과 여러 통의 타르, 그리고 다양한 화학물질들도 있었다. 영국인 선장 프랜시스 인치(Francis Inch)의 지휘 아래 있는 96명의 승무원들 대부분은 네덜란드인이었다. 마르코니 무선통신실에 배치된 사람은 존 페닝턴(John Pennington)과 월터 세든(Walter Sedden)이었다.

볼투르노호가 대서양 한복판에 있을 때 북서쪽으로부터 폭풍우가 일었다. 삼등실 승객들은 혼잡한 숙소 안에 몸을 바싹 움츠린 채 비참한 시간을 보냈다. 그나마 맛이 독한 여송연이나 파이프 담배를 한 모금 빠는 것이 약간의 위안이 되었다. 하지만 갑판 아래에서의 흡연은 엄격히 금지되어 있었고, 몰래 피우다가 걸리면 5달러의 벌금을 물어야 했다. 그럼에도 규칙은 언제나 깨지고 있었으며, 승무원이 곁에 오면 벌금을 피하기 위해 파이프의 재를 재빨리 털거나 담배를 갑판 널빤지들 사이에 살짝 감추곤 했다. 삼등실 아래에 쌓아놓은 화물에 불이 붙은 것은 아마 그 불씨 때문이었을 것이다.

10월 9일 이른 아침 볼투르노호가 산더미 같은 파도를 타고 있을 때, 배의 후미진 곳으로부터 연기가 모락모락 올라왔다. 불길은 미처 통제하기 전에 삽시간에 번졌고 화물칸의 타르와 술에 옮겨 붙어 몇 차례의 폭발음과 함께 정기선을 흔들었다.

인치 선장과 선원들이 조사하러 간 사이에 갑판의 승객들은 배가 곧 침몰하리라고 확신하고 볼투르노호의 구명보트 가운데 두 개를 물에 띄웠다. 서로 쟁탈전을 벌이며 구명보트로 뛰어든 모든 사람이 거센 물살에 휩쓸렸다. 일부는 배의 거대한 추진기 밑으로 빨려 들어갔고, 또 다른 사람들은 풍랑에 의해 여객선의 측면에 거세게 부딪쳤다. 폭발로 말미암아 죽은 60명의 승무원과 승객에 더하여, 구명보트로 뛰어든 사람들도 모두 죽었다. 인치 선장은 이 참혹한 비극 현장에서 불을 피해 승객들을 배의 후미로 안내했다. 그들의 유일한 희망은 대서양의 폭풍우 속에 있는 다른 배들의 구조뿐이었다.

마르코니 무선실에서 볼투르노호의 위치를 알리는 조난신호가 전송되었다. "배가 맹렬히 불에 타고 있음. 즉시 와주기 바람." 오전 10시 직후 세든과 페닝턴은 뉴욕에서 리버풀로 항해중인 쿠나드 선박회사 카르마니아호의 마르코니 통신원 몰트비에게서 최대한 빨리 가고 있다는 회신을 받았다.

카르마니아호의 선장 바르는 볼투르노호가 78마일 떨어져 있다고 계산했다. 그는 화부들과 기관사들에게 최대속도인 20노트까지 올리라고 명했다. 그들은 폭풍우를 가르며 항해했다. 다른 배들도 볼투르노호의 조난신호를 듣고 서둘러 방향을 틀었다. 카르마니아호가 'SOS'를 중계했으며, 볼투르노호와 끊임없이 연락을 유지했다. 4시간 뒤 그들은 폭풍우 속에서 무기력하게 표류하고 있는 활활 불타는 배를 보았다.

바르 선장은 배를 옆으로 대고 볼투르노호에 밧줄을 던지려고 애썼다. 그러나 바다가 너무 사나웠기 때문에 자기 배의 안전을 위해 그 시도를 포기해야만 했다. 카르마니아호의 구명보트 가운데 하나를 내렸지만, 2시간 뒤 승무원들은 구조 노력을 포기했다. 불이 폭풍우 속에 맹위를 떨치며 배의 중앙부까지 번졌으므로, 그 어느 배도 볼투르노호에 가까이 갈 수 없었다. 해질 무렵에는 러시아, 독일, 프랑스, 그리고 영국의 배가 아홉 척이나 곁에 있었지만, 그저 물끄러미 바라보면서 폭풍우가 누그러지기를 기다릴 뿐이었다.

바르 선장은 송신범위 안에 있는 모든 유조선들에게 구조에 합류할 것을 호소하는 무선 메시지를 보내라고 명령했다. 이것은 유조선에 실린 화물의 일부를 방출함으로써 바다를 조금이라도 잠잠하게 하려는 것이었다. 영미 석유회사의 유조선 내러갠섯호가 무선으로 회신을 해왔다. 구조선들의 승객과 승무원들은 불길에 사로잡힌 배의 겁먹은 승객들이 지르는 비명을 두려움 속에 지켜보면서, 밤새도록 불침번을 섰다.

무선실에서 절망적인 호소가 왔다. "제발 우리를 도와주세요. 그렇지 않으면 우리는 꼼짝없이 죽어요." 그러나 새벽까지 할 수 있는 일은 아무것도 없었다. 바르 선장은 내러갠섯호에게 좀더 속도를 낼 수 없는지 물었다. 유조선은 계산했던 시간을 1시간이나 단축해 10월 10일 새벽, 마침내 모습을 드러냈다. 그리고 볼투르노호의 바람 불어오는 쪽으로 위치를 잡은 뒤 그곳으로부터 두 줄기의 윤활유를 바다 속으로 방출했다. 그러자 작은 보트들이 볼투르노호에 나아갈 수 있을 만큼 바다가 잔잔해졌다. 불타고 있는 여객선 아래로 이동하기는 여전히 어려웠다.

아침 9시 무렵에는 각각의 구조선들이 생존자들을 배에 태웠다. 독일의 그로세 쿠르퓌스트호는 다른 배보다 많은 67명의 승객과 19명의 승무원을 구해 뉴욕으로 갔다. 19명의 생존자는 레드 스타 라인의 크룬랜드호에 승선하여 뉴욕에 도착했다. 카르마니아호는 볼투르노호에 가까이 접근하기에 너무 커서 11명밖에 싣지 못했다. 유조선 내러갠섯호를 포함한 일곱 척의 다른 배들은 그들이 구조한 사람들을 영국, 프랑스, 그리고 어떤 경우에는 로테르담으로 데려갔다. 부모와 아이들이 아비규환 속에서 생이별했는데, 한참이 지난 뒤에야 그들은 서로의 생사를 알 수 있었다.

타이타닉호 승객들을 구조한 것은 마르코니의 무선을 세상 사람들의 마음속에 각인시켜준 눈부신 성공이었다. 더욱이 그 배가 세계에서 가장 큰 여객선이었고 승객 중에 유명인사들이 많았기 때문에 그 사건은 세상 사람들의 큰 주목을 받았다. 그러나 볼투르노호에 타고 있던 사람들의 구조는 해운회사들과 각국의 해군들에게 해상 기동작전에서 무선의 거대한 잠재력을 입증했다.

카르마니아호에 보낸 최초의 메시지들로부터 파도를 누그러뜨릴 수 있도록 유조선을 요청한 바르 선장에 이르기까지, 모든 작전은 합의된 모스부호 체계와 국적이 서로 다른 배들 사이의 자유로운 통신에 전적으로 의존했다. 볼투르노호에 타고 있던 무선통신원들은 여객선의 전력이 끊긴 후에도 비상장비로 송수신을 계속할 수 있었다.

10월 15일, 볼투르노호 구조를 마르코니 주식 사건의 비열한 일과 비교하면서 런던의 《데일리 텔레그래프 *Daily Telegraph*》는 독자들에게 이렇게 말했다. "그에게 막대한 이익을 아낌없이 주었던 그 나라가 이제 그를 불미스러운 스캔들에 본의 아니게 연루된 자로 몰아가는 데 만족했다. 만일 필요하다면, 국가가 국가 명예의 기준을 회복하는 것이 당연하다. 그러한 승리가 성취될 수 있게 한 마법사에게 영국이 인류의 이름으로 마땅히 감사를 표해도 되는 시간과 기회가 확실히 도래했다."

풍자지인 《펀치 *Punch*》조차도 평상시의 익숙한 냉소주의를 한쪽으로 치우고 영리하고 맵시 있게 보이는 마르코니의 삽화를 실었다. 그 삽화에서 마르코니는 'SOS'라는 제목과 함께 한 배의 무선기지국에 있고, 펀치 자신은 손에 모자를 들고 무선발명가에게 말한다. "선생님, 오늘 많은 사람들이 당신을 축복합니다. 세상이 당신께 더욱 많은 빚을 지게 되었습니다."

노벨상과 수많은 다른 영예에 덧붙여, 마르코니는 조지 5세로부터 최고기사 직위를 받았다. 기사 직위는 1914년 7월 버킹엄궁전에서 수여되었으나 한 달 뒤 마르코니는 영국 땅에서 의심쩍은 외국인이 되었다.

의심쩍은 이탈리아 사람

1914년 8월 5일 영국이 독일에 선전포고를 한 다음날, 케이블을 놓는 영국선박 텔코니아호가 장기적인 탐험을 위해 은밀히 북해로 들어갔다. 그 배는 껍질을 씌운 다섯 개의 전신 케이블을 하나하나 연결하고, 필요한 경우 다시 연결할 수도 있다는 것을 확인한 다음 그것들을 칼로 잘라냈다. 이 케이블들은 독일 엠덴 항구로부터 스페인의 비고, 카나리아 제도의 테네리페, 프랑스 북서해안의 브레스트, 그리고 미국과 아조레스 제도까지 뻗어 있는 독일제국 통신망의 대동맥이었다. 이 다섯 개의 케이블이 고장 나서 활동할 수 없다면, 독일은 제1차 세계대전 내내 무선전신에 의존해야만 할 것이다.

독일인들은 세계에서 가장 강력한 무선기지국을 베를린 외곽 나우엔에 세웠는데, 그것은 미국과 아프리카의 토고처럼 아주 먼 기지국들과도 통신할 수 있었다. 8월 3일 그 기지국으로부터 해상에 있는 모든 독일 배들은 중립 항구로 향하라는 긴급 메시지가 타전되었다. 무선전신은 초창기부터 전쟁의 전술을 변화시켰다. 그리고 전쟁의 요구들은 무선전신 기술이 활용되는 방식에 깊은 영향을 미쳤다.

독일은 해저 케이블 가운데 온전한 것이 거의 없어 무선에 의존하게 되었지만, 영국은 무선을 가지고 무엇을 해야 할지 전혀 확신하지 못했다. 1914년 성급하게 통과된 지역방어법 아래에서 영국이 맨 처음 취한 조치는 외국의 스파이들에게 쓸모 있을지도 모르는 일체의 것을 제거하고 폐쇄하는 것이었다. 갓 임명된 국방부장관 얼 키치너(Earl Kitchener)는 가장 큰 위험이 어디에 있는지 간파하고 있었던 게 틀림없다.

선전포고 직후 잠재적으로 의심스러운 주민들과 해롭지 않다고 간주되는 사람들의 구별을 위해 일련의 사진이 영국 경찰서에 배포되었다. 경찰은 요주의 인물들의 사진을 들고 무장한 채 임무에 착수했다. 그들의 철두철미한 조사는 영국 중부지방, 북서부 공업지대 랭커셔의 작은 마을들에 줄지어 늘어선 연립주택들, 외딴 건물의 구석진 층계 위, 수상한 자들이 숨어 있는 곳으로 알려진 비밀스런 다락방에까지 미쳤다. 경찰이 도착하면 그들의 사냥감은 쏜살같이 달아났다. 그러면 경찰은 다락방 미닫이문의 덜컹거리는 소리로 그들이 돌아왔다는 것을 알 때까지 기다려야 했다.

키치너의 경고는 진지하게 받아들여졌다. 그는 우편배달 비둘기 한 마리라도 이리저리 날아다니는 것을 보고 싶어하지 않았다. 그 비둘기들이 영국해협을 횡단하여 메시지 전달에 사용될 위험이 있었기 때문이다. 의심쩍은 스파이들은 추적을 당했다. '덴마크 사람인 체하는' 한 독일인은 런던 다우티가에 비둘기집을 갖고 있었는데 경찰이 급습해 샅샅이 수색했다.

검푸른 빛이 감도는 길들여진 흑비둘기 혹은 귀소성 있는 비둘기의 재능은 수천 년 동안 알려져 있었다. 조심스럽게 훈련시키기만 하면

이 새들은 수백 마일을 시속 30~60마일의 속도로 쉬지 않고 날아 그들 집의 작은 미닫이문으로 돌아올 수 있었다. 비둘기와 무선전신 모두 지구의 자기장에 의해 어떤 식으로든 영향을 받는다고 생각되었지만, 장거리 무선전신보다 비둘기들이 어떻게 이런 일을 할 수 있는지 이해할 수 없었다. 전쟁이 벌어진 마당에 이론은 거의 무가치했다. 그러나 무선과 날개 달린 메신저는 매우 유용해 보였다.

키치너와 군 당국은 적절히 감독하기만 하면 비둘기 무리가 쓸모 있는 역할을 할 수 있으므로 비둘기 이용을 금지하기보다는 허가를 내주는 게 낫다는 의견에 설득되었다. 마르코니 회사 사장인 아이작스를 무선전신 대표로 하는 '비둘기 전쟁 위원회'가 결성되었다. 전쟁 중에 비둘기를 가지고 있거나 풀어주는 것과 관련된 50만 장 이상의 면허증이 발급되었는데, 노퍽의 샌드링엄에 왕실 비둘기집을 갖고 있던 조지 5세에게도 면허증이 발급되었다.

영국군은 전쟁 초기부터 야전용 휴대통신기, 전신, 그리고 최신식의 무선수신기들 중 일부를 사용함으로써 군의 통신문제를 해결할 수 있다고 생각했다. 그러나 독일과 프랑스 사람들은 이동성 있는 비둘기 떼를 매우 효과적으로 사용함으로써 다른 모든 장비들이 무용지물이 되었을 때 날개 달린 메신저들의 소중한 가치를 드러냈다. 특히 전선이 폭격으로 산산조각 났을 때 그러했다. 영국은 솜 전투 동안 비둘기들을 많이 사용했는데, 9월 어느 날은 전선에서 400개의 메시지를 날려보냈다. 작전을 수행했던 해군중령 오스만(A. H. Osman)은 1929년 《대전 속의 비둘기들 Pigeons in the Great War》이라는 업무보고서에 다음과 같이 썼다.

"무선의 도래와 향상은 많은 업무에서 비둘기들이 하던 일을 중단할 수 있게 했다. 그러나 첩보활동, 비밀업무, 그 외의 많은 중요한 의무들에서는 비둘기들이 결코 다른 것으로 대체되지 않을 것이다. …비둘기 한 마리가 조용히 하늘을 날아간다. 누군가가 비둘기를 이용하고 있음을 암시하는 아무런 표시도 남지 않는다. 비둘기의 출발 지점이나 도착지를 암시하는 것도 전혀 없다."

지역방어법에는 비둘기들과 함께 아마추어 무선사들에 대한 규정도 포함되었다. "체신부 장관의 서면 허락 없이는 아무도 무선전신으로 메시지들을 보내거나 받기 위한 일체의 장비를 사거나 팔거나 소유할 수 없으며, 그러한 장비의 부품으로 사용될 수 있는 모든 장치도 마찬가지다."

영국 해군은 기동작전과 훈련에 10년 이상 무선전신을 사용했고, 마르코니 회사가 제국의 기지국 연결망 건설을 시작했지만, 권력을 쥔 사람 중에 이 새로운 기술의 잠재력을 이해한 사람은 거의 없었다. 그들이 처음으로 추진한 것은 전세계적으로 설치된 독일 무선기지국들을 가능한 한 하나라도 더 폭파시켜 못쓰게 만드는 것이었다.

지역방어법 아래에서 1914년 8월 정부는 마르코니 회사를 인수했다. 경찰 또한 공적으로 인가된 2500개 가량의 아마추어 무선설비들과 불법으로 운영되어 온 750개의 무선설비를 철저히 조사하여 폐쇄시켰다. 그러나 한두 개의 기지국은 발각되지 않고 선전포고 이후에도 계속해서 주파수를 맞추었다. 법을 무시한 그들의 행위는 결과적으로 이익을 가져왔다. 그들은 독일 함대가 최신 무선장비로 송신하는 암호화된 신호들을 포착하고 있었던 것이다.

이러한 아마추어 무선사 가운데 두 사람인 법정변호사 러셀 클라크와 퇴역 중령 리처드 히피슬리는 아주 잘 접속했다. 그들은 불법으로 수신한 메시지들을 해군 교육국장이라는 직함을 가진 알프레드 어윙(Alfred Ewing)에게 전할 수 있었다. 암호화된 독일의 무선 메시지들에 대한 도청은 전쟁 이전에도 이루어졌었다. 그러나 잠재적으로 중요한 정보가 런던 서부 웨스트엔드에 있는 기지국들에 의해 포착될 수 있다는 사실은, 무선 안테나를 내려야만 했고 어떤 경우에는 장비를 압수당하거나 벽장 속에 처박아두어야만 했던 몇몇 아마추어 무선사들이 모든 면에서 애국적인 비둘기 애호가들만큼 쓸모 있을지도 모른다는 것을 암시했다.

11월 14일, 《데일리 텔레그래프》는 전시의 무선 '정찰'에 대한 찬반양론을 신중하게 평가했다.

무선전신은 인류에게 큰 혜택을 가져왔으나 국제적 분규 상태에서는 위험 요소들을 갖고 있다. 어제 《데일리 텔레그래프》 대표는 독일, 프랑스, 그리고 북해에서 시작된 메시지들을 보게 되었는데, 사실 그 메시지는 얼마 전 웨스트엔드의 한 개인적인 무선기지국에서 수신했던 것이다. 전화가 초기에 그랬듯이 무선 시스템은 많은 아마추어들과 실험가들을 매혹시켰고, 그리하여 많은 무선 안테나들이 세워졌다. 분명히 전시에는 이 무선 설비들이 공공복리에 반하여 사용될 수도 있다. 또한 그것들은 적을 위하는 의도의 떠도는 메시지들을 '포착함으로써' 제국의 이익을 위해 사용될 수도 있다.

독일은 정교한 범위의 외교·군사 암호들을 만들어냈으며, 그들의 적인 영국이나 미국이 자신들의 메시지를 이해할 수 없으리라고 확신했다. 독일 함대는 이동중에 무선을 자유롭게 이용하여 (발명자인 독일의 페르디난트 폰 체펠린의 이름을 딴) 체펠린 비행선과 (제1, 2차 세계대전 중에 활약한 독일 잠수함) U 보트에 암호로 모스 메시지를 보냈다.

송신기 기술에서도 큰 발전이 이루어졌다. 1905년경 이래 낡고 때때로 끊기는 불꽃 방전 송신기는 연속신호를 보내는 회전식 불꽃 발전기로 대체되었는데, 이 발전기는 마치 노래를 부르는 듯한 음악적인 어조로 놀랍도록 선명한 점과 선 부호를 제공했다. 만일 영국이 이 메시지들을 도청하여 암호를 풀 수만 있다면, 독일의 전쟁 계획들은 펼쳐놓은 책이 될 것이다. 고속의 모스 암호를 정확히 기록할 수 있는 마르코니 회사의 숙련된 통신원 중 많은 사람이 현역 근무를 지원했다. 그리고 더 많은 젊은이들이 해군 교육부에서 훈련받고 있는 동안, 유일하게 이용 가능한 전문가 집단은 아마추어들이 결성한 무선협회에 있었다.

독일의 무선 메시지들을 도청할 수 있다고 해군장관의 주의를 환기시킨 아마추어 무선사 클라크와 히피슬리는 도청기지국을 세우려고 노퍽의 북부해안 헌스탠튼으로 갔다. 영국정부는 애초에 열렬한 무선 애호가들의 장비를 없애버리려고 했지만 그들을 전쟁에 은밀히 끌어들이기 시작했다. 하지만 그들은 어떤 것도 송신해서는 안 되었다. 그들이 해야 할 일은 도청뿐이었다. 일정한 기간 동안, 이 자경단원들은 특별경찰로서 선서를 해야 했는데, 그들은 수신한 모든 메시지를 '부적절하게' 누설하지 않겠다고 '엄숙히 그리고 진심으로' 맹세했다. 결국 이 아마추어 무선 동아리는 영국의 방송 역사상 최초의 '청취자'였다. 그들을 가슴 떨리게 한 것은 음악이나 큰 스포츠 행사의 보도가 아니라 해독만 하면 전쟁의 승패에 결정적 역할을 할 수 있던 일련의 숫자형태 메시지들이었다.

영국 해군의 순시선들을 격침시키기 위해 북해로 출격하려는 독일 함대를 감시하려는 목적으로 도청기지국의 첫번째 네트워크는 영국 동부해안을 따라 설치되었다. 영국 해군장관이 소망했던 것은, 해군이 공해에서 독일 함대의 주력부대를 사로잡고 우세한 화력으로 그것에 통렬한 패배를 안겨주는 것이었다. 전쟁 첫해 내내 쫓고 쫓기는 전략이 무수히 구사되었다.

자경단원들에게 포착된 무선 메시지들은 화이트홀에 있는 해군장관 관저 40호실로 보내졌다. 아주 비밀스럽게 일하는 암호해독팀이 암호를 풀어 독일 함대의 의도를 확신하면 그 정보는 해군에게 전달되었다. 이론상으로 그것은 한편이 다른 편의 다음 수를 뻔히 내다보는 장기 게임과도 같았다. 그러나 실제로는 해군사령부가 그 정보의 정확성과 가치를 불신했기 때문에 많은 소중한 정보가 오용되거나 낭비되었다.

현역 근무를 지원한 마르코니 회사의 많은 기술자 중에는 마르코니가 총애하던 라운드도 있었다. 그는 전쟁 이전부터 플레밍이 1903년 번쩍이는 영감의 순간에 생각해 냈던 '진공관' 수신기를 발전시키고 있었다. 얼마 동안 실험적으로 사용되던 진공관 수신기는 광석검파기(crystal set)나 투박하지만 믿을 수 있는 '매기'보다 엄청난 이점을 갖고 있었다. 그것은 감도가 더 뛰어났고, 더 빠른 속도로 작동할 수 있었으며 음성도 전달할 수 있었다.

맨 처음 라운드는 서부전선으로 보내셨는데, 그곳에서 그는 2극 진공관 수신기가 무선신호의 출처를 정확히 파악하는 데 사용될 수 있다는 것을 발견했다. 그는 영국으로 돌아가서, 독일 함대의 파수꾼 역할을 하거나 영국에 대한 기습폭격의 위치를 측정하는 체펠린 비행선의 항로를 파악하기 위해 동부해안에 방향탐지 기지국들을 세웠다. 이런 식으로 무선은 전쟁의 성격을 변화시켰다. 비둘기에 관한 기술적인 발전 혹은 해군 통신들의 전통적인 수기신호만큼은 아니더라도, 무선은 정교한 첩보활동에 있어서 영국에게 큰 가치가 있다고 판명되

제1차 세계대전 중 영국 군인들이 마르코니의 무선장비를 자랑스럽게 보여주고 있다. 무선장비는 참호에서 사용됐고, 마르코니 엔지니어가 거기서 방향탐지 기술을 발휘했다. 그러나 무선은 영국 해변 기지국에서 독일 해군의 메시지를 듣고 해독하는 데 가장 큰 공헌을 했다.

었다. 그것은 적의 신호들을 비밀리에 도청하는 출발점이었는데, 도청은 제2차 세계대전 동안 영국의 첩보기관에서 매우 중요한 역할을 했다.

이탈리아 국적의 마르코니는 영국에서 자신의 위치를 찾기가 어려웠다. 전쟁 초기에 이탈리아는 여전히 중립으로 남아 있었다. 그러나 이탈리아는 독일의 동맹국으로서 언젠가는 전투에 돌입해야 했다. 1914년 8월 오브라이언과 데냐, 그리고 줄리오는 이글허스트에 있었는데, 오래된 망루들 중 하나에 있는 마르코니의 무선기지국이 첩보 활동에 사용될지도 모른다는 의심을 받았다. 데냐에 따르면, 그녀의 어머니는 의심이 가라앉기 전 몇 주일 동안 이글허스트를 떠나지 못했다. 마르코니가 온 나라를 여행할 수 있도록 영국 내무부에 외국인 제한명령 면제를 신청했지만 처음에는 거부당했다. 그러나 결국은 나무랄 데 없는 사회적·정치적 연줄 덕분에 의심에서 벗어나 해금되었다. 1914년 겨울, 그는 영국해협을 건너 그때까지도 여전히 중립을 유지하고 있던 이탈리아로 향했다.

전쟁이 터졌을 때 오브라이언의 자매인 릴라와 마르코니의 이탈리아인 비서 빌라로사는 로마에서 발이 묶여 있었다. 그러나 마르코니는 영국의 외교적 아첨꾼의 보호 덕분에 그들이 영국으로 여행하도록 주선했다. 그는 상원의 한 자리가 주어진 로마에 계속 머물면서 다채로운 정치 이력의 첫발을 내디뎠다.

1915년 초에도 이탈리아는 여전히 자신의 의도를 알리지 않았고, 4월 말에 마르코니는 미국으로 가는 쿠나드 정기선 루시타니아호를 탔다. 미국에서는 영국 영해에 있는 배들을 공격하기 시작한 독일 U보트의 심한 공격을 받으면서도 마르코니 회사가 여전히 돌아가고 있었다. 또 다른 특허권 분쟁으로 마르코니가 미국의 한 법정에서 증언하고 있는 동안, 루시타니아호는 1257명의 승객과 700명 이상의 승무원을 싣고 5월 1일 리버풀로 돌아가는 항해를 시작했다. 쿠나드 선박회사는 다음과 같이 경고하는 벽보를 붙였다.

대서양 항해에 오르려는 여행자들은 다음의 사항을 상기하기 바랍니다.

독일과 그 동맹국들, 그리고 영국과 그 동맹국들이 전쟁을 하고 있으며, 전쟁지역에는 영국제도에 인접한 해역이 포함되어 있습니다. 독일정부의 정식 통고에 따라 영국이나 그 동맹국의 깃발을 휘날리는 선박은 그러한 해역에서 파괴되기 쉽습니다. 그리고 영국이나 그 동맹국 배를 타고 전쟁지역을 항해하는 여행자들은 자기 책임 아래 여행한다는 것을 기억하기 바랍니다. 워싱턴 주재 독일 대사관. 4월.

루시타니아호 승객 중 100명 이상이 미국인이었다. 독일은 강력한 영국의 동맹국을 전쟁에 끌어들이고 싶지 않았을 것이다. 그러므로 승객들에게도 그 배가 심각한 공격 위협 속에 있다는 두려움은 별로 없었다. 다만 그들은 루시타니아호가 영국을 위한 군수물자를 몰래 실어 나르고 있다는 사실을 모르고 있었다. 이 정보는 대서양 통신 회사라는 이름의 텔레푼켄 자회사가 소유하고 경영하는 롱아일랜드의 강력한 세이빌 무선기지국으로부터 독일의 해군장관에게 전달되었을 가능성이 있다.

미국은 대서양 너머로 전쟁과 관련되지 않은 중립적 무선 메시지들만의 송신을 허락했는데, 그것은 암호를 사용하지 않은 알기 쉬운 언어들이었다. 미국의 마르코니 기지국들과 뉴저지 터커튼과 세이빌에 있는 독일 소유의 두 커다란 기지국에는 미국인 검열관들이 파견되었다. 그러나 영국이 독일에 선전포고를 한 지 겨우 이틀 만에, 《뉴욕타임스》는 세이빌 기지국이 규칙을 어기고 U 보트로 영국 서부해안을 순찰하기 시작한 독일해군에게 해운업에 관한 소중한 정보를 넘겨주고 있다는 기사를 실었다.

5월 7일 루시타니아호는 아일랜드해협에 도착했고, 짙은 안개 속에 리버풀을 향하여 천천히 나아가고 있었다. 며칠 동안 해운업을 괴롭혀 온 잠수함 U 보트 20의 발터 슈바이거 함장은 그 정기선의 위치를 파악했고, 그것을 합법적인 표적으로 간주하였다. 오후 1시 20분, 그가 지휘하는 잠수함이 물 위로 떠올라 근거리에서 어뢰 두 정을 발사했다. 루시타니아호가 항로를 변경하거나 속도를 높이기에는 파수꾼들이 위험을 너무 늦게 알아차렸다. 두 차례의 폭발이 있은 후 그 배는 무겁게 기울었다. 선체의 돋은 부분에 매달려 있거나 급속히 물속에 가라앉는 부분의 밑에 파묻혀 있던 구명보트들을 물에 띄우기는 어려웠다. 오후 2시, 루시타니아호는 뱃머리를 여전히 파도 위로 드러낸 채 얕은 물속에 가라앉았다. 승선했던 1198명의 사람들 가운데, 죽은 124명의 여자와 아이들은 미국인이었다. 생존자는 겨우 761명이었다.

루시타니아호의 침몰로 미국이 격분한 지 2주일 뒤 마르코니는 영국으로 돌아가기 위해 미국 정기선인 세인트폴호에 올랐다. 하지만 미국은 유럽국가들의 전투에서 구경꾼으로 머물러 있겠다는 결심을 바꾸지는 않았다. 워싱턴 주재 이탈리아 대사는 영국과 프랑스의 협정은 이탈리아가 곧 전쟁에 합류하리라는 것을 의미한다고 마르코니에게 말해주었고, 마르코니는 그의 특허권 소송을 심리하는 미국인 판사에게 사신을 풀어줄 것을 요청했다.

5월 24일 이탈리아가 오스트리아와 헝가리에 선전포고를 했을 때, 마르코니는 대서양 멀리까지 나가 있었다. 그를 사로잡으려는 독일의 음모가 있으며 그가 세인트폴호에 있다는 소식이 신뢰할 수 없는 세이빌 기지국에서 암호로 송신되었는데, 이것이 독일의 강력한 나우엔 기지국에 포착되었다는 소문이 돌았다. 마르코니는 자신의 발명품에 의해 위험에 처한 것처럼 보였다. 사실 그가 세인트폴호를 타고 떠난 것은 5월 23일 일요일 《뉴욕 트리뷴 New York Tribune》 1면 기사에 실려 있었다. 그는 전선으로 향하던 한 여성 종군기자와 함께 있는 것으로 묘사되었는데, 그들의 친밀한 관계에 대해서는 아무런 언급도 없었다.

런던과 이글허스트를 거쳐 마르코니는 파리와 이탈리아를 방문했다. 7월에 그는 무선장비를 감독하는 책임을 떠맡고 이탈리아 해군대위로 임관했다. 전쟁의 나머지 시기에 그는 계속 이탈리아에 머물면서 이탈리아 군대를 위하여 방향탐지 단파무선을 발전시켰다. 오브라이언과 자녀들이 그와 합류했고, 1916년에는 그들의 세번째 아이 조이아 졸란다가 로마에서 태어났다. 그러는 동안 미국은 마침내 마르코니의 생각을 가로챘다.

에펠탑과 쇠퇴하는 마르코니의 명성

1887년 1월 엔지니어 구스타프 에펠(Gustave Eiffel)과 그의 동료들이 1889년 파리 국제박람회를 위한 탑을 짓는 영광을 차지했을 때, 당대의 가장 저명한 작가들과 지성인 중 일부는 격렬하게 항의했다. 알렉산드르 뒤마, 기 드 모파상, 폴 발레리, 그리고 그 밖의 사람들이 서명한 한 편지는 이렇게 시작된다.

"작가, 화가, 조각가, 건축가, 그리고 파리의 아름다움을 찬미하는 우리는 프랑스풍의 멋과 위험에 처한 프랑스의 예술과 역사의 이름으로, 쓸모없고 괴상한 모습의 에펠탑에 분노를 느끼며 온몸으로 반대한다."

1889년 봄 에펠탑이 완성되었을 때, 그것은 800만 개가 넘는 못으로 8000개 이상의 금속부분들을 일일이 연결시킨 공학적 무용지물에 불과한 것처럼 보였다. 하지만 그곳은 매력적인 명소로서 볼 만한 성공이었다. 1889년 5월부터 11월까지 불과 6개월 사이에 거의 200만 명이 에펠탑에 올랐거나 꼭대기까지 승강기를 탔으며, 12월까지의 입장료 수입은 그것을 짓는 데 들어간 800만 프랑의 4분의 3을 충당했다. 밤이 되면 에펠탑은 환하게 불이 켜졌는데 처음에는 2만 2000개의 가스 연소기로, 그리고 몇 년 뒤에는 전기로 불을 밝혔다. 그 '괴물'은 이내 프랑스의 가장 특색 있고 소중한 상징이 되었으며, 얼마 안 있어 새로운 용도도 발견되었다. 파리의 지붕들 위로 1000피트나 우뚝 솟은 에펠탑은 모든 세상 사람들에게 마르코니의 거대한 무선 돛대처럼 보였으며, 무선을 다루는 실험들이 시작되면서 그 탑의 위력이 드러난 것이다.

1898년 프랑스인 뒤크레테는 탑 꼭대기로부터 4킬로미터 떨어진 판테온으로 최초의 송신을 했으며, 7년 뒤에는 또 다른 발명가인 구스타프 페리에(Gustave Ferrie)가 독일 국경의 프랑스 군대에 무선전신망을 설치했다. 페리에는 1906년에는 해상의 프랑스 선박들과 교신했고, 1907년에는 모로코 서북부 항구인 카사블랑카와 메시지를 교환했으며, 1908년에는 에펠탑에서 그가 보낸 신호들이 무려 4000킬로미터의 거리까지 도달했다.

독일이 프랑스를 점령하려는 계획으로 1914년 벨기에를 침략했을 때, 그들은 큰 전리품이 파리에 있다고 생각했다. 에펠탑이 프랑스 군대의 무선통신 중심이 되었기 때문에 독일인들은 프랑스 수도까지 진격한다면 그 탑을 파괴시킬 계획이었다. 그러나 침략자들은 파리로부터 60마일 떨어진 곳에서 멈칫했다. 그들은 서부전선을 따라 참호를 파고 방어태세를 강화해야만 했다. 전쟁 내내 세계에서 가장 강력한 무선기지국 가운데 하나를 떠받치면서 에펠탑은 안전하게 남아 있었다. 그리고 전투 한복판에서 대서양 양편 신문 1면의 주요 뉴스를 만든 무선혁명의 비약적인 발전을 통해 톡톡히 제몫을 했다. 대서양 건너 3000마일 떨어진 곳으로부터 에펠탑 꼭대기까지 최초의 음성송신에 관한 놀라운 이야기들 속에는, 영국 육해군이 무선전신 송수신기를 갖추도록 녹초가 될 정도로 일한 마르코니나 그의 회사와 관련된 누구의 이름도 등장하지 않았다.

최초의 무선전화 메시지 언어는 미국식 억양의 영어였다. 버지니아 알링턴에 몇 년 빨리 세워진 미 해군 무선기지국에서 한 기술자가 마이크에 대고 한 말을 동료 미국인이 에펠탑의 높은 곳에서 들었다. 그것은 서쪽에서 동쪽으로의 송신만이 가능했으나, 그 기술자의 목소리가 분명하게 들렸다는 확증이 대서양을 건너 유선으로 되돌아왔다. 당시 프랑스인들은 군사통신에 몰두했으나 미국인들에게 단 몇 분만의 역사적 방송을 하도록 허락한 것은 자연스러운 일이었다. 대서양을 가로지른 마르코니의 첫 신호처럼 그것은 여전히 전선에 의존하고 있었다. 음성송신 시도들이 이루어질 때 파리에 주의를 환기시키려고 전신 메시지들이 보내졌다. 그러나 케이블 전신과 무선 사이에는 더 이상 아무런 갈등도 없었다. 엄청나게 큰 회사인 미국 전화전신회사(AT&T)가 대부분의 기술을 공급했기 때문이다. 1915년 10월 22일, 그 회사의 회장 테어도르 베일(Theodore Vail)은 성공적인 음성송신을 발표했다.

유럽이 전쟁에 돌입했을 무렵, 플레밍이 처음으로 고안한 '진공관'은 매우 빠르게 발전했다. 디 포리스트는 그것을 오디온으로 바꿔놓았고 수신한 신호들을 증폭시키는 데 사용할 수 있음을 알게 되었다. 뉴욕의 젊고 열렬한 아마추어 무선사였던 에드윈 암스트롱(Edwin Armstrong)은 디 포리스트의 오디온을 향상시켰는데, 그것이 무선수신뿐만 아니라 송신에도 사용될 수 있다는 사실을 발견했다. 암스트롱과 디 포리스트는 불가피하게 일련의 특허권 분쟁에 휘말렸지만, 가장 훌륭한 기술을 사들여 스스로 발전시킬 수 있는 힘과 돈을 갖고 있었던 것은 AT&T였다.

베일은 자기 회사의 광범위한 유선전화망이 경쟁자를 갖지 않도록 무선전신 영역에서도 앞서가고 싶어했다. 음성송신은 모스부호를 읽을 수 있는 전문적인 통신원들의 도움 없이도 배와 해변이 서로 소통할 수 있다는 것을 의미하는데, 실제로 케이블 없이도 전화로 외딴 장소들까지 도달할 수 있었다. 1915년 10월 북미 대륙까지 무선전화가 도달할 수 있다는 것을 AT&T가 보여준 후에, 그리고 대서양 횡단의 승리를 알리기 직전에 베일은 《뉴욕 타임스》와의 인터뷰에서 이렇게 말했다. "나를 감동시키는 것은 온 유럽이 전쟁을 벌이고 있는 지금, 미국에서 우리가 이 일, 이 거창하고 건설적인 일을 하고 있다는 것이다. 그 일은 매우 훌륭하다."

하지만 디 포리스트는 이 말에 동의하지 않았다. 그는 획기적인 발전의 기틀이 바로 자신의 오디온이라고 믿었으며, 베일이 그의 발명품을 훔쳤다는 것을 보도기관과 대중에게 납득시키려고 애썼다. 에펠탑 송신이 이루어졌을 때 그는 자비로 파리를 여행했지만 어디에도 참여할 수는 없었다.

미국은 무선 발전에서 중요한 시기였던 2년 반 동안 그 분야를 독점했다. AT&T는 무선전화에 많은 투자를 했으며, 어떤 무선 시스템을 구입해야 할지 꾸물거리던 미 해군도 최신 기술을 스스로 갖추게 되었다. 나날이 성장하던 미국 아마추어 무선사들의 동아리는 이제 보다 효과적인 정치집단을 형성했으며, 당연히 무선으로 보낸 모스 메시지들을 듣는 세계 최대의 민간인 '청취자'가 되었다. 타이타닉호의 재난 뒤에 규제들이 있었음에도 미국 아마추어 무선사들은 자유롭게 행동할 수 있었으며, 손에 넣을 수 있는 최신 장비들을 사거나 만들기를 몹시 갈망했다. 그들의 뜨거운 열정은 평화로운 시기의 무선

사용을 지향하고 있었지만, 유럽은 이미 시대에 뒤떨어진 무선전신 체계를 전쟁에 적용하고 있었다.

마르코니가 전혀 주목받지 않은 것은 아니지만, 무선 분야에서 그의 탁월함은 쇠락하기 시작했다. 전쟁이 끝났을 때 마르코니는 결국 그가 이미 얻은 명예에 만족했다. 라디오 방송의 기초가 된 자신의 소년 시절 발명품이 비록 중요한 역할을 하지 못했지만, 그는 완전히 새로운 라디오 방송의 시대를 즐겼다.

무솔리니와의 동침

마르코니가 전기를 가지고 실험하면서 젊은 날의 많은 시간을 보낸 빌라 그리포네는 여러 면에서 거의 달라지지 않았다. 여름 무더위 속에 돌투성이 땅은 아른아른 빛나고, 저녁마다 눈에 보이지 않는 매미들은 계속 울어대면서 대기를 가득 채운다. 밤에는 작은 올빼미들이 느릿느릿한 모스부호처럼 퉁퉁거리는 소리를 낸다. 사람들은 포도밭을 여전히 잘 손질하고 있으며, 빌라 근처의 잔디밭에 물을 준다. 별장 아래로, 즉 마르코니가 소년 시설에 뛰놀던 상의 계곡 쪽으로 경사진 언덕 비탈을 한가롭게 거닐 때까지는 모든 것이 매력적이다. 이 언덕 비탈 속으로 일종의 황량하고 특징 없는 원형극장이 잘려 들어가서 지하실로 가는 괴상한 양식의 돌로 된 입구를 이룬다.

마르코니 자신은 이것을 보지 못했다. 그것은 1937년 7월 20일 이탈리아의 위대한 발명가의 죽음을 기념하기 위해 무솔리니가 의뢰하여 만든 웅장한 묘였다. 마르코니의 시신은 다른 묘지로부터 옮겨와서 이 기괴한 묘에 묻혔다. 그는 친구이며 찬미자인 무솔리니와 그의 나치주의 동맹자들에 의해 자행된 제2차 세계대전 전후의 행위들을 망각한 채 거기에 누워 있다.

마르코니가 1930년부터 이끌었던 유명한 학회에서 유대인들의 참여를 은밀히 가로막았다는 최근의 주장들은 충격적이다. 하지만 그런 주장들은 동시에 그가 정치적 독립성 때문에 과학의 권위자들에게 굽히기를 완강히 거부한 것이 아니라는 것을 상기시켜주는 것이기도 하다. 마르코니는 무솔리니와 가까운 친구가 되었으며 말년에는 파시즘의 대의를 활동적으로 선동했다. 웅장한 묘는 그 세월 동안 마르코니의 정치적 신념이 무엇이었는지를 적절하게 보여준다.

별장과는 방향이 어긋나는 곳에 돌로 만든 마르코니 흉상이 서 있는데, 자세히 살펴보면 머리 뒤에 총알 때문에 생긴 구멍이 있다. 그것은 제2차 세계대전 동안 빌라 그리포네에 숙소를 제공받은 한 독일군 병사가 예술과 문화를 적대시하여 저지른 파괴적인 행동의 흔적으로, 여기에 관해서는 나중에 사과가 있었다. 거대하고 어두컴컴하고 칙칙한 마르코니의 금속조각상이 모든 것 위에 우뚝 솟아 있다. 그 조각상은 흥미를 자아내기는 하지만 결판나버린 금속판 가까이 있는데, 이 작은 금속판은 그가 죽기 전 많은 시간을 보냈던 아름답고 하얀 증기선이 남긴 유일한 유물이다.

통풍이 잘 되는 빌라 그리포네의 방에 발명가가 청년기에 실험했던 장치들을 아름답게 복원한 것은 그가 묻혀 있는 소름 끼치고 파쇼적인 벙커와 대조를 이룬다. 별장 뒤쪽에서 언덕 비탈의 포도밭 쪽으로 창문이 나 있는 복구된 다락방 실험실에는 열정적인 아마추어의 임시변통 장비 조각들이 흩어져 있다. 작은 유리병들, 둘둘 말린 전선들, 고풍스럽게 보이는 전지들, 금속성의 서류철들, 그리고 소형의 코히러를 만드는 데 사용되었던 손으로 풀무질하는 작은 송풍기. 20세기 가장 영향력 있는 새로운 기술이 바로 이 다락방에서 탄생했음을 상상하기는 어렵다.

비록 그가 '라디오'의 발전에서는 오래전에 주도권을 잃었지만, 1930년대에도 마르코니의 세계적인 명성은 시들지 않고 있었다. 그의 죽음이 전세계에 송신되었을 때 모든 신문은 국장으로 치러진 장례식의 세부사항들과 그의 주목할 만한 생애에 여러 면을 할애했다.

1918년 11월 휴전이 협정될 무렵 무선은 알아볼 수 없을 만큼 달라졌다. 불과 4년 후에는 라디오 방송 프로그램들이 갑작스럽게 타올라 미국 전역을 휩쓸었다. 진공관이 불꽃 송신기와 광석검파기와 '매기'를 대체했을 때, 마르코니의 작은 상자들은 박물관의 진열품이 되었다. 미국과 영국에 있는 마르코니 회사들은 전쟁 동안 정부에 인수되었다. 그리고 이전의 지배적인 우위를 회복하려는 회사들의 저항도 있었다. 미 해군은 미국 내 모든 무선을 통제하고 싶어했다.

1919년 10월 정부는 새로운 거대회사인 미국 라디오회사(RCA)를 설립하려고 계획했다. RCA가 다른 회사들의 손에 넘어간 디 포리스트와 페선던의 특허권들을 포함하여 라디오와 관련된 미국의 모든 특허권을 사들였을 때, 미국의 마르코니 회사 또한 팔아 치우지 않을 수 없었다.

영국정부는 라디오 방송의 미래에 관하여 결정짓는 데 몇 년이 걸렸다. 체신부는 무선 '전화통신', 즉 음성과 음악의 송신을 위한 새로운 면허증을 발급했다. 1920년에는 마르코니 회사의 기술자들이 첼름스퍼드에 있는 사무실의 한 작은 스튜디오에서 방송으로 레코드를 틀어 음악을 내보내기 시작했다. 광석검파기 혹은 진공관 수신기들을 가지고 오직 소수의 열광자들만 들을 수 있던 최초의 광고방송이 1920년 6월 15일 오후 7시 10분 《데일리 메일》의 후원 아래 첼름스퍼드에서 제작되었다. '목소리가 고운 오스트레일리아 가수' 넬리 멜바(Dame Nellie Melba)가 담뱃갑 모양의 '뿔'이 달린 전화 마이크에 대고 노래 세 곡을 불렀다.

이런 종류의 방송은 마르코니 회사에게 새로운 출발이었는데, 그 회사는 곧 일반 대중을 위한 라디오 수신기를 만들기 시작했다. 1923년에 그것은 정부의 엄격한 통제 아래 일주일에 몇 시간의 프로그램들을 만들었던 BBC의 일부가 되었다. 미국처럼 누구나 참여할 수 있는 무제한 자유경쟁의 방송을 사전에 예방하기 위해, 영국정부는 1926년 모든 프로그램에 대한 독점권을 가진 BBC를 설립했다. 마르코니 회사는 항공기와 군대뿐만 아니라 급속히 증가하는 '청취자들'에게도 광석검파기와 진공관 수신기의 주요 공급자로 계속 번창했다. 모스부호의 시대도 끝나지 않았다. 비교적 값싸고 효과적인 통신의 한 형태로서 무선전신은 여러 해 동안 선박에서 사용되었다.

이 모든 중요한 변화들 가운데서 마르코니는 예전처럼 한 가지 목표에만 몰두했다. 그의 회사가 영국에서 최초의 라디오 방송을 제작했음에도, 그는 날로 증가하는 청취자 중 한 사람이었을 뿐이지 이 새로운 형태의 오락물에는 거의 관심을 갖지 않았다.

1919년 그는 전리품이었던 한 증기 요트를 사기 위하여 영국의 해군장관과 협상을 시작했다. 스코틀랜드에서 건조되어 원래는 오스트리아의 마리아 테레사 공주가 소유했던 그 요트를 그는 로벤스카라고 명명했다. 마르코니는 비용을 지불하려고 오브라이언과 아이들의 간청을 뿌리치고 가족의 집마저 팔았다.

1920년 2월 그 요트는 예나 다름없이 충성스럽던 켐프의 감독 아래 완전히 개조되어, '엘레트라(Elettra)' 곧 전기라는 새로운 이름을 갖게 되었다. 마르코니는 가족과 몇몇 손님을 태우고 지중해를 유람

했다. 아이들은 30명의 승무원과 사교실, 그리고 무선통신실이 있는 그 배를 좋아했다. 그러나 오브라이언은 배에 타고 있던 사람 중에 마르코니가 최근 꾀어 차지한 여자가 있다는 것을 알게 되었고, 그것으로 그들의 관계는 끝이 났다. 그때까지 오브라이언은 그에게 여러 명의 애인이 있다는 것을 알았고, 또 그를 용서해주었다. 그러나 이제 그녀는 그가 가고 싶은 대로 미련 없이 보낼 준비가 되어 있었으며 결국 결별했다.

엘레트라는 마르코니의 가정집 겸 실험실이 되었다. 그는 무선전파가 송신될 수 있는 거리에 사로잡혀 있었으며, 그의 요트로부터 해안의 기지국들로 송신되는 단파를 실험하면서 세계의 대양들을 항해했다. 늘 그를 좌절시켰던 햇빛은, 이제는 4000마일 이상의 거리를 넘나들며 신호들을 송수신하고 있음에도, 그가 시도하는 모든 상이한 파장들에 계속해서 불가사의한 영향을 미쳤다.

왕들과 왕비들이 엘레트라호에 승선하는 것을 환영하면서, 그리고 헤아릴 수 없는 숫자의 우아한 숙녀들과 무분별한 연애를 즐기면서, 마르코니는 가장 고상한 부류의 사람들과 계속해서 어울렸다. 그의 어머니가 여든의 나이로 죽어 하이게이트 묘지에 묻혔을 때도 마르코니는 이탈리아에 머물면서 장례식에 참석하지 않았다.

1922년 10월, 이탈리아의 파시스트 지도자 무솔리니는 로마에서 그의 지지자들이 행진을 마친 후에 정권을 장악했으며, 상원의원이었던 마르코니는 곧 그의 가까운 친구이자 지지자가 되었다. 이듬해 오브라이언은 리보리오 마리뇰리라는 연인을 만났고, 그와 결혼하고 싶어 마르코니에게 이혼을 요구했다. 그러나 이것은 가톨릭 국가인 이탈리아에서 결코 단순한 문제가 아니었다. 하지만 피우메 자유도시의 임시 시민이 됨으로써 오브라이언의 간음을 이유로 1924년 2월 이혼이 매듭지어졌고, 4월에 마리뇰리와 결혼했다.

마르코니가 그의 크고 하얀 요트 위에서 재혼을 할 것이라는 소문이 몇 차례 나돌았다. 그 시기에 마르코니는 오브라이언에게 마치 믿을 만한 절친한 친구이듯 편지를 쓰면서 이따금 자신이 얼마나 외로운지 말했다. 1926년, 그는 아름답고 훨씬 더 젊은 이탈리아 여자 크리스티나 베찌-스칼리(Cristina Bezzi-Scali)와 사랑에 빠졌다. 그러나 그는 이혼한 개신교도였고 그녀는 가톨릭의 귀족계급 출신이었기 때문에(그녀의 아버지는 바티칸에 있었다) 결혼은 법률적으로 불가능해 보였다.

늘 그랬듯이 마르코니는 전문가들과 상담했고, 만일 그의 첫번째 결혼에 대한 '부적절한 동의'가 있었음을 밝힌다면 그 결혼은 무효가 될 수도 있음을 알게 되었다. 오브라이언은 이 꾸며낸 일을 묵인하기로 동의했으며, 마르코니가 런던 웨스트민스터 성당위원회 앞에서 증언을 한 후 오브라이언과의 결혼은 무효로 인정되었다.

어떻게 무선전파가 전세계를 여행할 수 있는가에 관한 수수께끼가 풀린 것은 바로 그해, 1926년이었다. 마르코니는 매우 긴 파장만이 어떤 거리라도 이동할 수 있다고 늘 믿어왔다. 그러나 전쟁 동안에 초단파를 갖고 실험하던 도중 단파들이 먼 거리를 이동할 수 있다는 것을 발견했다. 법으로 단파에 제한되어 있던 미국의 열렬한 아마추어 무선사도 똑같은 발견을 했다.

그 설명을 제공한 것은 케임브리지대학 에드워드 애플턴(Edward Appleton)이라는 한 영국인 교수가 행한 실험이었다. 지향성 광선(directional beam)을 수직으로 위를 향해 송신했더니 반사되었는데, 이것은 1902년에 헤비사이드가 예견했던 바로 그것이었다. 전세계의 많은 칭송가들은 페인턴의 은둔자에게 찬사가 돌아가게 하려고 애썼

마르코니와 두번째 부인 크리스티나 베찌-스칼리가 그의 엘레트라호에서 일광을 즐기고 있다. 그는 1920년 엘레트라호를 구입하고 장비를 갖추어 이동식 가정집 겸 실험실로 사용했다.

지만, 그는 1925년 세상에 알려지지 않은 채 세상을 떠났다. 무선신호들을 반사한 전리층은 다양한 무선파에 가변적인 영향을 미치는 복잡한 세 영역으로 이루어져 있다는 것이 밝혀졌다.* 그것의 구성은 태양광선의 영향을 받았는데, 태양광선은 낮과 밤 동안에 무선신호들의 이동거리가 차이 나는 이유를 설명해주었다. 열광적인 심령작가 코난

---

* 초단파는 장파보다도 대기의 한 다른 층에 의해 반사된다는 것이 밝혀졌다.

도일은 영매들이 이용하는 신비한 '어둠의 힘'이 있어서 마르코니가 밤에 더 먼 거리에서 통신을 할 수 있다는 결론을 내리기도 했다.

마르코니가 죽은 다음날인 1937년 7월 21일 《데일리 메일》에 실린 한 논평에서 애플턴 교수는 마르코니에게 열정적인 찬사를 바쳤다.

> 상원의원인 마르코니의 발견이 인류에게 베풀어준 엄청난 혜택은 그것을 날마다 이용하고 있는 세계에서 새삼스럽게 강조할 필요가 없다. 그러나 항상 인식되지 않는 것은, 그의 위대한 기술적 성취가 가진 근본적인 중요성이다.
>
> 그가 이루어놓은 것은 중요한 과학적 발전의 출발점이 되었다. 내 생각에 이 성취들은 무선전신이 이동하지 못할 한계가 전혀 없다는 마르코니의 거의 고집스런 믿음으로까지 거슬러올라갈 수 있다. …위대한 패러데이 자신의 좌우명처럼, 그의 좌우명은 '시도해 보라'는 것이었다.

예전에 마르코니의 유명한 경쟁자였던 로지는 마르코니가 단파의 위력을 발견하는 동안 심령에 대해 계속 추구했다. 내세에 대한 로지의 믿음은 그의 여섯 아들 중 막내인 레이먼드가 제1차 세계대전 중에 죽은 이후 오히려 더욱 강해졌다. 레이먼드가 파편에 맞아 부상으로 죽었다는 끔찍한 소식이 1915년 9월 중순 전보로 도착했다. 하지만 로지와 그의 아내는 아들에게서 뭔가 메시지가 올 것을 소망하면서 며칠 동안 영매들의 조언을 구하고 있었다.

로지는 그의 오랜 친구인 마이어스가 아들의 죽음을 경고했다고까지 믿었다. 1916년, 로지는 자신의 심령체험을 설명하는 《레이먼드 Raymond》라는 책을 출판했다. 당시는 내세에 대한 관심이 큰 인기를 끌고 있었다. 전쟁중에 아들을 잃은 가정이 아주 많았는데, 그 가운데는 시신을 찾지 못해 장례식마저 제대로 치르지 못한 경우가 많았기 때문이다.

역설적으로 로지에게 심령이론을 시험할 수 있게 한 것은 마르코니의 무선 관련 발견들이었다. 1927년 로지는 BBC 초대사장인 존 리스(John Reith)에게 라디오 방송에서 텔레파시 실험을 할 수 있는지의 여부를 물었다. 심령연구학회(Society for Psychical Research)가 그 실험을 조직했다. 연구회 회원들은 일련의 이미지, 즉 그들이 본 하얀 라일락 한 다발, 가면을 쓴 남자, 인쇄된 일본어 문자, 그리고 두 장의 서로 다른 카드를 에테르를 통해 전세계의 청취자들에게 '송신'하려 했다. 그들은 청취자들이 '송신된' 이미지를 텔레파시로 포착할 수 있기를 바랐다.

세계 각지의 청취자들이 2만 5000개의 인상(impression)을 심령연구학회 사무실에 보냈다. 하지만 그 인상들은 심령연구학회 회원들이 본 이미지와 거의 유사점이 없었다. 그 실험은 결국 결론이 나지 않는 것, 극단적으로는 실패로 판단되었다. 1930년대에 이르러 그 신비한 물질이 상상의 산물이었음을 깨닫기 시작했어도, 로지는 심령 메시지들과 무선전파가 모두 '에테르'를 통해 이동할 수 있다고 계속 믿었다. 그 에테르 이론은 조용히 역사 속으로 사라졌다.

마르코니는 심령술에 전혀 관심이 없었다. 그는 화성과 통신할 수 있게 될 것인지 등의 질문에 서둘러 화를 내곤 했다. 복잡한 사생활에 정신이 팔려 있었던 그에게는 그런 한가한 사색을 위한 시간이 전혀 없었던 것이다.

1927년 4월 그가 크리스티나와 결혼하면서 사생활 문제들이 해결되었다. 3년 뒤에 그들의 외동딸이 태어났고, 마리아 엘레트라 엘레나 안나라는 이름을 붙였다. 마르코니와 크리스티나가 종종 엘레트라호를 타고 세계 여행을 하는 동안, 로마에 있는 할머니 베찌-스칼리 백작 부인이 어린 손녀를 돌보았다. 그들이 어디를 가든지 마르코니는 저명한 손님으로 환영을 받았다. 온갖 명예가 그에게 쌓였다. 그는 실험을 계속했다. 실험은 주로 요트에 탄 채로 해상에 있는 동안 이루어졌는데, 이제 요트는 전세계에서 보내는 무선방송을 포착할 수 있었다.

말년에 마르코니는 빌라 그리포네를 포기하고 로마의 한 호화로운 아파트에서 살았다. 몇 차례 심장발작을 일으켰던 그는 1934년 런던을 방문하던 중 중병에 걸렸다. 이듬해 무솔리니가 아비시니아를 침략했을 때, 마르코니는 건강이 나빴는데도 의사의 충고를 무시하고 이탈리아의 명분에 손을 들었다. 1935년 10월, 그는 파시스트 지도자의 외교사절로서 해외에 살고 있는 많은 이탈리아인의 용기를 북돋우려고 브라질과 영국으로 항해했는데, 영국에서는 퇴임 무렵의 에드워드 8세를 만났다. 여행하면서 그는 이탈리아가 아비시니아를 침략한 이유를 설명하는 방송을 많이 했다. 영국에서도 똑같은 일을 하기 위해 BBC의 허락을 얻으려고 애썼다. 하지만 BBC는 영국의 라디오로 무솔리니를 편드는 방송만큼은 할 수 없다고 공손히 거절했다.

마르코니는 계속해서 무솔리니를 지지했다. 1937년 7월 19일 저녁 6시, 그는 초단파 라디오에 관한 최근의 실험에 관해 말하기 위해 무솔리니를 만나기로 되어 있었다. 그날 아침 그는 크리스티나와 엘레트라를 역으로 데리고 갔다. 다음날은 엘레트라의 일곱번째 생일이었는데, 그들은 마르코니가 뒤따라 올 것을 기대하면서 비아레조로 가고 있었다. 그러나 오후에 마르코니는 아파트를 떠날 수 없을 만큼 건강이 악화되었다.

재혼 후 가톨릭으로 개종했던 그는 임종 의식을 거행하기 위해 한 사제를 불렀다. 다음날 아침 일찍 마르코니의 사망 소식이 알려지자 그를 가장 먼저 찾은 사람은 무솔리니였다. 그는 국장을 치를 것을 명했다.

맺음말
자신의 마술에 매료되었던 마르코니

1894년 마르코니가 스물이었을 때 무선 같은 것은 전혀 없었다. 하지만 그가 1937년 예순셋의 나이로 죽었을 때 최초의 텔레비전 방송이 이루어졌고 무선신호가 전세계로 보내졌다. 많은 사람들은 그를 콜럼버스와 비교했다. 이탈리아 탐험가 콜럼버스는 세계가 편편하다는 생각을 떨치고 무모하게도 수평선 저 너머로 항해했다. 지구는 둥글고 무선전파는 아주 멀리까지 이동할 수 없었기 때문에 마르코니는 그 이론을 무시했다. 일반적인 합의에 따르면, 그의 가장 중요한 기술적 업적은 대서양을 횡단하여 1901년 12월 폴두에서 뉴펀들랜드까지 모스부호로 'S'라는 글자를 송신한 것이었으며, 그의 '마술상자'의 가장 위대한 가치는 해상에서의 인명 구조였다. 전세계의 신문들은 타이타닉호 구조의 승리를 회상했다.

마르코니의 장례식 인파는 길게 늘어졌다. 로마의 파르네세 궁전에서 산타 마리아 델리 안젤리 대성당까지 장례행렬이 늘어섰으며, 유해가 식장에 안치되었을 때는 수천 명의 조문객이 그의 열린 관 앞을 지나갔다. 이탈리아 동북부 도시 볼로냐에서는 한층 더한 장례의식이 거행되었다.

그가 죽은 다음날 《뉴욕 타임스》는 여덟 개의 칼럼을 가로지르는 큰 제목 아래 한 페이지 전체를 그의 위대한 업적에 할애했다 "온 세계가 수많은 사람들의 은인인 마르코니에게 경의를 표한다." 미국의 라디오 방송국들은 그의 업적을 상기하는 프로그램을 방송했으며, 청취자들이 대륙을 가로질러 방송을 청취할 수 있게 해준 것이 바로 그의 발명품이었음을 극구 칭찬했다.

자칭 '라디오의 아버지'라고 하던 디 포리스트는 AT&T가 논쟁거리였던 그의 특허권을 사들이면서 마침내 약간의 돈을 벌었고, 마르코니의 대담무쌍한 '천재성'을 기리며 그에 대한 존경심을 불러일으켰다. 지난 세월 동안 그들의 삶의 행로가 늘 어긋나기만 했던 것을 유감으로 생각하면서, 디 포리스트는 그의 옛 경쟁자에 대해 '무선전신의 아버지로 불리어 마땅한 사람'이라고 아량 있게 말했다.

7월 21일 마르코니를 기념하는 추도 예배가 런던에서 열리는 동안, 런던 중앙우체국은 오후 6시부터 조난신호를 제외하고 모든 라디오가 2분 동안 침묵을 지킬 것을 선언했다. BBC 본사는 그의 죽음을 애도하며 조기를 걸었다. 미국에서도 존경의 표시로 라디오가 잠시 침묵을 지켰으며, RCA 사장인 데이비드 사르노프(David Sarnoff)가 특별한 경의를 표시했다. 어린 시절 러시아에서 이민 온 사르노프는 제1차 세계대전 이전에는 미국 마르코니 회사에서 근무했으며, 1912년 타이타닉호의 침몰 소식을 수신한 뉴욕의 한 기지국 통신원 중 한 사람이었다. 이탈리아에서 무솔리니는 5분 동안 라디오가 침묵할 것을, 그리고 상점들과 회사들이 문을 닫을 것을 명했다.

공적인 찬사들에 비해 마르코니의 사생활과 관련해서는 침묵으로 일관되었다. 대신 '그는 무선과 결혼했다' 는 발언이 종종 되풀이되었다. 그의 첫번째 아내였던 오브라이언은 장례식장에 안치된 마르코니의 시신을 보려고 몰려든 엄숙한 군중 틈에 끼였다. 아무도 그녀를 눈치 채지 못한 채 그녀는 마르코니에게 마지막 존경을 바쳤다.

신문에 따르면 1935년 4월 마르코니는 길이가 겨우 한 쪽 반밖에 안 되는 유언장을 작성했다. 들리는 바에 의하면, 그의 재산은 모두 500만 리라에 달했는데 얼마 후에는 150만 리라로 추산되었다. 그 재산의 대부분은 막내인 엘레트라가 물려받았고, 재산에서 얻는 수입으로 어머니를 부양한다는 단서가 붙어 있었다. 유산 상속세도 많았을 테지만, 마르코니가 상당한 재산을 모았다는 것은 틀림없다.

마르코니가 죽은 다음 주에 젊은 이탈리아인이 어떻게 1896년 그의 어머니와 함께 런던으로 왔는가에 관한 이야기가 여러 신문에 몇 번 되풀이해 보도되었다. 《데일리 텔레그래프》의 '라디오 특파원' 매스랜드 갠더는 체신부의 프리스가 마르코니에게 베푼 도움을 회상했다. 마르코니가 제공할 수 있는 것이라고는 고작해야 '막대기에 달린 마술상자' 뿐이었는데도, 체신부가 선구적인 과학적 노력에 그리도 전폭적인 믿음을 보여주었던 것은 영국에게는 '영속적인 신뢰' 였다.

마르코니가 자신의 발명품을 대단히 빠른 속도로 발전시켰다는 것과 그의 완전한 대담성은 동시대인들을 깜짝 놀라게 했다. 프리스는 그에게 최초로 도움의 손길을 보냈지만, 그가 큰 신뢰를 보내며 보호했던 사람과 보조를 맞추지 못했다. 미국의 발명가 에디슨은 "마르코니는 그가 약속하는 것 이상을 사람들에게 가져다준다"고 말했다.

그러나 마르코니는 자신이 거둔 눈부신 성공의 희생물이었다. 그는 눈에 보이지 않는 전파의 연구라는 하나의 목표에만 열광적으로 몰두한 나머지 가정생활에는 소홀했다. 빌라 그리포네 다락방 실험실의 고독한 젊은이였던 그는 애지중지 아끼는 하얀 요트를 타고 세계의 대양을 두루 항해하면서 파란만장한 생애를 마무리했으며, 그 요트의 무선실 안에서 명성과 재산의 온갖 압력에서 벗어날 수 있었다. 마르코니는 자신의 마술에 매료되어 늘 혼자였는데, 그 마술이 어떻게 작용하는지는 결코 이해하지 못했다.

옮긴이의 글
젊은 열망에서 비롯된 세기의 발명, 무선통신

전공과는 전혀 다른 책을 번역했으니 옮긴이의 약력을 본 독자라면 의아해할지 모르겠다. 위대한 발명가의 삶을 추적하면서 느끼게 될 감동과 희열을 기대했고, 가벼운 교양과학서 내지 인물 평전을 즐기겠다는 생각으로 번역 의뢰를 기쁘게 받아들였다. 마침 친구 중에 통신공학자도 있었고 아마추어 무선애호가도 같은 건물에 생활하고 있어서 조언을 구하기도 어렵지 않은 상황이었다. 하지만 후회를 하기까지는 그다지 많은 시간이 걸리지 않았다. 신학이나 종교학의 글을 주로 접하던 옮긴이에게 저널리스트의 문체는 낯설고 힘들었다. 지명이나 인명, 그리고 전문 용어들도 옮기는 데 애를 먹었다. 초창기 무선통신(通信)에 뛰어난 공헌을 남긴 과학자 중에서 진지하게 통신(通神) 연구에 빠진 사람을 발견했을 때는 왠지 모르게 반갑고 애처롭기까지 했다. 무식한 자가 용감하다고 하지만, 결과적으로는 흥미로운 과학사의 뒷마당을 살펴볼 수 있어서 어려웠던 만큼 소득도 적지 않았다.

마르코니는 당시의 많은 발명가와는 달리 풍요로운 환경에서 자랐고 든든한 가족과 후원자들 덕분에 연구와 실험에 몰두할 수 있었다. 젊은 시절 무선으로 메시지를 송수신할 수 있다는 생각에 사로잡힌 그는 무선전신의 아버지가 되었고, 노벨상까지 수상하게 된다. 하지만 그는 자신을 이론적인 과학자라고 밝히지 않았고 다만 실용적인 발명가나 아마추어 학도라고 소개하였다. 대서양을 횡단하는 무선장비를 최초로 개발하여 엄청난 부를 이루었고, 영국과 이탈리아 왕실과 교류하기도 했던 그는 놀랍게도 파시즘의 독재자 무솔리니와 절친한 친구이기도 했다. 그는 뛰어난 발명가였을 뿐만 아니라 기업경영과 연구진 조직에도 남다른 재능을 보인 현실적인 사업가였다. 또한 경쟁자들이 자신을 추월할까봐 항상 시간에 쫓기면서도 대서양을 오가는 호화 여객선에서 파티와 로맨스를 즐긴 기인이기도 했다.

《마르코니의 매직박스》는 단순한 전기가 아니다. 어쩌면 '단순한' 전기라는 것은 존재하지 않을지 모른다. 위인이나 기인의 생애는 흔히 '파란만장' 하다고 묘사되지만, 사실 그렇지 않은 인생이 어디 있겠는가? 정도의 차이는 있을지언정 모든 삶은 나름대로 파란만장하고 위대한 의미를 지닐 것이다. 이 책에는 마르코니 못지않게 독특하고 재미있는 인물들도 많이 등장해서 나름대로의 명암을 극명하게 보여주고 있다. 다른 많은 발명들의 경우처럼 무선전신 분야도 많은 사람들이 벌떼처럼 몰려들어 마치 유전을 찾듯 탐색하고 있었다. 이들 중에는 물론 파렴치한 사기꾼과 장사꾼들도 있었다. 그들과 어우러지는 빅토리아시대 기이한 과학자들 이야기는 건조하기 쉬운 내용에 활력을 주며, 시장을 선점하고 표준화를 따내려는 기업들의 이전투구가 어제 오늘의 이야기가 아니라는 점을 보여준다.

《마르코니의 매직박스》는 마르코니라는 인물의 궤적을 따라가면서 무선통신 초기의 역사와 그 시대를 풍요롭게 밝히고 있는 일종의 과학기술사다. 마르코니를 비롯한 여기에 등장하는 수많은 인물이 우리와는 아무런 관계도 없는 듯 보이지만, 실제로는 모든 이가 휴대전화를 들고 다니는 우리 시대의 풍경이 그들로부터 시작됐다는 것을 알 수 있다. 초기 무선통신의 발전과정은 현대 휴대전화의 발전과정과도 여러 면에서 맥을 같이한다. 오락과 아무런 관계도 없던 무선이 얼마 지나지 않아 라디오 방송으로 발전했듯이, 들고 다니던 전화기에 불과했던 휴대전화기가 이제는 사진을 찍고 게임을 하고 음악도 듣는 종합통신 오락기로 변신하고 있다.

말년에 정치에 뛰어들어 무솔리니를 지지함으로써 오점을 남기기는 했지만, 마르코니는 여러 면에서 행운아였다. 그가 만든 장비는 적절한 시기에 인명을 구조해서 이름을 드높였고, 원리를 이해하지 못했으면서도 무선통신을 작동시켰다. 친척들의 전폭적인 지원이 있었고 헌신적이고 뛰어난 동료들도 늘 곁에 있었다. 그는 많은 포상과 명예학위를 받았고, 무선전신을 발전시킨 공로로 노벨물리학상도 수상했다. 그러나 이 모든 행운은 무선을 향한 젊은 시절의 열망에서 비롯된 것이었다. 이 책이 젊은이들의 열망에 불을 지피는 단서로 작용할 수 있다면 더 바랄 게 없겠다.

막상 책이 나온다니 기내감도 있지만, 처음 접하는 분야의 번역이라서 불안감이 앞선다. 저자가 감사의 글 끝에서 한 말은 옮긴이에게도 꼭 들어맞는다. "가능한 한 객관적인 관점을 취하려고 최선을 다했으나, 혹시라도 오류가 있다면 그것은 전적으로 내 책임이다."

2005년 4월
강창헌

찾아보기

ㄱ
갈바니(Luigi Galvani) 27
거니(Edmund Gurney) 133
건스백(Hugo Gernsback) 265, 266
광석검파기 359, 371, 373, 374
그레이트 이스턴호 128
글래드스턴(William Gladstone) 63
기븐(Thomas H. Given) 205, 206, 276

ㄴ
《나의 아버지, 마르코니》 6
노벨(Alfred Nobel) 297~302
니트로글리세린 298

ㄷ
다윈(Charles Darwin) 63
다이너마이트 297~302
《대전 속의 비둘기들》 355
데냐(Degna Marconi) 6, 28, 29, 209, 286, 300, 312, 313, 317, 318, 323, 344, 361
데니슨(Thomas S. Denison) 280
데이비(Humphry Davy) 31
데이비(Sydney Davey) 107
도이칠란트호 182, 183, 208
도일(Arthur Conan Doyle) 73, 108, 377
돌베어(Amos Emerson Dolbear) 95, 150, 159
뒤크레테(Eugene Ducretet) 111, 230, 260, 366
듀와 크리픈의 대결 303~310
듀이(George Dewey) 92, 93
디 포리스트(Lee de Forest) 124, 159, 200, 201, 202, 203, 204, 205, 206, 210, 211, 212, 213, 214, 216, 217, 225, 226, 227, 228, 229, 230, 235, 245, 247, 248, 254, 272, 273, 274, 275, 286, 317, 341, 367, 368, 373, 384
디킨스(Charles Dickens) 171

ㄹ
라나드(Lyman C. Larnard) 95

라운드(H. J. Round) 311, 359
라이덴병 33
랄트(Florence van Raalte) 233, 234, 235, 237, 240, 251, 252
랭트리(Lillie Langtry) 63
러더퍼드(Ernest Rutherford) 178
《레이먼드》 378
로렌틱호 306
로스트론(Henry Rostron) 328, 329, 331, 332, 333
로제스트벤스키(Z. P. Rozhestvensky) 260, 261, 262
뢴트겐(Wilhelm Conrad Roentgen) 21, 22, 121, 136, 299
루비(Luigi Rubbi) 344, 345
루스벨트(Theodore Roosevelt) 92, 197, 253,
루시타니아호 323, 361, 362, 363
루카니아호 208, 209
리기(Augusto Righi) 33, 35
리빙스턴(David Livingstone) 93
리스(John Reith) 379
리퍼블릭호 290, 291, 292, 293, 294, 338
립턴(Thomas Lipton) 94, 203

마르코니 무선전신회사 72, 113, 252
마르코니오그램 249
마르코니파 21, 57
마이어스(Frederic Myers) 133, 134, 135, 378
매기검파기 257, 321
매리엇(Robert H. Marriott) 158, 159
매스켈린(Nevil Maskelyne) 220, 221, 222, 223, 224
매스터맨(C F. G. Masterman) 237
맥그래스(P. T. McGrath) 146
맥도널드(Claud Macdonald) 215
맥스웰(James Clerk Maxwell) 22, 23, 33, 121, 138, 172, 173
맥클루어(Robert McClure) 74, 75, 168, 170
맥클루어(Samuel McClure) 73
머레이(Erskine Murray) 64, 85, 346, 347
머레이(George Murray) 146
멀리스(P. R. Mullis) 45
메릭(Joseph Merrick) 179
메이플라워호 63
메켄지(F. A. Makenzie) 216, 217
멜빌(Herman Melville) 289
모건(John Pierpont Morgan) 321
모스(Samuel F. B. Morse) 80, 81, 82
모스부호 11, 19, 22, 35, 36, 37, 39, 46, 51, 52, 63, 70, 79, 82, 83, 95, 96, 105, 122, 123, 131, 135, 137, 141, 149, 150, 151, 152, 164, 165, 166, 180, 181, 190, 193, 197, 198, 207, 220, 249, 253, 257, 266, 269, 272, 275, 276, 285, 290, 292, 293, 320, 321, 325, 326, 331, 333, 334, 339, 351, 368, 371, 374, 383
모페트(Cleveland Moffett) 74, 75, 76, 77, 85
몬트로즈호 304, 305, 306, 307, 308
무선검파기 180
무선송신기 12, 320, 333
무선전신 10, 11, 12, 19, 24, 28, 40, 45, 47, 49, 51, 54, 56, 58, 59, 62, 63, 66, 69, 75, 76, 79, 80, 83, 91, 93, 94, 95, 96, 101, 102, 103, 110, 111, 112, 117, 124, 129,

132, 138, 139, 140, 144, 146, 150, 153, 158, 159, 169, 172, 173, 174, 185, 190, 194, 197, 199, 200, 201, 203, 204, 205, 206, 207, 208, 209, 210, 211, 212, 214, 215, 216, 217, 219, 220, 221, 222, 223, 224, 226, 227, 228, 229, 230, 231, 234, 235, 236, 240, 241, 245, 247, 249, 250, 257, 259, 260, 261, 262, 263, 265, 266, 275, 286, 293, 309, 310 ,317, 319, 337, 338, 341, 345, 353, 354, 355, 356, 357, 366, 367, 368, 369, 374, 378, 384, 388

무선전신술 12, 17, 49

《무선전신의 역사 1838~1899》 138

무선파 12, 19, 24, 57, 88, 111, 117, 122, 131, 140, 152, 174, 175, 180, 185, 377

무솔리니(Benito Mussolini) 371~181, 384, 388, 389

뮤어헤드(Alexander Muirhead) 137, 316

밀스(A. R. Mills) 164, 167, 168

밀홀랜드(Inez Milholland) 208, 231, 240

ㅂ

바넷(Canon S. A. Barnett) 15

바버(Francis M. Barber) 230, 231

박스올(Joseph Boxall) 331

발덴(Howard de Walden) 237, 239

발틱호 290, 291, 292, 293, 294

배든-포얼(Robert Baden-Powell) 75

배서스트(Richard Harvey Bathurst) 286

《백경》 289

버레터 122, 123, 124, 159, 211, 244

버틀러(Frank Butler) 227, 229, 245, 246, 247

번(Ernesto Burn) 55

베넷 주니어(Gordon Bennett Jr) 88, 236

베넷(James Gordon Bennett) 93

베이커(Ray S. Baker) 145, 146

베일(Stephen Vail) 80, 81, 82

베일(Theodore Vail) 367, 368

베찌-스칼리(Cristina Bezzi-Scali) 375, 377, 378, 379, 380

벨(Alexander Graham Bell) 20, 50, 79, 136, 139, 153, 190

보빌(W. B. Foster Bovil) 280

보스(Jagdish Chandra Bose) 19

보일(Cavendish Boyle) 142

보텀리(John Bottomley) 317, 335

볼타(Alessandro Volta) 27

볼투르노호 347, 348, 349, 350, 351

부스(William Booth) 16

불꽃 송신기 53, 79, 111, 112, 117, 122, 241, 259, 266, 321, 373

브라운(Ferdinand Braun) 268

브라운(Karl Ferdinand Braun) 301

브라이드(Harold Bride) 322, 325, 326, 327, 329, 330, 331, 333, 334, 335, 336, 337, 338

브랑리 관 37, 57, 139

브랑리(Edouard Branly) 37

브래드필드(W. W. Bradfield) 105, 112, 309

브루넬(Isambard Kingdom Brunel) 128

블록(Arthur Blok) 189, 190, 192, 220, 221

비비안(Richard Vyvyan) 108, 114, 115, 128, 191, 192, 197, 198, 209, 254, 285

비스마르크(Otto von Bismarck) 182

비토리오 에마누엘레 3세 177, 179, 182, 184, 186, 187, 188, 194, 196, 207, 343

빈스(Jack Binns) 290, 291, 292, 293, 294, 338

ㅅ

사르노프(David Sarnoff) 384
사르디니언호 127, 128, 145
3극 진공관 273, 341
새미스(W. T. Sammis) 338
세든(Walter Sedden) 348
세인트폴호 98, 99, 101, 102, 103, 104, 105, 154, 163
셀비(Inman Sealby) 290, 291, 292, 293
솔라리(Luigi Solari) 197, 178, 182, 185, 186, 188, 208, 216
솔렌트호 63
쇼(George Bernard Shaw) 136
수정수신기 268
슈타인젤(Steinbjel) 17
스미스(Edward Smith) 321
스미스(William Smith) 144
스원(Joseph Swan) 44
스윈튼(A. A. Campbell Swinton) 45
스타인메츠(Charles P. S. Steinmetz) 152
스탠리(Henry Stanley) 93
스터블필드(Nathan B. Stubblefield) 160, 161, 162
스티븐슨(Robert Stevenson) 63
슬라비(Adolf Slaby) 52, 54, 111, 183
슬라비-아르코 장비 185, 241
시나모 마루호 261, 262
시베리아호 213, 260
시얼리(George Searle) 171, 173
CQD 289, 290, 293, 294, 328, 329, 331, 334
심령연구학회 133, 379

ㅇ

아이작스(Godfrey Isaacs) 315, 316, 346, 347, 355
알폰소(Alfonso Marconi) 29, 30, 40, 63, 64, 85, 252
암스트롱(Edwin Armstrong) 367
암스트롱(William Armstrong) 44
애니 제임슨(Annie Jameson) 20, 24, 28, 29, 30, 44, 64, 74
애플턴(Edward Appleton) 376, 378
앤드루스(Thomas Andrews) 327
어윈(Jack Irwin) 289, 290
어윙(Alfred Ewing) 357
에디스원 44, 273
에디슨(Thomas Edison) 20, 44, 96, 97, 101, 120, 121, 122, 136, 143, 144, 151, 152, 181, 208, 271, 272, 273, 280, 385
SOS 293, 328, 330, 334, 349, 351
에테르 10, 18, 52, 67, 76, 88, 112, 131, 132, 136, 170, 179, 189, 379
에펠(Gustave Eiffel) 365
X선 11, 21, 24, 121, 136, 138, 158, 159, 266, 299
《영국의 생활상》 237
영미 해저전신회사 128, 143, 144, 145, 146
오디온 273, 274, 286, 340, 367, 368
오브라이언(Beatrice O'Brien) 238, 239, 240, 242, 249, 250, 251, 252, 253, 254, 255, 285, 286, 300, 302, 311, 312, 313, 314, 315, 317, 318, 323, 324, 335, 343, 361, 364, 374, 375, 376, 385
오스만(A. H. Osman) 355
올림픽호 321, 323, 330, 332, 333
우랄호 260, 262
움브리아호 168

워커 주니어(Hay Walker Jr) 205, 245, 276
위고(Victor Hugo) 198
윌렌보그(William J. Willenborg) 267. 268
2극 진공관 273. 359
《인간의 개성과 그 유물인 육체적 죽음》 134

ㅈ

자기코일 180
잭슨(Henry Jackson) 56, 209
전해검파기 211, 248
정전기파 17, 18
제임스(Lionel James) 211, 212, 213, 214, 215, 216, 217
제임슨-데이비스(Henry Jameson-Davis) 44, 45, 58, 103
주세페(Giuseppe Marconi) 28, 29, 35, 41, 74, 252
지향성 안테나 255, 257
진공관 수신기 273, 359, 373, 374

ㅊ

카루소(Enrico Caruso) 300
카르마니아호 349, 350, 351
카르파티아호 322, 326, 328, 329, 330, 331, 332, 334, 335, 337, 338
카를로 알베르토호 177, 178, 179, 180, 181, 182, 184, 185, 186, 187, 188, 191, 193, 196
캐럴(Lewis Carroll) 134
캘리포니안호 328, 329
케넬리(Arthur Kennelly) 174
케이힐(Thaddeus Cahill) 272, 274
켄들(Harold Kendall) 304, 306, 307, 308
켐프(George Kemp) 67, 68, 72, 76, 114, 115, 116, 117, 118, 123, 124, 125, 127,
129, 130, 131, 141, 142, 143, 145, 146, 147, 149, 151, 164, 165, 178, 179, 180, 181, 184, 185, 196, 234, 235, 236, 242, 300, 374
코탐(Harold Cottam) 322, 326, 327, 328, 330, 331, 332, 333, 334, 335, 338
코히러 37, 38, 39, 45, 50, 62, 112, 122, 132, 137, 159, 164, 167, 181, 186, 19, 241, 257, 266, 316, 372
쿠나드 선박회사 208, 227, 322, 349, 361
쿠나드(Thomas Cunard) 97, 99, 130
크로스비(Oscar T. Crosby) 272
크룩스(William Crookes) 137, 138, 139
클리블랜드(Grover Cleveland) 150, 203
키치너(Earl Kitchener) 212, 354, 355
키플링(Rudyard Kipling) 73, 165, 166
킨스키(Bertha Kinsky) 298

ㅌ

타이타닉호 181, 303, 321, 323, 324, 325~332, 333, 334, 335, 336, 337
테니슨(Alfred L. Tennyson) 134
테슬라(Nikola Tesla) 150, 152, 170, 281
텔레폰 허몬도 280, 281, 282, 283, 285
텔레푼켄 241, 314, 315, 310, 302
텔림코 무선전신 장비 266
텔하모니엄(Telharmonium) 271, 272, 274
토인비홀 15, 16, 21, 47, 55, 59, 287, 297
트레브스(Frederick Treves) 178, 179, 186
트레비식(Richard Trevithick) 109
트웨인(Mark Twain) 199, 200

ㅍ

파이퍼(Leonore Piper) 135, 136
파킨(George Parkin) 194, 196
파히(J. J. Fahie) 138, 139

팔라디노(Eusapia Palladino) 138
패러데이(Michael Faraday) 31, 219, 378
페닝턴(John Pennington) 348, 349
페리에(Gustave Ferrie) 366
페선던(Reginald Fessenden) 111, 119~225, 159, 201, 205 206, 211, 243~248, 254, 274, 275, 276, 317, 373
페이언트(Frank Fayant) 199
페이지(Major F. Page) 103
포포프(Alexander Popov) 111, 260
푸스카스(Tivador Puskas) 280, 281
풀리처(Joseph Pulitzer) 149
프랭클린(Benjamin Franklin) 31, 32, 40, 257
프레이저(David Fraser) 213, 214, 215
프리스(William Preece) 16, 17, 18, 19, 20, 21, 30, 45, 46, 47, 49, 50, 51, 52, 54, 56, 57, 58, 59, 67, 72, 95, 96, 134, 138, 157, 158, 160, 161, 174, 183, 230, 287, 285
플레밍(Ambrose Fleming) 113, 114, 115, 116, 117, 170, 174, 186, 189, 190, 193, 196, 219, 220, 221, 222, 223, 272, 273, 286, 299, 359, 367
피츠제럴드(George Fitzgerald) 32
필드(Kate Field) 51
필라델피아호 156, 163, 164, 165, 166, 167, 168, 170, 181, 194, 197
필립스(Jack Phillips) 322, 325, 326, 327, 328, 329, 330, 331, 334, 336, 338

ㅎ

함스워스(Alfred Harmsworth) 216
해리슨(Benjamin Harrison) 150
《헝가리와 헝가리인들》 280
헤르츠(Heinrich Hertz) 11, 22, 23, 32, 33, 40, 137, 173, 340
헤르츠파 37, 38, 39, 40, 45, 47, 54, 56, 57, 87, 95, 97, 121, 132, 137, 138, 139, 166, 174, 201
헤비사이드(Oliver Heaviside) 171, 172, 173, 174, 175, 180, 190, 244, 301, 376
헤이하치로(東鄕平八郞) 262
《현대의 종군》 214
호엔촐레른호 184, 185
홀(Cuthbert Hall) 209
홀만(Josephine Holman) 102, 105, 106, 117, 154, 155, 240
화이트 스타 라인 211, 290, 321, 323
화이트(Abraham White) 199, 200, 201, 202, 203, 204, 205, 206, 212, 217, 223, 226, 227, 228, 229, 230, 247, 248, 286, 290
휘트스톤(Charles Wheatstone) 172
휴스(David E. Hughes) 138, 139, 140
히버드(A. S. Hibberd) 283
히치콕(Alfred Hitchcock) 308
힐(Arthur Hill) 138

강창헌 가톨릭대학교와 서강대학교에서 신학을 공부했으며, 현재 종교교육기관인 신앙인아카데미 (http://interfaith.or.kr) 사무국장으로 있다. 옮긴 책으로는 《침묵에 이르는 길》, 《수도원 산책》, 《예수님의 탄생》 외 다수가 있다.

마르코니의 매직박스 무선혁명을 이룩한 한 아마추어 발명가 이야기

초판 찍은 날 2005년 4월 25일　**초판 펴낸 날** 2005년 4월 28일

지은이 개빈 웨이트먼 | **옮긴이** 강창헌
펴낸이 변동호 | **출판실장** 옥두석 | **책임편집** 이선미 | **디자인** 0.02% | **마케팅** 김현중 | **관리** 김현경
펴낸곳 (주)양문 | **주소** (110-260)서울시 종로구 가회동 170-12 자미원빌딩 2층
전화 02.742-2563~2565 | **팩스** 02.742-2566 | **이메일** ymbook@empal.com
출판등록 1996년 8월 17일(제1-1975호)
ISBN 89-87203-74-3 03400　　　　잘못된 책은 교환해 드립니다.